让光伏驱动中国

余圣秀　著

内容提要

本书从当下面临的环境和气候问题入手，分析了控制化石能源使用的有效途径，和清洁可再生能源特别是太阳能的开发和利用。本书以解构光伏发电系统为主线，深入浅出地介绍了光伏发电原理、光伏电站的基本类型、基本构成以及工作机理。作者通过亲自参与我国第一个光伏发电示范项目的特许权招标、项目设计、工程建设以及生产运维全过程，分析指出在中国发展太阳能光伏发电的机会之窗已经开启，并乐观判断大型荒漠光伏电站与传统发电同网同价的时刻即将到来。同时，作者通过开展“光伏+”项目建设、农村绿色能源建设以及实施光伏产业从“中国制造”到“中国创造”的行动计划，分析指出在能源供给和创造新的经济增长方面，光伏不但可以挑起大梁并驱动中国，而且有望迎来中国引领世界的一场工业革命！

本书适合于关心太阳能行业发展的各界人士，从事太阳能光伏发电行业、电力行业、能源工业及与之相关的规划、设计等技术人员和管理人员阅读，也适合于高等学校电力类、能源与动力类专业学生阅读参考。

图书在版编目（CIP）数据

让光伏驱动中国 / 余圣秀著. -- 北京 : 中国水利水电出版社, 2016.2
ISBN 978-7-5170-4114-6

Ⅰ. ①让… Ⅱ. ①余… Ⅲ. ①太阳能发电－电力工业－产业发展－研究－中国 Ⅳ. ①F426.61

中国版本图书馆CIP数据核字(2016)第030523号

策划编辑：雷顺加　责任编辑：李　炎　加工编辑：时羽佳　封面设计：梁　燕

书　　名	让光伏驱动中国
作　　者	余圣秀　著
出版发行	中国水利水电出版社 （北京市海淀区玉渊潭南路 1 号 D 座　100038） 网址：www.waterpub.com.cn E-mail：mchannel@263.net（万水） sales@waterpub.com.cn 电话：（010）68367658（发行部）、82562819（万水）
经　　售	北京科水图书销售中心（零售） 电话：（010）88383994、63202643、68545874 全国各地新华书店和相关出版物销售网点
排　　版	北京万水电子信息有限公司
印　　刷	三河市铭浩彩色印装有限公司
规　　格	170mm×240mm　16 开本　16.5 印张　257 千字
版　　次	2016 年 6 月第 1 版　2016 年 6 月第 1 次印刷
印　　数	0001—3000 册
定　　价	38.00 元

前　　言

从全国第一个并网光伏发电示范项目——敦煌光伏发电特许权招标项目建设至今，短短不过5年时间，但光伏发电在中国得到了飞速发展。截止到2015年上半年，中国的光伏发电装机已经达到3900万千瓦，而2015年一年，国家两次下达光伏发电计划指标，按计划全年将新增装机1780万千瓦！这在中国发展可再生能源特别是太阳能光伏方面是令世人惊叹的速度！鉴于太阳能光伏发电已经逐渐被国人所熟知，业内外的许多人士都希望了解或系统掌握光伏发电的基本原理和光伏行业的发展现状。本书就是为了满足这方面需求而作的一部普及性专业读物，希望能使大家有所获益。

本书共有十六章。第一章到第四章，描述了我国当前所面临的环境、气候及能源安全等问题，分析了控制化石能源使用和加快开发利用可再生能源特别是太阳能的可能性与有效途径；第五章介绍了敦煌光伏发电示范项目的招标、设计、施工和生产运营情况；第六章通过解构光伏发电系统，分析与解剖了光伏发电的系统构成、发电过程以及设计、施工应掌握的有关事项；第七章对敦煌示范项目的典型设计进行了系统分析；第九章、第十章、第十一章分别介绍了“光伏+”发展前景、光伏给微网运行提供正能量以及光伏将为农村绿色能源建设发挥大作用等方面，全方位呈现了光伏发电在中国的发展现状与未来趋势；第八章、第十二章、第十三章从中国的光资源分布情况，光伏发电的投资成本走向，以及中国目前所具备的特高压设计、施工、运维与设备制造的能力方面，指出中国开发建设大型荒漠光伏电站的时机已经成熟，并指出我国荒漠光伏电站与传统发电同网同价的时刻即将来临；第十四章讲述了光伏产业从“中国制造”到“中国创造”的过程；第十五章指出光伏发电有望引领世界的一场工业革命。

光伏可以驱动中国。这是本书所要表达的主要意思，希望读者也能同意并支持这个观点。当然，太阳能光伏发电技术发展迅速，本书中如相关论述如有不当之处，希望读者能批评指正！

在此，还要特别感谢武汉大学方彦军教授的鼓励与支持，是他让我坚持并顺利完成本书的写作。谢谢！

作　者

2015年10月于福州

目　录

第一章　从 2013 年雾霾说起

2013 年第一季度尚未结束，北京所在的华北地区已出现了本世纪以来最严重的持续空气污染事件。据中国科学院大气物理研究所检测数据统计，2013 年 1 月份京津冀共发生 5 次强霾污染。北京大学环境科学与工程学院有关专家表示，华北地区已是全球空气污染最严重的地区之一。

时任环境保护部副部长的吴晓青表示，近年来，我国有些地区每年出现霾的天数在 100 天以上，个别城市甚至超过 200 天。吴晓青说，京津冀、长三角、珠三角地区二氧化硫、氮氧化物和烟尘排放量均占全国的 30%，单位平方公里污染物排放量是其他地区 5 倍以上。吴晓青的此番讲话在当时正在北京召开的两会上，引发了两会代表对雾霾治理的热议。

全方位治霾，我们真的已无退路。

第一节　雾霾频密来袭

2013 年初的中东部平原大地，涉及近 6 亿人口的地区三天两头处在云遮雾罩的雾霾天气之中，北京也不例外。一时间，所有人都在忧心地谈论着雾霾天，关注着 PM2.5（空气中漂浮的直径小等于 2.5 微米的可吸入颗粒物）。进入三月初，天气依然没有好转，此时正值全国政协、人大两会在北京召开，许多代表委员更是建议将抗击 PM2.5 等污染源上升为国家战略。

雾霾天气本是一种自然现象，但由于这种天气气流相对“静止”，使得现代社会生活、生产活动中产生的一些可吸入颗粒物会滞留在空气中，令人呼吸不适甚或影响身体健康。也因为这些可吸入颗粒物大多是人为因素造成的，所以一些相关行业备受指责。实际上，造成我国中东部地区带污染的雾霾天气原因很多。但据分析，主要的污染贡献者还是工业排放的废气、民用燃煤、汽车尾气、煤电烟尘以及交通运行过程中产生的扬尘，甚至包括居民和餐饮行业炒菜做饭的油烟等。因此，这些不利健康的可吸入颗粒物是多行业多领域未加严格控制而排入空中的废弃物。

2013 年一季度的雾霾天气多，不仅限于我国的东中部地区。据报道，就3 月份而言，全国雾霾天数为 3.3 天，较之常年同期偏多 1.1 天，创了 52 年以来新高。对此，有关专家解释说，3 月份，我国大部分地区受高空的高压脊控制，大气环流形势和大气层结相对稳定，冷空气势力不强，缺乏“大风”这一驱散雾霾的动力条件，容易形成雾霾天气并持续。与常年相比，华北东中部和西南部、长江流域大部分地区雾霾天数为 5 至 15 天，普遍偏多 2 至 8 天，局部偏多超过 10 天以上。

雾霾的频密来袭不仅影响着我们的日常生活与身心健康，同时也给我们带来很多负面的影响。比如，2014 年 10 月份在北京举行的国际马拉松比赛，正好赶上一次严重的雾霾天气，空气污染指数高达 400（严重污染），一场 3 万人参加的比赛始终在“云遮雾罩”中进行着，许多参赛选手为此特意带着口罩上场参加比赛，瞬间将北京的雾霾天空随着比赛实况传遍了世界各地。

实际上，空气污染特别是因工业化污染并非是某个国家所特有，历史上，伦敦、东京、纽约、洛杉矶等国际大都市也都曾经出现过类似北京污染严重的雾霾天气，甚至还造成了大量的人员死亡。1952 年 12 月初，伦敦受到一场有毒雾霾的严重袭击，造成了 4000 人死亡。在雾霾消散之后的两个月内，又有 8000 人死于呼吸系统疾病。当时，由于受到逆温层笼罩，伦敦连日寂静无风，工厂、居民燃烧煤炭产生的粉尘、有毒气体和污染物在城市上空蓄积，整个伦敦笼罩在“臭鸡蛋”气味的雾霾之中。12 月 5 日，伦敦正在举办一场牛展览会，参展的 350 头牛中有 52 头牛当即发生严重中毒，14 头奄奄一息，1 头当场死亡。无数伦敦市民呼吸困难、交通瘫痪多日，数百万人受影响。一时间，这场“毒雾事件”震惊了全世界！

20 世纪中叶，美国洛杉矶也由于发生光化学烟雾污染事件，导致 800 多人丧生。这是在第二次世界大战期间的 1943 年 7 月，美国西岸加利福利亚州南部城市洛杉矶遭到一场严重的雾霾袭击，数千人出现咳嗽、流泪、打喷嚏的症状，严重者眼睛刺痛、呼吸不适，甚至头晕恶心。对此有毒雾霾，人们谣言疯传是日本人针对洛杉矶的“毒气攻击”。但研究证明，这场有毒雾霾并非来自外敌所为，而是来自当地的光化学烟雾污染事件。

光化学烟雾主要是由汽车排放的氮氧化物在阳光照射下发生光化学反应

造成的。光化学烟雾中除氮氧化物等污染物外，主要含臭氧和醛类物质等，也有细颗粒物，因而对人体呼吸系统有直接影响。由此，洛杉矶开始了一场治理空气污染之战。但谁也没有想到，这场战争会持续几十年，至今仍在继续。据报道，洛杉矶仍是美国目前空气质量最差的地区。尽管这一地区的污染颗粒物全年平均值已达标，但有关部门仍把洛杉矶的臭氧超标天数和污染颗粒物超标天数列为不合格。于是，美国自然资源保护委员会等数家环保组织于 2011 年 7 月把美国环保署因未采取切实措施限制洛杉矶地区的臭氧排放而告上法庭。

空气污染不是中国的发展模式所特有。专门研究空气污染并共同参与主持了联合国环境规划署全球有毒化学物监测计划的生物学家拉蒙·加丹斯表示，中国几个地区空气中数种污染物的浓度无疑与 20 世纪 70 年代前欧洲和北美一些高度工业化区域的水平相当。但是平均到经济产值和个人头上，当时欧美这些污染物排放量总体上远远高于中国当前的量，总体来说，现在也是。加丹斯说，美国和欧洲为了达到工业化付出了更高的代价。

美国专家阿伦·鲁本说道，档案记录显示，在整个 20 世纪 60 年代，洛杉矶 PM10 平均水平通常都超过每立方米 600 微克。作为一个面积不到北京十分之一的城市，这种水平是非常高的；实际上，比北京通常的日平均水平（低于 100 微克）都高得多，远远超过目前可以接受的水平。

鲁本说，即使在中国污染最严重的城市，年均 PM10 水平通常也比上报纸头条的顶峰水平低得多。例如，兰州（中国污染最严重的城市之一）2010 年的年平均 PM10 水平为 150 毫克/立方米，排名第二的西宁为 141 毫克/立方米。而且也很难对历史上的户外空气污染数据进行比较，因为很多污染物，包括细颗粒物，都是到最近才开始广泛监测的。

但是，不管怎么说，我国的空气污染即便不是全球最严重的，也不能丝毫减轻或放慢我们采取全面治理的决心和行动，因为它已经到了影响和危害百姓身心健康的警戒程度。“不要金山银山，宁要绿水青山”的民众心底呼声，我们不能坐视不管。

第二节　沙尘暴雪上加霜

雾霾天的经常出现，使我们失去了本该在大部分时间里都能看到的山青水秀、蓝天白云。而沙尘暴的肆虐，给北方地区带来的更是尘土飞扬、天昏地暗的生活。2013 年第一季度，华北地区出现多起沙尘暴侵袭，北京也来过两次，一时间给城市市容、居民身心造成不小的影响，尤其是在严重的雾霾天气里重叠着沙尘暴的来袭，对居民健康的危害真可谓雪上加霜！

令人稍感欣慰的是，据报道 2013 年春季，我国沙尘天气比常年同期略有减少。年初，国家林业局与中国气象局联合就春季沙尘暴趋势会商结果，预计了 2013 年春季我国北方沙尘天气次数为 12 至 16 次，较常年同期（17 次）偏少，但多于 2012 年同期（10 次）。实际情况确实如此。由于近年来政府和民间对西北地区土地荒漠化治理力度的不断加大，我国境内每年发生的沙尘天气虽然还是不少，但相对有减缓的趋势。

沙尘、雾霾天气不仅给人们的身体健康带来威胁，对农业生产也会造成巨大损失。据报道，2013 年一季度河北涿州地区以南雾霾严重，给当地的日光温室蔬菜生产造成了很大影响。村民们反映，从 2012 年 12 月到 2013 年 1 月，河北望都柳陀村只有 9 天见到太阳，当时正是西红柿挂果成熟期，没有阳光照射，西红柿红不了，不少西红柿因挂果时间过长，都掉下来烂在地里。村民们说，秋茬的西红柿按说亩产是 1.2 万到 1.3 万，但受到雾霾和沙尘天气影响，产量连一半都没达到。即使成熟了，西红柿也是不够红，大小不一，卖出去的价格也不好。

雾霾走了沙尘来。北方十几个省区市连年遭受雾霾、沙尘的轮番袭击，脆弱的环境给民众的生产生活乃至身心健康带来了很大伤害。尽管环境问题原因复杂，有人为的也有自然的，但大气环境关乎每一个人的健康，每个人都要呼吸、无法躲避。为此，民众强烈呼吁：我们必须迎难而上，敢于治理，不能因为复杂就少作为甚至不作为。

第三节 空气污染日益严重

空气污染是工业化过程很难规避的产物，如不预先或及时加以防治，必将给人类带来灾难。改革开放以来，我国经济快速发展，工业化水平不断提升，但随之而来的空气污染也日益加剧。实际上，目前在我国许多地区的空气污染中，除了现在人们所熟悉的 PM2.5、PM10 之外，还有二氧化硫、二氧化氮以及臭氧等常见的空气污染物。因此这些污染物的含量高低，也就表明了当地空气质量的好坏程度。

2014 年 3 月 25 日，我国环境保护部发布了 2013 年空气质量状况，在所发布的京津冀、长三角、珠三角区域及直辖市、省会城市、计划单列市等 74 个城市中，仅有海口、舟山和拉萨 3 个城市的空气质量达标，由此可见我国空气污染的普遍情况与严重程度。

从监测结果来看，74 个城市细颗粒物（PM2.5）达标率最低，仅拉萨、海口和舟山三个城市达标，达标城市比例为 4.1%；其次为可吸入颗粒物（PM10），达标率也不高，仅有 11 个城市达标，达标率 14.9%；二氧化氮的污染程度也不容忽视，74 个城市中只有 29 个城市达标，达标城市比例仅为 39.2%。

从区域污染情况来看，京津冀地区的空气污染最为严重，而且呈现出复合型污染的特征，即污染物出现传统煤烟型、汽车尾气污染以及二次污染物相互叠加所带来的可吸入颗粒物、二氧化氮以及臭氧等不同程度超标的情况。据中科院《京津冀 2013 年元月强霾污染事件过程分析》报告指出，燃煤和机动车是京津冀当年年初雾霾天气的首要元凶。京津冀 PM2.5 来源解析中，燃煤占 34%，机动车占 16%，其余 50%来源于工业、外来输送等。科学研究表明，燃煤排放的一次粒子和 SO_2、NO_x 等多种污染物之间复杂反应产生的二次颗粒物是形成“霾”的关键，因此要控制 PM2.5，同时也要协同治理工业燃煤产生的多种污染物。

第四节　多地区出现普遍性缺水

中国是世界上严重缺水的地区之一。京津冀地区的缺水，不完全是经济社会发展过度造成的，主要原因还是华北地区本身少水所致。“三北”地区除了东北北部区域略好外，其余地区都缺水，尤其是西北地区，缺水特别严重，不但工农业用水缺乏，人畜饮用水都极其有限。对此，国家每年都拨出专款予以扶持，同时还成立找水打井专业队伍给以帮助和支持。

原本我国“三北”和部分中原地区缺水或严重缺水，其他地区水资源情况还是比较好的。但近几年情况有点异常，原来水资源较为丰沛的西南地区，如贵州、云南等地也因多年连续干旱而严重缺水。遭受干旱的地区，农耕地因缺水而荒芜，许多林地也因干旱无水而枯萎，部分干旱重灾区人畜饮用水都面临困难。据报道，有的村民为获取必要的饮用水，每天徒步翻山越岭到7～8公里外的深山地下岩洞去找水、背水，有的甚至为此献出了宝贵的生命。

从长远来看，世界各地不断缺水是个趋势，我国也不例外。最近有个报道，表明近30年来我国有超过2.7万条河流从版图上“消失”了。30年前，我国曾作过一次统计，显示我国拥有5万多条流域面积超过100平方公里的河流。而根据中国水利部、国家统计局2013年3月26日公布的《第一次全国水利普查公报》显示，如今仅剩下22909条河流。有关专家解释说，这其中虽然有过去的调查统计精确度不高的缘故，但主要原因还是由于气候变化、地球变暖以及经济和社会发展所致。为此，经过对最新的地形测量图进行分析发现，大多数河流所幸并未消失，但水量大幅减少了。

近年来，联合国发表报告说，因气候变化而进一步恶化的水供应面临的压力可能会导致全球各地过多的冲突，水资源应被视为与安全防务同样重要的事情来对待。该报告说，气候变化所带来的一个最常见的破坏性影响就是在水资源供应方面。水资源供应目前正受到全球70多亿人的需求，到2050年可能将达到90亿人的需求，为人们的生活带来了很大的压力。

显然，我国与世界水资源供应日趋短缺的国家和地区一样，正在承受着水资源供应不足的巨大压力。

第五节　西北部沙漠化持续扩散

沙漠化是环境的退化现象，它对农业生产发展是一种重大威胁。有关研究表明，气候变化是引起土地沙漠化的主要因素之一。我国西北部地区，由于深居大陆腹地，常年降水量少、蒸发量大，而气候变暖、降水量减少，加剧了该区域气候和土壤的干旱化。这使得该区域的植被覆盖度降低，裸露的土壤经过风吹日晒，加速了土地的荒漠化。同时气候变暖、冰川退缩、河流水量减少甚至断流、湖泊萎缩甚至干涸、地下水位下降，导致大面积的植被因缺水而死亡。失去的植被也就失去了保护地表土壤的功能，从而加速了河道及其两侧沙化土地的扩展及沙漠边缘沙丘的活动，使沙漠化面积不断扩大。

据国家林业局提供的资料显示，我国是受土地荒漠化危害最为严重的国家之一，受影响人口达 4 亿之多，每年直接经济损失达 540 多亿元。20 世纪末，我国土地沙化以每年 3436 平方公里的速度扩展，每 5 年就有一个相当于北京市行政区划大小的国土面积因沙化而失去利用价值，全国受沙漠化影响的人口达 1.7 亿。20 世纪 50 年代以来，我国已有 67 万公顷耕地、235 万公顷草地和 639 万公顷林地变成了沙地。

土地荒漠化的存在和持续扩散，还导致了自然灾害如沙尘暴的产生和频发。

有幸的是，据报道我国近年来土地沙化速度有所减缓，已从上世纪末年均扩展 3436 平方公里转变为现在的年均缩减 1717 平方公里，沙区生态状况逐渐好转。这里必须指出的是，近年来我国土地沙化情况有所好转，是由于从国家到各级政府层面和民间组织对治理土地沙化工作的重视，加大了对沙化治理的投入，创造了各具特色的治理模式所致，而并非大自然气候的真正好转。

第六节 区域发展陷于“超载”

由于历史和地理区位的优势，我国沿海及中东部地区历来就比其他地区发展得快。改革开放后，珠三角、长三角以及京津冀地区更是得到了快速发展，广州、上海、北京也发展成世界级的超大城市。但区域经济的高度发展，让这些地区尤其是大城市陷入了“超载”的困境。据京津冀（2013）发展报告指出，北京、天津的城市综合承载力已突破极限，河北逼近警戒线。报告在考虑区域资源、人口、基础设施、生态环境基础上建立了承载力模型，并计算了城市的承载力分值，警戒线为 1。北京的分值已达 1.38，天津的分值略大于 1，河北的分值为 0.96。人口密度，北京 2011 年为 1230 人/平方公里，天津 2011 年为 1134 人/平方公里，已接近可承受极限。人均水资源占有量，2011 年，北京、天津分别为 119 立方米和 116 立方米，河北省绝大部分地市行政区水资源也极为贫乏。由于人口迁入规模增加过快，北京、天津的交通设施、生态承载能力达到极限。报告指出，水资源、生态、土地、交通设施等尤其成为制约京津冀地区发展的短板。

长三角、珠三角地区，除水资源较为丰富外，其他各项指标也不比京津冀地区好多少。其中能源尤其是电力，已经极大地制约着这两个地区的进一步发展。历史上由于这两个地区缺煤少油，几乎全靠外面大量运入煤炭、石油等一次能源支撑经济社会发展，但随着这两个地区经济体量的快速增大，给交通运输带来了极大压力。同时，由于经济社会的高度发展，该区域内如火电、核电等可供进一步开发利用的电源站址已经稀少，为保持区域经济可持续发展，能源支撑主要依靠外部电力的输入。

中国已经建成了各省或区域间的 220kV 高压电网，有些区域或区域间联结的是 500kV 超高压输电线路，而 750kV 和 1000kV 特高压输电线路及 800kV 直流特高压输电线路则多用于远距离跨区域网际间电力输送或点对点输送。从每天的电网间电力电量调度情况可以看到，如 2013 年一季度，长三角地区的江苏、浙江、上海每天的受电量一般分别都在 2500 万千瓦时到 20000 万千瓦时之间，而珠三角地区的广东则高达 25000 万千瓦时！这是一个什么概念？一天 25000 万千瓦时受电量，相当于区外要用当前最大的火电单机 100 万千瓦机组 10 台左右满负荷运行向广东送电！由此可见，目前长三角、珠三角地区的电力短缺程度。

以上区外向广东的输电量如果从一次能源煤炭的铁路运输来看，那就更加惊人了！以当前百万机组最好的标煤耗水平即 280 克/千瓦时计算，25000 万千瓦时的电量所需天然煤就是 92450 吨。若每个车皮装满 60 吨，一列火车挂 26 节计算，那就相当于区外每天大约要额外增加 60 列的运煤火车进入广东！

从空气质量来看，情况也令人忧心。京津冀、长三角、珠三角，加起来只占全国面积的 8%，但二氧化硫、氮氧化物、工业粉尘排放量却占全国的 30%。其中，京津冀地区在 2013 年的空气质量监测统计中，平均达标天数比例仅为 37.5%，较之 74 个城市的均值低 23 个百分点。这些数据给我们以警醒：全国各区域发展的不平衡，也给我们带来了经济发达地区对环境保护的巨大压力。

第二章　追根溯源明真相，能源优化是关键

根据北京市环保局公布的 2012 年监测数据表明，2012 年北京市 PM2.5 污染源中，来自本地污染源的主要有机动车尾气污染 22.2%，其次是燃煤污染 16.7%，两项之和接近 40%。如果加上北京市自身不可控的区域污染传输 24.5%，那就接近 65%左右。这些监测数据虽然是北京的特例，但就全国而言，也具有普遍意义。因为从全国各地市的用能结构以及生产生活用能情况来看，除了各自拥有的机动车辆不同外，其他能够影响空气的污染物大体上相差无几。

第一节　粗放低效的能源结构

富煤贫油少气，是我国能源资源的先天安排。现已探明，我国煤炭资源总量 5.9 万亿吨，占一次能源资源总量的 94%，而石油、天然气资源仅占 6%。现实的资源禀赋，决定了我国长期以来只能守着以煤为主、主要耗能产业长期粗放发展的模式。

煤炭，作为我国的能源支柱，让国人爱恨莫辩。虽然它一路推动着中国经济列车的快速前行，但也一路留下了让人诟病的二氧化硫、氮氧化物以及烟气粉尘等空气污染。据报道：新中国成立至今，共有 620 亿吨煤炭流向全国各地，支撑着经济建设和社会发展，煤炭生产利用对国民经济总量和增量的贡献率达到 15%和 18%。从上世纪 90 年代起，我国就已成为世界最大的煤炭生产国和消费国。2013 年我国煤炭消费高达 36.1 亿吨，占世界煤炭消费的 50%左右。同时排放二氧化硫、氮氧化物和烟气粉尘三项污染物 2044 万吨、2227 万吨和 1500 万吨，位居世界第一。其中烧煤所释放出来的二氧化硫、氮氧化物，分别占全国排放量的 75%和 85%。

2013 年，煤炭在我国一次能源消费结构中的比例为 65.7%，由于成本、技术、产业结构、生活方式等因素的制约，在未来相当长的一段时间内，煤

炭在我国能源结构中的地位还难以被取代。预计到 2020 年，煤炭在我国一次能源消费结构中的比率仍将占 60%左右，届时全国煤炭消费量将达到 48 亿吨上下。

煤炭的低效利用，也是个突出问题。据统计，我国还有数十万台落后的工业锅炉、民用取暖炉仍在使用，其燃尽率仅为 60%左右，对煤炭的利用率很低，而粉煤锅炉燃尽率则高达 98%，较之前者其效率之高不言而喻。对环境的影响方面，二者也存在明显的优劣势。以 2012 年为例，我国燃煤工业锅炉每年消耗原煤约 6.4 亿吨，占全国煤炭消费总量的 23.4%，而烟尘排放量为 375.2 万吨，占全国烟尘排放总量的 41.6%。也就是说，这些锅炉燃烧了 20%的煤炭，却排放了 40%以上的烟尘。也因为低效利用，我国每年为此多消耗了约 2 亿吨煤炭。

煤炭的低效利用，在小小的工业锅炉上造成了如此巨大的浪费，同时也给大气带来了额外的污染。那么，在大型燃煤发电锅炉燃烧方面，我们又将丢失了多少本该可以挽回的损失呢？

这里，我们暂不去计算锅炉蒸汽参数高低造成的燃煤损失问题，因为发电机组参数的高低是随着技术的不断进步而提升的。现在，我们只讨论目前国内燃煤电站锅炉因排烟温度高，导致锅炉热损失的一个现实问题。

火电厂锅炉尾部烟道，由于担心温度太低结露，导致局部酸化腐蚀锅炉设备，通常要保持尾部烟气温度在 180℃以上。但由于设计与制造上的一些不确定客观因素的存在，导致目前的大型电站锅炉尾部烟温普遍偏高。对此有的业主单位结合锅炉除尘器设备厂家，对燃煤电站锅炉进行烟气余热利用设备改造。这项余热利用电除尘技术，既提高了烟气电除尘的效率，又节省了电煤消耗，降低了锅炉引风机的电耗。据专家分析，在 60 万千瓦机组上的锅炉尾部烟气余热利用改造的测试结果表明，改造后的烟气温度较改造前降低了 30℃左右，相当于每发一千瓦时电平均节省煤耗 2.6 克标准煤，同时引风机每小时还可以节约电耗约 25 千瓦时。现在，我们来算算度电节省煤耗 2.6 克标准煤是个什么概念。按照设计，火电的年发电利用小时为 5000 小时，标准煤的热值为 7000 大卡/公斤，天然烟煤的热值为 5300 大卡/公斤，超过临界燃煤锅炉的发电煤耗为 280 克标准煤。据此我们可以算出，一台 60 万千瓦电站锅炉进行尾部烟道热利用改造后，一年可以节约 7800 吨标准煤，相当于

10301 吨天然煤。如果以 26 节车厢为一列，每个车厢运煤 60 吨进行计算，则一台 60 万千瓦机组运行一年，因尾部热利用所节约的天然煤足足可以用 7 列火车拉运。这是个非常可观的数据。因此，从煤炭能效利用的角度而言，大型电站锅炉的效率也存在着很大的提升空间。

第二节 能源资源配置欠优化

众所周知，我国的能源资源禀赋不高且分布不均。较为丰富的煤炭资源大多储存于人口稀少、经济欠发达的西北部地区，如山西、内蒙古、新疆等地；而备受人们推崇的清洁可再生能源——水电资源，却大多分布在内陆封闭边远的西部地区，如四川、云南、贵州、西藏等地。但是，在我国的东部、南部以及中部地区能源资源有限，经济却较为发达，人口也相对集中。因此，能源资源和需求的这种逆向分布，始终严峻考验着我国的铁路等基础设施以及与之相关的陆路交通运输的承载能力。

另一方面，我国蕴藏的天然气资源大多集中于四川等西部地区；与能源资源同样重要的水资源在南方又相对比中北部地区来得丰富。因此长期以来，人们也只能以极其被动的方式推动着这北煤南运、南水北调、西气东输以及西电东送的资源调配方式，并一代一代地运转着。其结果是，东中部及南部地区越来越发达，对水资源以及能源资源的需求越来越大，以致造成了“北上广”这些超级大都市以及“京津冀”、“长三角”、“珠三角”地区的严重超负荷发展，直至今天给当地环境保护带来巨大压力。

关于区域超负荷发展现象，人们随处可以看到。在长江下游沿岸大约平均每 30 公里就建有一座发电厂，而在长三角地区沿岸甚至每 10 公里就有一座火电厂。现在，东部地区单位国土面积的二氧化硫排放量是西部地区的 5.2 倍；长三角地区每平方公里二氧化硫排放量达到 45 吨/年，是全国平均水平的 20 倍；全国 104 个重酸雨城市全部在东中部地区；在 2013 年初的雾霾高发期中，东中部地区 PM2.5 严重超标，高于安全值 5～8 倍。

上述现象表明，在原有发展理念下，我国局部区域的环境承载能力已经接近极限。要寻求突破，必须优化能源资源配置，转变能源发展方式。对此，首先应当改变原有的以就地平衡为主的电力发展方式。然而，转变能源发展方式是转变经济发展方式的重要内容。长期以来，我们在面对电力发展就地平衡与我国能源资源跟能源需求逆向分布这一矛盾问题上，没能以更大程度地发挥大电网这一关键角色的调节作用，使得能源资源在大范围优化配置上的结果还不够理想，能源发展方式转变也不够彻底。

区域间经济发展的不平衡以及能源资源分布的不均匀，要求全国性资源优化配置是自然的，也是必须的。尤其在当前某些区域经济发展接近环境承载能力极限的情况下，加快启动长距离大容量输电方案。前几年，人们可能对发展大电网、特高压还存在不同看法，但通过这几年的实践证明，长距离大容量输电方式不但运行可靠、安全，而且比铁路输送煤炭的运输成本低得多。最重要的是，利用长距离大容量输电方式，改善了电力受端地区的电源结构，“稀释”了经济发达地区的环境排放浓度，从而达到能源资源在大范围优化配置的有效作用。

第三节　燃煤污染认识不到位

2012 年北京市 PM2.5 污染源中，燃煤污染占 16.7%，仅次于机动车尾气污染的占比 22.2%；中科院《京津冀 2013 年元月强霾污染事件过程分析》得出，京津冀 PM2.5 来源中燃煤占 34%。这些数据表明，燃煤对我国经济较发达地区的空气污染是数一数二的。但是，关于燃煤对大气带来的污染，过去我们对这一问题的认识还有所不足。以前在火电厂里，通常关注较多的是烟气中粉尘的浓度高低，其次是烟气中硫的含量大小，再次是氮氧化物的存在与否。之所以有这些认识上的递进关系与逐步提高，也是跟烟气排放中上述污染物给我们带来的危害程度的认识所形成的。

关于燃煤，我们以往较为关注的只在于烟气中高浓度粉尘的去除，所以过去的火电厂在锅炉烟气排入大气之前，大都只过除尘器一道关卡。这就是以前 20 万千瓦及以下火电机组的环保措施——单一“除尘”工艺生产流程。但是，对于火电厂自身而言，一般最为忌讳的还是它的燃煤含硫成分。因为含硫量高（燃煤含硫量≥1%即是高）会给整个发电过程带来很多麻烦，比如燃烧过程中的炉内结焦、烟道尾部的金属腐蚀以及电厂电气设施腐蚀等。此外，当烟气排放到大气以后，由于含硫的化合物的存在，使之在一定条件下形成了酸雨，从而给农业等方面带来损失。由此，从30万千瓦火电机组开始，被正式要求实施“除尘+脱硫”环保工艺生产过程，以保证烟气排放中不含有污染空气的硫成分存在。

到了20世纪80年代左右，当大容量的60万千瓦火电机组出现时，人们已经认识到去除大容量、高参数的火电厂燃煤烟气中氮氧化物的必要性，于是在60万千瓦机组上硬性要求加装脱硝装置。从此，火电机组“除尘+脱硫+脱硝”的全套防控污染模式才基本形成。

进入2013年，京津冀地区出现了严重的雾霾天气，引发全社会对大气污染问题的强烈关注。国务院不仅将治理PM2.5写入政府工作报告，还将PM2.5指标纳入《环境空气质量标准》。同时，环保部也重拳出击，发布了《环境空气细颗粒物污染防治技术政策（试行）》（征求意见稿），对PM2.5提出约束性目标和防治建议措施。此外，环保部还发布公告，对19个省（市、区）47个地级及以上城市重点控制区的六大行业及燃煤工业锅炉各种污染物实施特别排放限值。如今，这些堪称史上最严的烟气排放标准正式亮相。

应该说，认识自然是有一个过程的，而且还要视其自身的经济实力与掌握科学技术的程度。在大气污染治理的早期阶段，人们对治理空气污染的必要性以及技术上的认识的确较为肤浅，没能及早发现并痛下决心解决燃煤电厂烟气排放中的二氧化硫、氮氧化物等污染物，这也是生成PM2.5二次颗粒物的重要前提。在这方面，国内国外所走的路径都差不多，因为人们自身还处在没有足够的知识支撑与经济能力的发展阶段。最简单的例子就是，我们在20世纪七八十年代为什么不去享受现在的液晶高清电视？因为当时的条件不具备。发展是有一个过程的，防治大气污染也是一样。就像美国专家阿伦·鲁本说的，我们很难对世界各国历史上的户外空气污染数据进行比较，因为很多污染物，包括细颗粒物如PM2.5，都是直到最近才开始广泛监测的。

对于燃煤对大气污染的防治认识问题，即便是现在也很难做到一步到位。现在有关方面又提出燃煤已成为我国大气汞污染的最大排放源。说是大气汞会对人体健康和水陆生态系统造成影响，并且是通过大气进行跨国界传输的全球性污染物。据有关方面报道，我国每年人为源的大气汞排放量约500～700吨。早在2007年，我国主要行业大气汞排放比例就是：燃煤锅炉33%，燃煤电厂19%等。对于像大气汞这类的新发现，我们也不能消极对待或等待，而是要在积极寻找防治燃煤“去汞”技术的同时，尽可能控制或不用含汞量高的燃煤。如大家都知道煤炭是高碳能源，但在实际使用中现在还难以推出燃煤“去碳”后燃烧或采取在使用过程中进行碳捕集的硬性要求。目前“去碳”的工业化技术还不成熟，而且即使有些实验性的应用技术，其投入产出比也是不平衡的。所以，现阶段我们为了环保减碳，只能提到控制化石能源的使用量而已。

第四节　燃油品质提升不及时

曾经有人说，2013 年初雾霾频发，所有人都在谈论雾霾天，但至今没有一份权威的报告告诉大家，导致雾霾天气的主要原因究竟是什么。根据有关机构的分析，当年发生在我国中东部地区的雾霾天气虽然形成原因复杂，但与机动车的排放有直接关系。这一结论当时在微博等网络社交平台的助推下，大众舆论便将炮口对准了与“三桶油”有直接关系的油品质量上。

因此，提升油品质量标准的呼声越来越高。据介绍，目前我国每年消费 4 亿吨原油，经炼化后进入市场的燃油 2 亿吨左右，而成品油国 IV 标准硫含量为 50PPM50%，国 V 标准只有 10PPM。目前除北京实行国 V 标准，以及上海、珠三角、江苏等地实施过国 IV 标准外，全国大部分地区的成品油仍采用国 III 标准（150PPM），相较于已在欧洲普及的欧 V 油品标准（10PPM），我国成品油在环保性方面确实存在明显差距。

按照中科院的监测，在京津冀地区，机动车已成为 PM2.5 的最大制造者。雾霾天气在中国的大范围爆发是多年粗放式发展种下的苦果。在雾霾天的迫使倒逼之下，升级油品已成社会共识。加快油品升级是治理雾霾的重要措施之一。然而，油品质量的升级势必对炼厂的装置水平、深加工能力提出更高要求，同时也将对我国炼油行业提出新的挑战。有业内人士指出：从企业角度出发，升级油品并不存在技术障碍，关键在于油品升级背后的经济账很难算。据说，中石化内部曾做过估算，如果将旗下销售的油品全部升级到欧 IV 标准，相应成本至少为 2000 亿元。

实际上，机动车排放之所以广受诟病，是与我国油品质量较差有直接关系的。不知道我们的燃油质量标准是什么时候制定的，也许至少是 10 年前的事了。但要知道，这几年我们国家的各方面发展有多快呀！从尾气排放造成空气污染的角度来说，近年来机动车辆连年激增没有及时考虑升级油品质量而导致环保和人身健康等一系列问题，我们已经是“欠了一大笔账”，而不是考虑现在要不要投入油品升级这笔钱的问题了。好在还有明白人，建议油品升级的成本分摊可参考欧美模式，由国家、企业和消费者共同分担。即成品油标准从国Ⅳ升到国Ⅴ，每吨成本大约会增加200元左右，这笔费用都推给炼油厂并不公平，国家、企业和消费者都有责任分担。

事实上，面对舆论压力，企业方也开始采取行动。2013年2月1日，中石化“突然”宣布，年底12月31日前旗下12家炼厂的脱硫装置将全部建成投产，2014年起将全面供应国Ⅳ标准油品。

在此之前，油品升级基本都伴随着油价上升。例如北京油品标准升级至国Ⅳ标准时，油价每升上调了0.2元左右，上海油品在升级到国Ⅴ标准时，油价每升则上升了0.3元左右。为了呵护蓝天白云，保护我们的绿水青山，这点责任分担想必大家是可以理解的。

实际上，机动车尾气确实是空气污染的重要原因，但机动车里面排放最厉害的还是重型柴油车。因此，柴油车尾气治理才是整个机动车尾气治理的重中之重。

根据工信部公告，从2015年1月1日起国Ⅲ柴油车产品将不得销售。这已明确表示，新生产销售的柴油车必须满足国Ⅳ排放标准，低于国Ⅳ排放标准的燃用柴油车将不能销售。据报道，根据国Ⅳ标准，氮氧化物排放将从5.0克/千瓦时降到3.5克/千瓦时，颗粒物排放限值从0.1克/千瓦时降到0.02克/千瓦时。经过此标准的提高，如果能够全面得以实施，仅氮氧化物一项每年可减排18万吨。

新标准之所以现在才落地，是由于油品质量参差不齐、油车升级不同步的缘故。早在2009年，环境保护部就下发通知，重型车从2010年1月1日起实施第四阶段排放控制要求。但是有些车企念于执行新标准会抬高车辆成本，弄虚作假以国Ⅱ，甚至是国Ⅰ的配置标准蒙混投入市场，始终跟监管部门玩起“猫捉老鼠”的把戏。现在明确规定，不管是国Ⅰ、国Ⅱ，还是国Ⅲ、国Ⅳ的车，都将统一使用国Ⅳ标准油，这样硫化物的排放会大幅降低。其次，要求统一加装尾气处理装置，以还原尾气中的氮氧化物和处理排放尾气中的颗粒物。

第五节　可持续发展难以为继

煤炭是我国工业不可或缺的基础能源和材料，它为电力、冶金、建材、化工等行业提供了70%的原料或燃料。就我们现有的技术水平而言，每生产1千瓦时电、1吨钢、1吨水泥、1吨合成氨，需要消耗320克、0.6吨、0.13吨、1.2吨标准煤。其中最大的一部分是用于发电，目前电力行业年耗煤20亿吨左右，占全国煤炭消费总量的55.4%。而以我国人均电力装机来看，现在刚达到美国的三分之一水平，即4000kW。如果要达到中等发达国家的经济社会发展水平，我们的人均电力装机容量大约还要翻一番，达到8000kW。按此推算，单就发电用煤一项，我国的煤炭消耗量以及对环境的污染，届时都将是不堪承受之重！

值得一提的是，煤炭属于高碳能源。有统计显示，我国在以煤为主的能源驱动模式下，空气的主要污染物排放中，来自燃煤排放的二氧化硫占75%、氮氧化物占85%、总悬浮颗粒物占60%外，二氧化碳排放还占了75%。从目前的火电发展水平来看，除尘、脱硫、脱硝基本上都有相应的手段和措施加以适当解决，惟有脱碳还没有成熟的技术措施来应对。二氧化碳是温室气体的主要成分。大量的温室气体排放，使大气中温室气体浓度增加，温室效应增强，导致全球气候变暖。研究分析指出，大气中90%以上的温室气体排放是人类消费化石能源活动产生的。

化石能源，除了煤炭之外，石油和天然气也是一大部分。尤其是石油，在我国一次能源的消费总量中占比虽然不大，但对城市空气污染的贡献可不小！据北京市环保局2012年公布的监测数据表明，在北京市PM2.5的污染源中，机动车尾气的贡献度达到22.2%，甚至超过了当地燃煤的贡献度16.7%！当然，不同的地域，其污染源的结构和占比是不同的。但随着城市机动车辆拥有数量的不断增加，已经给城市环境和相关管理部门带来了许多头疼的问题。

除外，随着化石能源储量的逐步降低，全球能源危机也日益逼近。因此，以化石能源为主的能源消费结构，具有明显的不可持续性。

第六节　能源安全面临威胁

石油是我国一次能源消费中仅次于煤炭的化石能源。2013 年我国石油的表观消费量达到 4.98 亿吨，同比增长 1.7%。由于缺油少气的资源现实，使我们自 1993 年成为石油净进口国以来，石油的对外依存度逐年上升，2013 年对外依存度达到了 58.8%。天然气方面，2013 年我国天然气的表观消费量是 1676 亿立方米，同比增长 13.9%。自 2007 年我国成为天然气净进口国以来，2013 年的天然气对外依存度也上升到 31.6%。

据报道，我国的进口石油绝大部分来自中东和非洲，在中缅油气管道建成投产前，这些进口的石油都从海上运输并经马六甲海峡，因此给我国的能源安全带来很大威胁。中缅油气通道现已基本建成投产，设计能力是年输送原油 2000 万吨、输送天然气 120 亿立方米。中缅油气管道是我国继中亚油气管道、中俄原油管道、海上通道之后的第四大能源进口通道。它的建成投运，标志着中国在东北、西北、西南陆上和海上四大油气进口通道的战略布局已初步成型，有利于实现石油进口运输渠道分散化，减轻我国对海上运输通过马六甲海峡的依赖程度，尽可能保障中国能源供应安全。

当前，尽管和平发展是世界的主流，但许多局部区域冲突不断，尤其是中东盛产油气的一些国家和地区，战火连年，局势很不稳定。作为有着 13 亿多人口的大国，世界第二大经济体，石油的对外依存度高达 60%，而且仍有超过 60%的进口石油要通过我们难以掌控的马六甲海峡。由此可见，我国能源安全的风险是相当高的。

第七节　转变观念，控制化石能源使用

化石能源驱动着我国的经济发展，但也带来令人生厌的大气污染。为了人类社会的健康可持续发展，我国政府已经向国际社会郑重承诺：到 2020 年，我国的非化石能源占一次能源的比重要达到 15%，碳排放强度在 2005 的基础上降低 40%～45%，森林蓄积量增加 13 亿立方米。对此，我们必须转变依赖化石能源的传统观念，提倡清洁可持续发展。具体来说要实行两手抓策略：

一手抓清洁能源发展，一手抓控制化石能源使用。对于清洁能源的发展，特别要重视光伏发电的发展；对于控制化石能源的使用，则要把控制并减少对化石能源的使用总量作为目标。当前，最紧要的是要在满足我国经济社会稳定发展需求的前提下，使燃煤用量能维持不变或略有下降。

抓清洁能源发展，就是在能源的生产侧强调能源的绿色化和清洁化，提高清洁可再生能源的消费比重，最大限度优化能源结构。据报道，国家在新的能源规划中又大幅提升了2020年清洁可再生能源的发展目标：力争水电装机3.5亿千瓦，风电和光伏发电装机分别达到2亿和1亿千瓦以上。这个目标完全能够实现，而且还大大低估了光伏发电的发展潜能。众所周知，光伏发电已不是10年前甚或是5年前的发展水平了，它现在已经快要接近平价上网的大规模商业化开发阶段。因此，光伏发电在今后大力发展清洁可再生能源过程中，可以扮演更加重要的角色。

控制化石能源使用，重点要落在对总量的控制与节能减排上。现在我国已赫然成为煤炭生产大国和煤炭消费大国，我们有压力也有责任改变这个现状。虽然我国的经济发展水平还将长期保持稳定增长势头，对能源的需求有增无减，但是，只要我们把清洁可再生能源这块蛋糕做大，就足以抵消经济增长对能源需求的增长。此外，通过进一步节能减排的努力，做到控制化石能源消费总量并略有减少的宏伟目标也是可能的。

关于节能减排，办法很多，潜力也是很大的。据报道，作为一次能源，我们的煤炭利用效率还比较低下。发电及供热平均综合利用效率仅有40%左右，比发达国家低10个百分点。可见，提高煤炭利用效率应是当前节能减排的优先选择。对此，许多专家学者提出了不少建议。仁者见仁，智者见智。笔者认为，目前最值得去做的，应当是继续加大火电机组的“上大压小”改建工作。

这些年来，我们做了不少“上大压小”改建工作，凡单机30万千瓦以下的火电机组，只要服役期一到，都基本启动了“上大压小”改建工程。但30万千瓦级的火电机组好像目前还没有完全列入改建计划。大家知道，30万千瓦级火电机组的度电标煤耗一般都在320克以上，而先进的百万千瓦级火电机组的度电标煤耗只有280克左右，两者相差40克以上标煤耗。如果以年利用小时按5500小时考虑，我们可以算出一笔账：三台30万千瓦级火电机组一年的用煤量是158.4万吨（标煤），发电量是49.5亿千瓦时；而一台103万千瓦火电机组一年的用煤量是158.6万吨（标煤），发电量是56.65亿千瓦时。可见，两者在用煤量基本相同的情况下，较之三台30万千瓦级火电机组，一台103万千瓦的火电机组却多发了7.15亿千瓦时的电，发电量整整提高了14.4%。要知道，这里还没有考虑两者间的厂用电等损失对比，如计及这部分的差别，那就更可观了。

实际上，我国30万千瓦级火电机组大多都是在20世纪八九十年代建的，服役期也快到了。这些机组可都是当时电力系统的当家宝贝，数量相当可观。此外，值得一提的是，百万千瓦级的火电机组比30万千瓦级的火电机组更加环保（至少增加脱硝功能配置），也更加高效。因此，这块节能减排的空间很大。

第八节　开拓创新，实施能源优化替代

抓好能源生产的绿色化和清洁化，是保证能源清洁可持续发展的前提条件；而调整和改善能源的终端消费结构，则是促进清洁能源健康发展，进而达到保护环境的关键措施。实施能源的优化与替代，就是调整和改善能源终端消费结构的一项紧迫而重要的工作。如何做好这项工作？

首先，要做好以气代煤工作。鉴于燃煤对大气污染比天然气大得多的现实，宜将一些位于市区或郊区的燃煤电站尽可能改建成燃气电站，尤其是工业供热或民用取暖的市区火电机组。同时，将天然气或煤气送入大、中、小城市的家家户户，以彻底阻止一些还在利用燃煤进行厨炊的低效高污染行为。

其次，要做好以电代煤工作。对于有些可以直接以电代煤的耗能设施，如工业锅炉、工业煤窑炉等，尽可能实施以电代煤，特别是城区或市郊的工业和民用耗能设施。

第三，要实施以电代气代油。以电代气，指的是能用电可以解决的用能措施，应提倡用电而不用气。比如，老百姓家里的厨房用能，包括洗漱、沐浴、空调、取暖（南方地区）等等，大都可以用电来代气。实际上，现在的家用电器不但种类与款式繁多，效率也高，用起来一点儿都不逊于用气的。

而且用电取能烹调的厨房，远比用气的干净整洁得多。

以电代油，主要是代步交通工具。这一领域虽然久攻不下，但现在有点儿初露曙光——新能源汽车已经开始批量上市，尽管不很完美，却能得到从政府到百姓的广泛支持。相信不久的将来，以电代油的更加完善的新能源交通工具完全能够普及开来。

第三章　控制温室效应，世人当务之急

大家知道，化石燃料燃烧产生的二氧化碳，除了部分进入海洋、大地以及被植物吸收外，有很大一部分进入大气。原始状态下，在地球生物圈内，动物呼吸排放的二氧化碳和绿色植物靠光合作用产生的氧气，在动植物间形成了一种平衡的“碳循环”。但人类进入工业化社会后，由于对化石燃料如煤炭、石油、天然气等的大量利用，打破了生物圈中碳循环的平衡，从而导致大气中二氧化碳浓度快速升高。碳浓度增加的大气层，会阻止太阳光进入大气层后的反射过程，因此产生温室效应，最终导致地球温度上升。

为此，有关专家呼吁，要通过减排二氧化碳，减少碳源，增加碳汇，减缓生物圈的碳不平衡，改善生态系统的自我调节能力，来抑制全球气候变暖。

第一节　相信科学，不争论

地球的确在变暖。这是 2013 年 10 月份由联合国政府间气候变化专门委员会（IPCC）发布的《气候变化 2013：自然科学基础》报告的结论观点。报告通过大量翔实、量化的科学数据，更加明确指出气候变暖的事实，并推算出人类活动是变暖的主因。据报告，自 1950 年以来，气候系统观测到的许多变化是过去几十年甚至上千年以来史无前例的。最近 3 个 10 年中的每个 10 年的地球环境温度，均比 1850 年以来的之前任何一个 10 年都暖。1880～2012 年，全球海陆表面平均温度呈上升趋势，升高了 0.83℃。报告预计，到本世纪末，全球变暖的增幅在 0.3℃～4.8℃之间，海平面将上升 0.2～1 米。

联合国政府间气候变化专门委员会（IPCC）下设气候变化科学、气候变化影响及适应、减缓气候变化对策三个工作小组，分别于 1990、1995、2001 和 2007 年发布过 4 次气候变化评估报告。IPCC 上述第 5 次发布的这份报告，就是气候变化科学即第一工作小组经过 5 年研究的成果。气候变化影响及适应即第二工作小组的报告于 2014 年 3 月 31 日发布。需要指出的是，IPCC 在第二工作小组的第五次报告中还就气候变化的极端影响作出了迄今为止最为严重的警告。报告指出，全球变暖将对人类构成最严重威胁，其关键风险包括洪水、风暴潮、干旱和热浪。如果温室气体排放得不到控制，问题可能会急剧恶化。

尽管温室气体排放对地球环境温度的影响日渐明显，但也不是方方面面都形成共识，甚至对相关科学的争论也持续不断。20 世纪 50 年代基林曲线描述的关于大气层中二氧化碳含量增加的数据无人质疑，但其效应却引发了争议。其中，以时任美国航空和航天局戈达德空间研究中心主任的詹姆斯·汉森为代表的一些主流意见人士，他们充分肯定了温室气体排放对地球环境温度的直接影响，并试图将温室气体问题与处理臭氧空洞问题的经验进行类比，认为世人现在只需做出类似蒙特利尔协议，即通过减少含氟氯烃排放量补救臭氧空洞那样，在国际上立即采取减少二氧化碳排放的措施来应对；而以麻省理工学院气候学家理查德·林德森为代表的另一派，认为全球气候变暖的原因及影响仍不明了，前景也难以预测。他们指出，在大气中二氧化碳聚集与天气变暖之前，灾害性的天气状况就已经出现过。此外，在中世纪，当斯勘的纳维亚人定居到冰岛和格陵兰岛时，就曾出现过比今天还要严重的全球气候变暖期。此后大约在 1350 年到 1850 年间出现了小冰川期，继而气候重新回暖，而这期间并没有温室气体排放的影响。更不好解释的是，理论上从 1940 年到 1970 年间气温应该持续变暖，但气象学家在此期间观察到的却是变冷的过程。之后一段时间，美国科学发展协会也发表了一份报告，指出在温室气体排放问题上，他们得出的结论是与当下主流相矛盾的。

最近，又有一位英国贵族严厉批评活动家和政客煽动人们对气候变化的恐惧情绪。他声称，最新的研究表明，近 18 年来全球未出现过气候变暖现象。克里斯托弗·蒙克顿勋爵在 ClimiteDepot.com 网站宣称，他所获得的科学卫星数据显示，尽管温室气体的排放量增加，但气温在 1966 年 10 月至 2014 年 8 月之间保持得相当稳定。蒙克顿把这一现象称为“大暂停”。他说：“那种认为过去和现在的排放过失使我们面临“气候危机”的观念越来越站不住脚。根据遥感卫星搜集的对流层下层全球月均气温数据显示的最小平方线性回归趋势，至少 215 个月以来，没出现过全球变暖现象——一点也没有。”这位曾任英国前首相撒切尔夫人政策顾问的蒙克顿说：“由此可以证明，人们之前关于温室气体对大气温度变化敏感度的计算模型是完全错误的。”

由于气候变化与温室气体之间的关系人们缺乏直接的感性认知，因此温室气体排放与地球温度升高是否存在关系？关系多大？不仅是一些政治人物心存疑虑，就是一些科学家也是半信半疑，甚至还在某种程度上被一些人利用作一种国与国之间的政治斗争武器。

关于温室气体，起初是由法国数学家傅利叶因关注地球是如何获取热量这一问题引发的。他的论文《地球及其表层空间温度概述》发表于1824年，但当时并没有引起人们的重视。直到1895年，瑞典物理学家斯文特·阿列纽斯拜读傅利叶的论文后，研究出了第一个用以计算二氧化碳对地球温度影响的理论模型，发现大气层中的二氧化碳与地球温度之间存在着某种定量的变化关系。当时，对一个生活在寒冷冬天的斯堪的纳维亚人来说，天气逐渐变暖似乎还是一个令人振奋的前景。

事情的转折发生在1938年。美国人乔治·卡德伦当时发表了一篇题为《人为生成的二氧化碳及其对气温的影响》的文章。他根据1880年至1934年间世界各地200个气象站收集来的数据，计算出当时由于发达国家的工业化进程，已使地球温度偏离了正常值（升高了1华氏度）。卡德伦公布的计算结果显示，大气层中的二氧化碳浓度从1900年的290ppm增加到了1956年的325ppm。这一数据与当时的另一位年轻的科学家查尔斯·戴维·基林公布的316ppm相当接近。而基林曲线后来又如实反映了1956年到1997年的大气含碳量的实际变化过程。

在卡德伦发表文章后的20年里，全球气候变暖的迹象以及对此所作出的分析越来越多：中纬度冰川退缩的速度从每年30米增加到了40米；北极冰盖萎缩了6%；雪线持续退缩；等等。1987年，联合国和世界气象协会发起召开了一次会议，46个国家的330位科学家和决策人聚集在一起，最后发表了一份声明。指出，“人类正在全球范围内无意识地进行着一场规模巨大的实验，其最终后果可能仅次于一场全球性核战争。”会议进而敦促发达国家立即采取行动，减少温室气体的排放量。1988年夏季，联合国环境规划署在加拿大多伦多召开会议，成立了政府间气候变化专门委员会（IPCC），并开始着手准备即将于1992年6月在巴西里约热内卢召开的环境与发展大会（即地球峰会）。

1991年冬天，政府间谈判委员会召开第一次预备会，协商先前提出的气候变化条约。当时，政府间气候变化专门委员会的科学家们认为，要稳定空气中二氧化碳的含量，温室气体的排放量就需要减少60%～80%，但考虑到现实的经济状况，几乎没有人准备考虑削减这么大的幅度。各国考虑的最激烈的提议是到2000年将二氧化碳排放量冻结在1990年的水平上。出于各自国家的政治和经济利益出发，这项提议得到了小岛屿国家联盟以及加拿大、澳大利亚和北欧国家的支持。但美国和欧佩克国家结成了联盟，反对为限制排放量设定任何目标和时间表。发展中国家则明确表示，发达国家要承担起历史责任，发展中国家只承担共同但有区别的责任，不会承担任何限制其经济发展的义务，并要求发达国家提供资金援助和技术转让。

实际上，提议将二氧化碳排放量冻结在1990年上的目标，并无科学或经济依据，仅仅是与会人员认为他们所能达到的最高目标。1992年6月，巴西里约热内卢地球峰会正式召开。会上，欧洲人宣布将为环保提供总额达40亿美元的援助，并发表声明确认了他们减少排放量的承诺。美国仍是我行我素，声称对温室气体减排会影响美国的经济发展，美国人的生活方式不是拿来谈判的，并坚持发展中国家也要承担温室气体限制和减排的责任。对此，英国曾予以批评指出，作为世界上最大的污染源，美国应该尽一份责任。由于受到美国的影响，会上《联合国气候变化框架公约》的最后文件只达成：承认温室气体的排放会带来不利的影响，并要求发达国家应该向发展中国家提供资金和技术援助，而后者只需付出良好的意愿即可。

全球控制温室气体行动一路走来，可谓是道路曲折，前景堪忧。按照各国政府承诺，希望到2100年，地球温度上升的临界值是不超过2℃。这是基于人类活动碳排放有所控制的情况下得出的，而且全球人为二氧化碳累积排放量即使控制在1万亿吨碳左右，也只有66%的可能性实现这一目标。但是，到2011年为止，全球已经排放了5310亿吨碳，可见剩下的排放空间很小了。所以，全球的确需要进一步采取行动。

第二节　迎接挑战，不质疑

人类只有一个地球。保护地球需要大家的共同参与并付出努力。据报道，新近一份研究报告预测，未来70年海平面将上升0.6米，到2200年将上升约

2.4 米，而且此趋势直到海平面比现在高出约 7.6 至 9.1 米后才会停止上升。令人焦虑的是，这些预测完全是以大气中二氧化碳的浓度保持在今天的水平即 400ppm 为依据的。报告指出，大约几代人之后，地球上就会有好几百座城市面临消失的风险。此外，研究人员还发现，目前海平面上升的速度大约是其他任何间冰期的两倍。与此同时，大气中温室气体的浓度和其他导致气温上升因素的提升速度相当于工业革命前的十倍。这些不是耸人听闻的消息，而是确确实实的科学研究结论。

由于人类活动引起的地球气候变化，不但会使海平面上升，而且还会减少地球表面的淡水资源，影响粮食产量等，甚至会导致粮食营养成分的下降。

据报道，研究人员在模拟本世纪中期可能出现的条件进行试验后发现，大气中二氧化碳的增加可能会影响世界上最重要的粮食作物的营养成分。科学家按照预估的 2050 年前后，地球上二氧化碳浓度为 550ppm 的条件，在户外农田里种植了小麦、稻米、大豆和紫花豌豆，结果发现这些农作物中两个重要的营养成分锌和铁的含量都降低了。研究人员在日本、澳大利亚和美国的七个地区种植了六类谷物和豆科植物的 40 个不同品种，包括玉米和高粱。

人们知道，当锌和铁摄入量不足时会影响人的免疫系统，使人们更易罹患疾病。而全球数十亿人平时是从粮食中摄取锌和铁的。研究发现，与在正常条件下种植的作物相比，在二氧化碳浓度升高条件下种植的小麦锌含量降低约 9%，铁含量降低 5%；在二氧化碳浓度升高条件下种植的稻米锌含量降低 3%，铁含量降低 5%；同时，这两种作物的蛋白质含量也均出现下降。

研究人员指出，到 2014 年 4 月，大气中二氧化碳的平均浓度达到了 401.33ppm。在工业革命前，大气中的二氧化碳浓度大概仅为 280ppm。20 世纪 50 年代美国查尔斯·戴维·基林在夏威夷冒纳罗亚火山提出“基林曲线”时，大气中二氧化碳的浓度为 316ppm。由此可见，在全球范围内削减和控制二氧化碳排放已成当务之急。

现在，人们对人类活动产生温室气体，从而导致地球环境温度升高的事实已基本认同。在这个过程的推进中，两个具有里程碑意义的进程必须提及：《联合国气候变化框架公约》和《京都议定书》。前已述及，《联合国气候变化框架公约》是 1992 年 5 月于联合国纽约总部通过，同年 6 月在里约热内卢举行的联合国环境与发展大会期间正式开放签署的。公约的最终目标是：“将大气中温室气体的浓度稳定在防止气候系统受到危险的人为干扰的水平上”。该公约是第一个为全面控制二氧化碳温室气体排放，应对全球气候变暖给人类经济和社会带来不利影响的公约，也是国际社会在应对全球气候变化问题上进行国际合作的一个基本框架。目前已有 192 个国家批准了该公约。但还有个别国家，从一己私利出发，拒绝本国同意批准《联合国气候变化框架公约》。

1997 年 12 月，在日本京都召开《联合国气候变化框架公约》缔约方第三次会议，会上通过了旨在限制发达国家温室气体排放量以抑制全球气候变暖的《京都议定书》。《京都议定书》是对《联合国气候变化框架公约》的补充条款，它比《联合国气候变化框架公约》目标更加清晰，内容更具操作性。《京都议定书》规定，到 2010 年，所有发达国家二氧化碳等 6 种温室气体的排放量，要比 1990 年减少 5.2%。即各发达国家从 2008 年到 2010 年必须完成的削减目标是：与 1990 年相比，欧盟削减 8%、美国削减 7%、日本削减 6%、加拿大削减 6%、东欧各国削减 5%至 8%。新西兰、俄罗斯、乌克兰可保持 1990 年的排放水平不变。议定书同时允许爱尔兰、澳大利亚和挪威的排放量比 1990 年分别增加 10%、8%和 1%。《京都议定书》还规定，发展中国家从 2012 年开始承担温室气体减排义务。

《京都议定书》需要在占全球温室气体排放量 55%以上的至少 55 个国家批准，才能成为具有法律约束力的国际公约。中国于 1998 年 5 月签署并于 2002 年 8 月核准了该议定书。目前已有 142 个国家和地区签署该议定书，其中包括 30 个工业化国家，批准国家的人口数占全世界总人口的 80%。美国曾于 1998 年签署了《京都议定书》，但以“减少温室气体排放将会影响美国经济发展”和“发展中国家也应该承担减排和限排温室气体的义务”为理由，宣布拒绝批准《京都议定书》。

2005 年 2 月 16 日，《京都议定书》正式生效。这是人类历史上首次以法律形式限制温室气体排放的行动成果。

《联合国气候变化框架公约》和《京都议定书》是在联合国的牵头组织下，由一批负责任的国家为了人类免受气候变暖的威胁而共同达成的责任书。但是，在大我与小我利益发生碰撞的情况下，有些国家却态度暧昧、犹豫，甚至反复无常。比如，加拿大出尔反尔，签署批准《京都议定书》之后，于

2011 年 12 月又宣布退出《京都议定书》。日本在 2013 年 11 月联合国第十九次气候变化大会即华沙气候大会上，公布日本修正后的减排目标不降反升，竟然比其 1990 年的排放水平高出 3.1%。以澳大利亚为首的一些发达国家，在承担历史责任问题上缺乏诚信，不仅没有兑现承诺，甚至不断试图将自己的责任更多地转嫁给发展中国家，导致政治互信缺失。

目前，全球的碳排放形势很不乐观。2014 年 9 月下旬在纽约召开联合国气候峰会前，根据权威部门公布，2014 年全球二氧化碳排放量将创历史新高，达到 440 亿吨，比 2013 年增加 2.5%。有关专家指出，全世界要逆转这一糟糕的势头需要 30 年时间，在此之前，全球变暖的幅度会超过 2009 年哥本哈根气候峰会设定的 2 摄氏度的目标。由此带来的后果会是：海平面将大幅上升，严重干旱现象也将频繁出现。

最近，《参考消息》刊登了美媒一则令人担忧的消息《气温升高或致地球失去海洋》。说是在太阳系中距离我们最近的两个邻居都曾拥有过海洋——遍布行星的、整体循环的类地海洋。金星的海洋枯竭了，火星也掌握不住表面的水分，现在其表面的水分至少已经蒸发了 80%。文章指出，地球的气温再上升几个刻度，温室效应将失控，全球变暖的最终恶果就是地表水分蒸发。

科学家们从水分子结构进行阐述，认为氢原子核内部除了有正常带一个正价质子与一个负价电子外，也可以只有一个不带电的中子。即便有一个中子，原子核仍然带一个正电荷，它依旧是氢原子，但重量大多了，几乎是不带中子原子的两倍。这就是氢的同位素——重氢氘。而多出来的这一部分重量会让事情变得截然不同。氘所承受的被拽向地表的力度要比普通的氢大得多。当氢和氘都自由地在行星大气中浮动时，普通的氢会升得更高一些。如果行星重力足够弱，就像地球、金星和火星那样，普通的氢则有可能弹跳至极高高度，以至于会直接逃逸到太空中去，而氘却会因行星重力而永留在地表。因此，放任地球温度升高一两度，对人类来说或许只是一场小小的环境灾难 。但如果温度升高数度，那么全球变暖将导致地球大气进入逃逸的死亡漩涡。到时，地球将失去海洋。

说到这，人们不禁想起当今令人担忧的各地越来越严重的局部缺水、干旱和沙漠化现象。据报道，如今地球上最干燥和最不适宜居住的地方之一

——西撒哈拉沙漠，5000 年前曾是人类、动物和茂盛植被的家园。当时，西撒哈拉沙漠曾经拥有一个庞大的河流系统，倘若该河流系统今天还存在，将名列世界第十二大流域。报道指出，利用日本“先进陆地观测卫星”上的高级成像系统，法国海洋开发研究所的夏洛特·斯科涅奇内和她的团队发现了该地区以河流挟带物为主的沉积层。这些沉积层勾勒出一条 500 公里的河流轮廓。研究人员称，有了这一河流系统，撒哈拉沙漠曾经是“有着广阔植被、动物生命和人类定居点的场所”。

英国国家海洋学中心的科学家拉塞尔·韦恩是 2003 年对撒哈拉沙漠一处巨大水下峡谷进行测绘的团队成员之一。他对英国《卫报》记者说：“人们有时候对气候变化及其发生的速度一无所知。这里就是一个例子，仅仅在数千年内，撒哈拉沙漠从一个多雨、潮湿的地方变成某种贫瘠和干旱的样子，同时大量的沉积层转变成峡谷”。

应对气候变化是全球当务之急，也是人类迎接的一场生存挑战。中国是一个发展中国家，以煤为主的能源资源禀赋，决定其经济的粗放型发展方式，同时也难于摆脱自身处于价值链低端的世界格局。但长期以来，中国积极应对气候变化，推进绿色低碳发展，大力治理大气污染。截至 2013 年，中国的碳排放强度已经下降了 28.56%，非化石能源占一次能源的比重达到了 9.8%，森林蓄积量已经提前完成 13 亿立方米的任务，达到了 20 亿立方米。虽然碳排放强度下降和非化石能源占比两项指标离我们所承诺的 2020 年目标值还相差甚远，任务相当艰巨，但 2013 年中国碳排量增幅仅为 4.2%，是 2002 年以来的最低水平之一。碳排量减速说明了近年来中国减排措施的显现效果，包括快速发展可再生能源、提高能效、控制污染源、建立碳交易等等。最近，我国又推出了《国家应对气候变化规划（2014—2020）》，这是积极推动国内应对气候变化工作，主动参与全球气候治理进程，展现一个负责任大国形象的实际行动。

根据时任国家发展和改革委员会副主任解振华在一次国新办举行的新闻发布会上介绍，2014 年 1 至 9 月，我国单位 GDP 能耗同比下降 4.2%，碳排放强度下降约 5%。因此，2014 年的减排预期目标能够实现。若按这一力度实施节能减排，“十二五”的目标能够达到。他说，积极应对气候变化也为我国经济转方式、调结构、提高增长的质量和效益带来机遇。要尽早地实现二氧化碳排放峰值，中国必须采取总量控制的措施，我国准备对能源消费总量、二氧化碳排放总量进行控制，准备采取措施。同时他还介绍说，我国在 7 个省市开展了碳排放权交易试点工作，为建立全国碳市场做准备。

作为发展中国家，中国正处于工业化、城镇化加快发展的新阶段，温室气体排放也随之出现高值，而且未来能源消费和温室气体排放还将持续增长，这是经济社会发展的必然结果。但是，随着国际碳排放空间的进一步趋紧，我国在国际控制温室气体排放活动中面临的压力也将越来越大，各方期待中国能提出更有力度的 2020 年后应对气候变化的行动目标。

2015 年 6 月 30 日，我国发表了《强化应对气候变化行动——中国国家自主贡献》报告。中国政府提出，到 2030 年单位国内生产总值二氧化碳排放比 2005 年下降 60%～65%，非化石能源占一次能源消费比重达到 20%左右、森林蓄积量比 2005 年增加 45 亿立方米、二氧化碳排放 2030 年左右达到峰值并争取早日实现。

这是中国就 2020 年后应对气候变化行动提出实事求是、全面有力的“国家自主贡献”目标，既是向国际社会作出新的政策宣示和行动承诺，也是为全球合作应对气候变化交出的一份出色答卷。此举受到国际社会的普遍赞誉。外媒评论说，这是中国总理李克强在巴黎会见法国总统奥朗德时宣布的，其地点和时机非常有象征意义——距离在巴黎举行的联合国气候大会开幕恰好只有 5 个月的时候。这次大会担负着达成第一个约束全球各国的气候变化协议的重任。世界自然基金会全球气候主管萨曼莎•史密斯说，中国是发展中大国第一个给排放总峰值设定目标的国家。她说，“中国这样做，既是对全球气候安全做出承诺，也是对国内革新性能源转换做出了承诺。中国作出了超越发展中国家责任范围的承诺，意义重大。但是我们希望，中国能够继续找到减排的办法，这将推动全球再生能源与能源效率市场前进。”

有意思的是，就在同一天，美国和巴西也共同宣布，将各自在 2030 年前让非水力可再生能源——例如风能和太阳能一发电量占到总发电量的 20%。这意味着美国的可再生能源发电量将增加两倍，巴西增加一倍多。巴西还表示，将在 2030 年前恢复 1200 万公顷的森林，几乎相当于英格兰的面积。由此看来，这是朝着解决气候变化问题并净化全球能源体系迈出的崭新而重要的一步。

第四章　众里寻它急，光伏初亮相

早在20世纪30年代，当有识之士正在为大气层的二氧化碳陡然增加而奔走呼号之前，人类就在苦苦寻找一种清洁、易得且可再生的能源。他们有的是为了照明；有的是为了取暖；有的是为了降温；而有的则是为了人间自有炊烟袅绕。

这样的努力至少伴随人类几千年，但除了美丽的神话传说外，现实世界中都没有让人们真正获得理想的结果。而只有到了1839年，法国科学家贝克莱尔在半导体试验中发现了它的光生伏特效应时，或许才意识到：人类已经拿到了开启理想中的能源之一——太阳能的利用钥匙。但真正把成熟的光电直接转换技术推向市场时，人们又翘首期盼了一个半世纪！

第一节　从普罗米修斯盗火到瑞士小镇借光

在民间，太阳就是火的象征。上古人类就懂得依靠火来取暖、照明和烘烤食物。因此，人间不能没有火，也更不能没有太阳。为了满足人们的这种需求，从古至今诞生了多少“英雄人物”。古希腊神话中关于普罗米修斯盗火的故事就是其中之一。

普罗米修斯是神话中造福人类的伟大的神。曾违抗宙斯禁令，盗取天火送给人类；还给人类传授各种技艺与知识，因此触怒宙斯，被锁在高加索山顶的峭岩上，每天遭受神鹰啄食肝脏之苦。但他宁受折磨，却坚毅不屈。直至被希腊大英雄赫拉克勒斯将神鹰射死，始获解救，重返奥林匹斯山。这是古代版神话盗取天火——太阳能的故事。同样在欧洲，我们可以找到这种现代版“盗取天火”的真实故事。

记得大概是几年前，媒体报道过瑞士有一个小镇因坐落在大山沟壑之中，太阳光照时间因此受到很大影响。本来位处北欧的瑞士冬天光照时间就很短，而相比之下这个瑞士小镇的白昼与气温就更加短而寒冷了。于是，人们就想到利用物理学的反射与折射原理，从远处高山上树立巨大的玻璃墙镜面把阳光引到了小镇上，从而满足了小镇一年四季应该享有的光照与气温。

由此可见，人们利用太阳能的愿望除了它能直接带给人类光和热之外，还希望它的这种功能在空间和时间上能有所转移。

第二节　从后羿射日到当代农业种植大棚

关于和太阳打交道的神话传说咱们也有。《后羿射日》就是一个家喻户晓的中国古代神话传说。后羿是中国古代神话传说中的神箭手。相传在上古帝尧时期，天上十个太阳一齐出来，大地的草木庄稼尽皆焦枯，民无所食；又有恶禽、猛兽、长蛇四处为害。于是尧派后羿射去九个太阳，只留一个；又射杀恶禽、猛兽、长蛇，为民除害。万民皆喜。这则神话故事相信每个人在孩提时都会听得出神入迷、信以为真，但却不知其中含义。

我们不必考证当时的天空是否真的存在十个太阳。然而应该明白：早在上古时期，人们就希望太阳在给人类带来光明与温暖的同时，地面上感受到太阳的温度高低最好能够随人们的意愿来进行调节。大家想想，这是不是中国古代神话《后羿射日》故事“透露”给我们的一个最明确的讯息？

在人类还无法让太阳的光和热在时空上随意挪动，并对太阳光照施以各种能量形式存在且能进行相互转换时，只好用最原始的办法对其进行高低强弱的简单调节。这种办法现代社会还在沿用。现在随处可见的蔬菜种植大棚就是一个例子。人们根据蔬菜生长的需要，通过建构封闭透光的薄膜或玻璃大棚，以便对大棚内的太阳光照水平和温度高低实施人为调节，使得大棚内蔬菜一年四季不但可以种植，而且有的比在自然环境下生长得更加良好。

太阳能这种最原始的利用方式，并不意味着太阳能应用技术的落后，而是在特定环境下，人们根据某种生产或生活方式的需要所采取的必要措施，也是人们利用太阳能的主要手段之一。

第三节　从聚光取能到太阳能热电站

人类对利用太阳能的情有独钟，不仅仅是因为太阳能具有清洁可再生的特点，还有一个很重要的原因——那就是它存在的普遍性。整个地球表面，不分东西南北到处都可以见到它的身影。而且像使用空气一样，人们可以免费得到它。因此，利用太阳能从古就有，而且利用方式也多种多样。

与前面介绍的太阳能利用方式一样，聚光取能也是一种较为常见的直接利用太阳能的方式。高原草地上的牧民通常运用这种聚光炉子进行烧水做饭。烧水时，把装好水的水壶悬挂在一个架子上，水壶底部离地一米左右高度，地上搁一个锅型聚光盘子，将所聚太阳光对准壶底即可烧水。这种太阳能利用方式既简便易行，又清洁安全，是户外用能不大的情况下向太阳取能的好办法。

实际上，太阳能光热发电的原理就是基于此。虽然光热发电的形式多种多样，但真正在原理上有较大区别的，就是塔式和槽式两种。其中，塔式的原理就跟聚光炉子烧水差不多：将高塔周边很大范围内的地面，安装着特制的可以调整角度的一片片大反光镜片。镜片把阳光聚集到塔顶的锅炉汽包上，继而把汽包内的水烧开并加热到一定程度后，高温高压的水蒸气就可以推动汽轮机做功发电了。

槽式太阳能光热发电原理跟塔式的稍微有点区别。槽式的光热收集系统不是用平面镜反射太阳光对锅炉汽包水进行加热，而是直接就在地面 2 米多高度上，按一定长度（100 米左右）在南北方向上有规律地来回安装胳膊粗直径大小的集水管道，在管道的北侧安装抛物线槽反光镜面，且管道线路走向正好全线处于槽镜面的聚光连线上。这样，集水管线就代替了塔式光热收集系统的汽包。当然，槽式光热收集系统就不需要建高塔了。除此之外，两者的系统构成就没什么不同。值得一提的是，无论塔式光热发电还是槽式光热发电，其发电原理和工作流程与燃煤或燃气火力发电极为相似，除了光热发电特有的光热收集系统代替了火力发电的锅炉外，其他系统都差不多。当然，光热发电相比还多了一个储热系统（装置）。

关于光热发电，顺便多说两句。光热发电也是人类利用太阳能而想出的一个很好的办法，而且它所发的电力就是平常使用的交流电，同时在连续发电的时间方面，理论上可以做到不间断。这对于电力供应稳定性和连续性要求都很高的电网来说，应该说是一种近乎理想的电源形式。但就目前而言，光热发电可能还只是一种听起来很好的发电形式而已。简单说来，光热发电眼下还有几个难以克服的障碍：一是造价高。以现今的技术水平计算，单位造价至少在30000元千瓦以上，且储热只能达到3～4小时左右；二是光热收集系统设备制作工艺、安装技术要求高，同时运行环境，维护水平要求也高；三是储热装置难以做大，单位投资成本高，效率也难以提高；最后一个是气温低于13℃时，光热收集系统的汽水（集水）管道内的传热介质（油或盐）会凝固，因此管道全线需要保温并加热。通常这个环节是通过燃油或燃气的小火力锅炉提供蒸汽来加热保温的。因此，光热发电的其他困难不说，仅就加热保温措施也就玷污了它的清洁性。

第四节　从透镜取火到分解水中氢能

小时候，看到邻村的一个大爷在野外干活时兜里揣着一个透镜，专门是为他抽烟点火用的。抽烟时，将透镜对着太阳所在位置（阴天也能用），并把光线聚焦在烟丝上，干烟杆马上就可以吧啦吧啦地抽出烟了。当时不懂光学原理，只感觉它的神奇与奥妙。没想到，日后2008年的北京奥运会圣火，在希腊雅典也是从太阳光取来的。由此我们知道，人类很早就能将太阳能的形式从光—热—火之间相互转换了，只是这种转换在时空上的保持长短问题有待解决。因此，人们还在努力寻找这种解决之道。

不久前看到一则报道，说是一个来自休斯敦大学的研究人员发现了一种能够利用太阳光从水中快速产生氢的催化剂，并指出这可能会创造一种清洁的可再生能源。科学家说，实验一旦加入了这种催化剂的纳米物质并应用光，水几乎立刻分解成氢和氧，实验产生的氢是氧的两倍，这和水分子中的氢氧比例是一致的。该实验具有创造可再生燃料来源的前景，但鉴于太阳能转化为氢的效率目前只有约0.5%，如此低的转换效率在商业上是不可行的。较为可行的效率大约是10%，即10%的入射太阳能被转化为氢化学能。

又有一则报道说，德国波兰登堡州近日建成世界上第一座用氢能源作为电力存储中介的混合能源试点电站。主体建筑由一座氢能源电解存储站和一座生物质热电站组成。电站依靠电解水产生氢气，并通过燃烧氢气驱动发电机发电。电力的来源是附近风力发电场直接提供的。氢气所发电力被继续用来电解水，如此循环往复之后就能把足够的氢气存储起来。

电解站的设计功率是500千瓦，每天能产生大约11千克氢。这些氢被用于发电，其发电时间和发电量都是可控的，即电站的出力可以在20%～80%之间进行调节，能在一定程度上弥补风力发电的不稳定性。存储的氢还可以卖给氢能源汽车加气站使用。这种能源形式的转换也是存在效率低下的问题难以解决。据测算，这套系统利用电能制氢，再将氢重新转化为电能，效率最高只有25%，而人们平常使用的蓄电池存储电力的能效大约在70%。另外，建立大规模储氢设备、输送氢气管道的成本都很高。因此，要推广这一试点项目，还有许多障碍需要克服。

第五节　光伏飘然而至，来而不迟

从人类对太阳的借光取暖、聚焦取能，直到试图利用太阳光分解水中氢能，其想法都是为了在特定环境下，把太阳能以一种方便使用和保存的方式进行转换。但正如之前所述，不管使用哪一种太阳能转换形式，不是效率不高就是保存时间难以长久，其结果都不能让人满意。因此，世人仍在乐此不疲地继续探寻着。

到了1839年，科学家在半导体试验中偶然发现了光伏原理后，更好更廉价的使用太阳能的期待总算有了结果：光伏发电飘然而至，且来而不迟。在上世纪，欧美还未爆发因高度工业化而导致空气污染事件之前，人们的用能主要还是来自化石能源，对清洁可再生能源的要求还没有那么迫切。直到伦敦、洛杉矶空气污染事件爆发后，人们才把有选择使用能源的注意力集中到了寻找太阳能等清洁可再生能源上。因此，上世纪80年代，利用太阳能发电的课题才正式进入高校与科研单位的实验室。光伏发电也从此进入人们的视野。

相比使用太阳能的其他方式，光伏发电颇有几分自己的独特性质，而其中的一些独特性在环境、气候正在承受工业污染而影响人类正常生活的今天，尤其显得特别有价值。比如：

光伏发电不与国民和经济社会发展争水。水是一种很重要的资源。特别是我国人口众多，淡水资源少，人均占有量不到世界的平均值。因此水对我们中国人来说，显得倍加珍贵。而光伏发电恰恰几乎不用水，顶多用点清洗组件而已。这对于在荒漠地上能大力发展的发电形式而言，除了风力发电，其他的是很难做到的。

光伏发电不与国民和经济社会发展争地。光伏发电主要有两个发展方向：地面并网光伏电站和安装在建构筑物上的分布式光伏发电。后者的节约用地方式不必说。对于前者，我国西北部地区因气候干旱，阴雨天少，阳光充足，发展地面光伏电站最为合适。而该区域绝大部分面积是荒漠地，不能作为农牧用地，因此在这些地方发展光伏发电，不与民争地也不与经济社会发展争地，的确是最佳的选择。

光伏发电不与国民和经济社会发展争粮。现在，有些国家发展新能源比如生物燃料酒精之类，使用的大量原料就是玉米等主要粮食。而在中国发展新能源光伏发电，可以利用建构筑物顶部或大量闲置的荒漠地，与农耕地基本无关，也不需要使用粮食，所以不与国民和经济社会发展争粮食。

光伏发电不与国民和经济社会发展争环境排放空间。中国的电力电量大约 70%来自燃煤火力发电。这些化石能源在使用过程中会产生大量污染环境和大气的副产物，如不加以处理则给地面环境和气候带来一定损害，因此在为其治理方面需要不少买单。光伏发电就没有这方面的担忧。它在生产大量的现代社会必需的电力能源的同时，也节省了大量的经济社会传统发展方式所必需的环境排放空间。

光伏发电不与国民和经济社会发展争资源。传统发电方式大多以资源换能源——电力，这些资源包括钢材、水泥、煤炭、石油以及天然气等等，而其中的煤炭、石油等化石能源其本身既是能源也是资源，用它们来发电，只是能源形式的一种转换而已。但是大家应该知道，化石能源也是一种重要的化工资源，从长远来说，用化工资源拿来燃烧发电还真有点可惜。而光伏发电既简单又省事，使用的阳光和空气一样，至少目前不缺，并可以免费提供。因此相较于传统发电形式来说，建设同样大小的光伏装机和生产同样数量的电力电量，将为我们节约了很多资源！

今天，正当许多有识之士在为地球上有限的矿产资源面临枯竭而感到焦虑之时，光伏的出现可谓是上苍送给人类的一个大礼物！

第五章　成功试金的敦煌光伏发电

随着人们对化石能源带来空气污染和排放温室气体的担忧，20 世纪末，科学工作者便把目光集中到了太阳能上。本世纪初，欧洲由此掀起了一股光伏发电的热潮。

我国是一个化石能源消费大国，也是一个温室气体排放大国。控制化石能源使用和实现温室气体减排是我国在能源方面面临的双重压力。因此，可再生能源作为我国重要的能源资源，在满足能源需求、改善能源结构、减少环境污染、促进经济发展等方面具有重要作用。

2008 年下半年，国家能源局推出我国第一个地面光伏发电示范项目，地点选在甘肃敦煌，规模为 10 兆瓦（示范项目区划 1 平方公里，满足 30 兆瓦以上用地）。由于当时国内没有光伏发电工程的建设经验，国家也未批准过地面并网光伏电价，于是敦煌光伏发电示范项目采取了特许权招标的方式进行。

第一节　全国第一个光伏发电示范项目

敦煌光伏发电示范项目特许权招标的信息发出后，得到了央企、国企以及民营企业的积极响应，第一时间就有 53 家企业单位买了标书。许多单位也许是出于对该项目中标的信心不足，也许只是想介入其中了解一下这个新兴产业的市场行情而已，所以到最后真正投标的只有 18 家企业。

18 家企业参加一个投资不过 2 亿元左右的项目招标，这在国内外的基建招标历史上可能也是绝无仅有！由此可见，人们对这个项目尤其是太阳能发电领域所给予的高度重视。

一、项目特许权招标的意义

2008 年国际金融危机爆发之前，我国的并网光伏发电项目几乎为零，国外的光伏电站建设规模也相对较小，大多数项目的建设规模都在 1MWp 以内，直接接入地区电网的并网光伏电站项目也很少。从理论上说，虽然光伏并网发电的技术发展水平已基本满足大型光伏电站的建设要求，但是，尤其在我国，由于过去根本没有并网光伏电站的建设经验，一切工作都得从零开始。第一个光伏电站的建设方案，很大程度上决定着这个电站建成后的“先天”素质，也关系着该行业起步的快慢。为此，需要发挥大家的智慧，更有必要在全国范围内通过一场公平公正的专业PK，最后由国家级的专家来评比选择一个或一些最适合我国国情发展的并网光伏电站建设方案。

另外，为使太阳能光伏发电在我国能尽快得以顺利推广和普及，降低工程造价和提高光伏电站运行的效率以及电站与电网之间的运行安全性与可靠性等要求，是设计方案中应当给予高度关注的问题。其中有些问题，特别是一些比较重要的专业性、技术性问题，需要有关专家和技术人员必须在项目的投标设计方案中说清楚、讲明白。也就是在招投标阶段，投标方案应当对以下一些问题予以一定深度的论述或提出预案，如：大型并网光伏电站对电网的影响、大型光伏电站的调度管理、大型并网光伏电站系统集成的效率问题、极端气候条件对大型并网光伏电站的安全性影响、光伏电站运行维护管理水平对系统效率的影响、太阳电池组件及逆变器等关键设备在大型并网光伏电站中运行的可靠性以及太阳能并网光伏发电等新能源在地区电网中被允许的最大占比，等等。实际上，这也可以说是一场极其认真的光伏发电领域的技术“选美”比赛。

现在看来，当时我国将第一个并网光伏发电项目——敦煌光伏发电示范项目作为特许权招标项目推出，即通过广开思路征集好方案、好中选优确定最佳建设团队的做法，确实是一个高明而又务实的决策。这个决策的正确，已经从光伏发电这几年在我国所表现的既稳稳当当又红红火火，其发展历程得到了证明。

二、项目特许权招标过程与结果

标书规定，此次招标将以最低报价者中标。但开标时出现了令招标单位意想不到的结果：最低报价只有0.69元/千瓦时，此报价不仅远远超出评标专家和招标单位的心理价位，同时也极大偏离了绝大部分投标单位的报价。因此，开标会上无法宣布中标情况，招标单位只好表示待评标委员会做进一步讨论研究后，再公布最终招标结果。

本次投标的次低报价是1.09元/千瓦时。此报价虽然看上去也略微偏离了大家的想象，但比起0.69元/千瓦时的报价来得有普。大家认为，现阶段中国的光伏发电电价定在1.09元/千瓦时似乎还是低了点，但蹦一蹦好像还能够得着。于是，经过一段时间的反复比选后，招标单位大约于2009年7月份左右宣布了招标结果：中广核能源公司中标，中标电价1.09元/千瓦时。

值得说明的是，当时中标单位实际上是由三家不同体制的企业组成的一个联合体，即以央企中广核能源公司牵头，外企比利时羿飞公司以及国内的一家民营光伏组件厂商百世德公司参与的。在现在看来，也算得上是一个混合所有制企业的组合体了。

正如大家所猜测的，对于中标单位来说，当时能报出1.09元/千瓦时的光伏电价是需要一点勇气的。好在示范项目投标前，最关键也是采购费用占比相当大的一块，如光伏组件、并网逆变器以及平单轴跟踪支架的订货协议已经签订，合作单位为了能与我们合作拿到“中国光伏发电特许权招标项目”这个品牌，所报设备或材料价格还不算太高。因此，这种愉快真诚的合作无疑大大增强了我们获胜的信心。当然，这勇气来源的另一个方面，应该说还是源自于我们与设计单位对投标方案的缜密构思以及对项目投资概算的精心编制。同时，在面对这场深具企业发展战略意义的太阳能领域的特许权招标项目竞争中，我们的背后有着强大的正能量在支撑着。具体来说，就是有联合投标单位的良好合作愿望，有中广核集团的有力支持和指导，有招标单位公平公正的工作作风以及敦煌地方政府的热情帮助和支持。特别是敦煌地方政府，为了促进示范项目的顺利建成，在项目招标前后做了大量工作，包括项目前期的初步可行性研究工作、四通一平工作以及项目在评审报建过程中所涉及的方方面面的协调工作。

三、示范项目建设规模

大型地面太阳能并网光伏电站的建设规模在电站的地理位置确定之后，项目的建设规模在技术上主要与可利用的建设用地面积、地形条件、选用的太阳电池组件及安装方式以及所接入电网的接纳能力等因素有关。

敦煌项目特许权招标书给出的用地面积是一平方公里，即100公顷，1500

亩。若按当时的太阳能组件厂家英利公司生产的245Wp组件产品进行固定式方阵安装布置，大约可以供一个40MWp光伏电站的使用场地。

但在特许权招标文件中，示范项目的建设规模已确定为10MWp。

第二节　示范项目投标方案与项目实施

俗话说，一张白纸可写最新最美的文字，也可画最新最美的画图。由于我国之前没有光伏发电项目的实际范例，从投标方到设计单位对光伏发电都没有多少具体概念，无法“照葫芦画瓢”。但是，没有先例也无大碍，我们可以依靠自己的想象来精心构思，何况这场项目特许权招标的本意就是让大家来一显身手的。因此，参与投标的企业包括设计单位，个个都放开了手脚，倾其所能、煞费苦心地琢磨着如何才能交出一份让评标专家和招标单位“眼睛一亮”的投标方案。

光伏发电较之其他传统发电方式确实较为简单些。但任何一样简单的东西，当你在短时间内匆匆忙忙接触并要消化它时，不见得都会觉得简单，而且这是要站在国家层面的技术高度上，对时下光伏发电领域的系统方案提出一个既要赢得评标专家和招标单位的好评，又要降低项目投资和便于工程施工的方案，可不是件容易的事。

从全国第一个并网光伏发电项目来说，可以让投标方自由发挥想象空间和个性特点的，主要还是在光伏组件的安装方式、太阳能电力转换输送以及电站土建布局三个方面。

由于对地面光伏电站没什么概念，特别是固定式安装以外的光伏组件安装支架到底能提高多大的发电量，大家心里都没数。当时的羿飞公司算是有些经验的一方，据他们介绍说平单轴安装方式较之固定式，大概能增加发电量20%～25%左右。为了让我们确信，羿飞公司还认认真真地提交一份能说明提高 25%发电量的书面材料。为保守起见，在项目投资测算中我们对此给打了个折按 18%计算。当然，对于固定式以外的安装方式，除了关注它能带来多大的额外发电量之外，我们还特别关注它们的工程造价、运行可靠性以及需要增加的占地面积等方面。

在当时情况下，从投标方的角度来说，大家最关心也最感荣耀的，莫过于能够获得项目“授权”——中标。但要达此目的，工作不做到出类拔萃是不可能实现的。因此，在项目设计过程中必须体现的技术含量、关键设备的鉴别选用以及各类工程方案与造价的精心比较是不可少的。在示范项目的设计方案中可以看到，我们的合作方在这方面是做足了功夫的。

基于以上情况，为从提升示范工程的技术含量和控制工程造价两方面考虑，敦煌示范项目投标方案最终选择了平单轴安装方式。见图 5-1，图中光伏阵列右偏上的部分组件安装支架即为平单轴。

图 5-1　敦煌并网光伏示范项目组件方阵实景

关于电力的转换与输送，投标方案的最终设计则采用了从光伏组件出来的直流电经逆变后两级升压到 35kV 的方案。这是考虑到 35kV 属于我国西北地区配网的主网架之一，同时经过两级升压再并网，能使大型并网光伏电站与电网的衔接更加合理，运行更加平稳。

光伏电站土建工程的设计灵活性较大，同时对整个工程造价的影响也较大。敦煌示范项目投标方案编制时，有一条很重要的原则意见是：安放逆变器的房子现场就近分设，以减少各类电缆的单根使用长度与总使用量，尽可能降低不应有的电能损耗。其他如办公用厂房等，能简则简，节约投资。示范项目的综合楼见下图 5-2 所示。

图 5-2 敦煌光伏发电示范项目综合楼外景

由于在设计过程中考虑的比较全面、细致，因而示范项目在实施过程中也就比较顺利。尽管当时组件价格受欧洲市场影响波动较大，但敦煌示范项目的整个工程投资基本控制在预算范围之内。施工进度方面，按照计划是2010年底并网发电，因实际开工时间较网络控制时间迟了些，以致部分土建只好赶在冬季施工，对工程带来一定困难，投资上多了些冬季施工措施费，但不太影响整个工程预算。

第三节 敦煌示范项目投运三年来的基本情况

敦煌光伏发电示范工程于2009年9月份开工建设，2010年底并网发电。三年来，光伏电站运行正常，发电量与设计水平基本相符。三年来的实际发电量见下表。

月份	2011年	2012年	2013年
1月	87.60	100.23	96.1884
2月	92.30	112.47	107.0517
3月	136.93	145.47	163.17
4月	183.78	189.40	145.719

续表

月份	2011 年	2012 年	2013 年
5 月	214.36	221.17	211.575
6 月	199.74	228.49	163.3989
7 月	213.96	205.80	161.6034
8 月	189.64	195.96	157.4328
9 月	181.98	186.60	147.2667
10 月	144.07	152.66	118.9146
11 月	93.79	82.60	92.1018
12 月	86.06	80.09	89.00
合计	1824.23	1900.92	1653.4223

以上单位：万千瓦时

值得说明的是，上列各年度发电量中，2013 年 5 月份以后，由于敦煌地区送出系统受限，所有光伏电站都有不同程度地限制发电，示范项目也不例外，最大限电量占各电站装机容量的 50%。所以，2013 年 5 月份之后的发电量不是整个示范项目应有的真实发电量，当年的年度发电量也因此受到影响。从 2011 年和 2012 年的发电情况对比来看，不管是月度发电量还是年度发电量都基本相当，而且也看不出组件光电转换率的年度衰减现象。这有可能是 2012 年的光照情况比 2011 年的好一些，因此多发的电量掩盖了 2012 年度因组件发电效率衰减而少发的电量。实际上，2012 年的计划发电量只有 1841.43 万千瓦时，可见当年是超额完成了发电任务。

从敦煌示范项目的可研预测发电量来看，实际发电量与理论发电量也是基本相符的。可研给出的首年上网电量即理论发电量是 2005.07 万千瓦时，而实际发电量是 1824.23 万千瓦时，算上当年因出线检修和电站消缺而损失的发电量 26.6 万千瓦时，2011 年度总发电量看上去没能达到可研预测值。但是，如果我们从 2012 年度的实际发电量去反向推算，且计及组件年度衰减系数 0.05%，可以看到可研给出的首年发电量 2005.07 万千瓦时基本上是对的。这说明，示范项目可研设计对敦煌地区的光照幅度以参考 NASA 数据为主预测的年发电利用小时为 1700 小时/年是比较合适的。首年发电量没有达到可研预测值，除了当年在厂址南侧有公路国道长时间在施工，使得光伏电站遭受粉尘污染而少发电量外，还有一部分原因应被认为是首年太阳光照幅度比一般年份低而导致的（但仍然在正常偏差范围）。

从运行维护方面来说情况也比较理想。几年来，光伏电站运行基本安全、可靠、稳定，原先最让我们担心的无锡昊阳公司生产的平单轴安装支架，运行情况非常好。自电站投运以来，安装支架都没发生什么大问题。2011 年下半年，敦煌地区遇到了少有的一场沙尘暴天气，光伏方阵中有一两个地方的个别组件都被扭曲撕裂或掀翻了，但平单轴组件支架完全没事。而且还由于它灵活的调节功能，在沙尘暴来临之际能将整个电站的光伏方阵全部都调整到水平避风状态，使得电站经受住了沙尘暴的猛烈袭击。

并网调度方面情况也很好。几年来，电站与地调配合默契，调度调整灵活。本来，示范项目是国家带有科研实验性质的工程项目，作为发电站是不应该参与电网调峰和限制出力调节的。但是，由于敦煌地区配网小，电力电量调整空间有限，所以 2013 年下半年以后，示范项目也不得不参与电力调度调节，限制出力高达 50%。这就是为什么在本节上述年度发电量表中，示范项目投运以来我们只收入电站前三年所发电量的原因，因为 2013 年以后电站发电量的真实性很难确认，所以就不收录了。另外，本项目由于装机容量不算大，电站本身也不消耗多少无功，所以原设计是不考虑在本期工程装设无功补偿装置的。后来，电网方面为了地区电网的电力电量平衡考虑，要求示范项目也必须装设无功补偿装置，因此在工程建设的后期我们根据地方电网公司的要求，又重新装设了一套无功补偿装置和光伏电站电力电量预测装置。

第四节　示范项目建设后评价

一、示范项目建设的必要性

随着世界工业的发展，大气中温室气体的浓度逐年增加，其中 CO_2 气体的增加尤为明显。这种因人为活动所引起的温室气体的过量排放，破坏了自然生态的平衡，而由此带来的温室效应已逐渐成为地球生命存续的严重威胁。近年来，以 CO_2 等温室气体导致的全球变暖趋势已经成为世界十大环境问题之首。

为了减少 CO_2 等温室气体的排放，减缓全球气候变暖趋势，世界各国作出了许多努力，并在 1997 年 12 月日本京都召开的《联合国气候变化框架公约》第三次缔约方大会（COP3）上，通过了具有历史意义的《京都议定书》。作为第 37 个签约国，中国政府承诺到 2020 年，中国 CO_2 的年排放总量将控制在 13～20 亿吨，中国人均碳排放水平控制在 0.9～1.3 吨/年。

目前，我国已经成为煤炭使用大国，CO_2 年排放总量也已超过美国而位居世界第一。以煤为主的一次能源结构，发展中国家特征的经济社会后发展需求，使我国 CO_2 年排放量的减排任务变得任重道远、异常艰巨。

面对压力和困难，我国政府为世界温室气体的减排做出了积极努力。2006 年 1 月 1 日《可再生能源法》颁布实施以来，全国各类可再生能源增长迅速，可再生能源的年利用总量和发电装机容量已跃居世界第一。截止 2015 年上半年，我国风电装机超过 1 亿千瓦，太阳能光伏发电装机已达 3900 万千瓦。在控制煤电使用和发展总量方面，到 2010 年，全国已关停单机容量在 20 万千瓦及以下的总规模为 5000 万千瓦的中小型常规燃煤火力发电机组，与同规模的高效清洁的大型燃煤机组相比，每年节约了标准煤超过 2000 万吨。

能源是经济社会发展的驱动力。为保证国民经济的正常可持续发展，必须保有相应可持续的能源作支撑。随着我国经济总量的快速增长，能源需求逐年上升，能源进口也随之增加。而以煤为主的能源使用局限和不断加大的能源进口趋势，使得我国的能源安全和环境问题日益突出。因此，从能源安全、减少污染、改善生态环境和立足于本国资源等方面考虑，大力开发利用安全可靠的清洁可再生能源，并提高其在能源结构中的比重，是我国新时期实现经济社会可持续发展的重要保证。

中国太阳能资源丰富，具有良好的太阳能利用条件，特别是西北的西藏、青海、新疆、内蒙古和甘肃以及西南的云南地区，其太阳能资源尤其丰富。早在 2007 年 11 月 22 日，国家发展和改革委员会发改办能源〔2007〕2898 号文就专门要求内蒙古、云南、西藏、新疆、甘肃、青海、宁夏、陕西等省（区）积极开展大型并网光伏示范电站的建设工作。

因此，敦煌大型并网光伏发电示范项目的建设，是我国为寻求对温室气体减排和保证能源安全所采取的一项必要措施，是我国加大清洁可再生能源开发的一个重要里程碑，也是我国为大力推动大型光伏电站建设所建立的一个实验基地。具体来说，敦煌示范项目的建设，真正为我国的大型并网光伏电站建设提供了一个很好的工程示范和科学实践机会，检验和摸索了太阳能光伏发电从设计、施工到生产运行的一系列相关经验。同时，也为其后迎来更多更大的太阳能光伏电站建设提供了一个靓丽的宣传窗口，从而为我国光伏发电行业的发展在技术上得到更加规范合理、投资上更加经济与节省、社会效益更加良好打下坚实基础。

此外，自 2000 年以来，我国太阳能电池产业获得高速发展。2007 年，中国的太阳能电池总产量达到 1000MWp，位居世界第一；太阳能电池产品的性能已达到国际水平，主要产品销往国外市场。但是，在国内太阳能电池的应用份额却微乎其微，国内太阳能电池的应用市场与其产量或生产能力相比极不匹配。如面对国际市场变化或各国进行自我保护的情况下，我国的太阳能电池产业将会受到极大的打击。因此，启动并积极开发我国的太阳能电池应用市场，扩大国内太阳能电池组件的使用量，对促进和保护我国光伏太阳能产业的发展都具有重要的战略意义。

可见，本项目的建设很有必要。

二、示范项目建设情况

敦煌光伏发电示范项目是我国第一个大型地面光伏电站特许权招标项目。项目于 2009 年 10 月正式开工建设，2010 年 12 月竣工，比《特许权协议》规定时间提前 10 个月完成。工程按照批准的设计规模、设计标准全部建成；工程安全、质量符合合同文件规定的要求；工程按期完工并及时移交生产；工程竣工验收手续完备。该项目的顺利建成，标志着大型地面并网光伏发电示范项目在我国成功建设。

敦煌项目的如期投产发电，表明了中标方案的可行性。同时表明，通过项目特许权招标方式，可以充分发挥企业的技术优势，攻关解决一些较高技术难度和较前沿的科研课题与技术难题。敦煌光伏发电示范项目的成功建设，打开了我国开发利用清洁能源的一个崭新领域，使光伏发电行业迅速成为新的经济增长点，使国人一直追求利用太阳能这种清洁可再生能源的梦想变成了现实。

敦煌光伏发电示范项目的成功建设，不但印证了大型地面光伏发电在工程技术上的可行性，同时也印证了光伏发电在技术经济上的可接受程度。1.09元/千瓦时光伏电价，在内地感觉可能高了点，但在当时沿海地区的一些燃油和天然气发电电价却高达1.15元/千瓦时。现在随着光伏发电成本的不断下降，光伏电价已经越来越趋近于传统发电方式的电价水平。然而，即便是以1.09元/千瓦时的电价而言，敦煌光伏发电示范项目能够如约建成投产，至少已经打破了过去人们想象中“太阳能发电好是好，但就是太贵用不起”的顾虑。

敦煌示范项目预算总投资20333万元，竣工决算总投资21853万元。从账面上看工程总投资超出预算1520万元，即超支7.48%。实际上没那么多，而且超预算的理由也很简单。比如送出工程，原招标书明确指出，示范项目只负责建设到电站围墙内送出线路始端的门型架为止，但最后送出系统很大一部分是由电站方面投资建设的，加上调度方面临时要求增加的一些设备，费用超过600万元以上。再比如，根据有关方面意见，为增强项目的示范效果，增加建设了中央控制楼，这一项又增加了200万元左右。还有最大的一项是组件，原本在参加敦煌示范项目投标前，中广核能源公司、比利时羿飞公司以及组件商百世德公司三家签过合作协议，谈定组件以优惠价10元/瓦提供给敦煌示范项目使用，但事后因欧洲市场组件价格猛涨，厂家便失信不供并退出敦煌示范项目的合作。最后还是感谢英利公司出手相助，项目所需组件才得以解决。当然，这场组件采购危机的解决，项目承建方中广核太阳能公司做出了努力，因此在组件成本分摊上该公司做了些适当调整，也在情理之中。此举动对敦煌项目而言，与投标方案相比并没有产生明显的损失。

总之，敦煌光伏发电示范项目无论在技术还是在经济方面都圆满完成了标书所承诺的建设任务。当然，中广核集团公司为鼓励其成员公司参与此次富有企业战略意义的项目竞争，破例允许降低该项目的投资回报率，也在财务指标上为赢得项目中标助了一臂之力。

第五节　项目示范带动作用

敦煌光伏发电示范项目的建设成功，为国内太阳能行业的发展起到极大的推动作用。在敦煌示范项目建设过程中，除了个别跟标项目如国电投的敦煌跟标项目外，其他省市区也陆续上了一些地面光伏发电并网项目。2010年底，我国光伏发电并网装机容量达到了300MW。与此同时，国家还相继出台了《太阳能光电建筑应用财政补助资金管理暂行办法》和《关于实施金太阳示范工程的通知》等政策，并启动了第二批总计290MW的光伏电站特许权招标项目。

2011年，国内的光伏发电市场更加火热，西北地区尤其是青海省，提出当年就要建设投产1000MW宏伟计划。在地方政府的大力支持下，中广核和中电投旗下的公司分别在锡铁山和格尔木的一个厂址上建起了100MW和200MW的光伏发电站，前后打破了世界上单个光伏发电站装机容量最大的纪录。

在敦煌示范项目的带动下，我国的光伏发电得到了井喷式发展。到了2012年底，我国光伏发电并网装机容量已经达到7982.68MW，超过美国跃居世界第三。而且就年度新增装机容量而言，从2013年开始，中国也已经取代欧洲成为全球当年光伏装机增量最大的国家。

为落实《国务院关于促进光伏产业健康发展的若干意见》，2013年8月份，国家发改委出台了《关于发挥价格杠杆作用，促进光伏产业健康发展的通知》，明确对光伏发电实行区域分别的标杆上网电价政策。即根据各地太阳能资源条件和建设成本，将全国分为三类资源区，分别执行每千瓦0.9元、0.95元、1元的电价标准；对分布式光伏发电项目，实行按照发电量进行电价补贴的政策，电价补贴标准为每千瓦0.42元。通知还指出，标杆上网电价和电价补贴标准的期限原则上为20年。国家将根据光伏发电规模、成本等变化，逐步调减电价和补贴标准，以促进科技进步，提高光伏发电市场竞争力。显然，该通知的颁布，细化和完善了光伏发电的价格政策，促使光伏发电在全国各地得到更加平衡、合理、有序发展。

光伏发电的发展随着国家对相关政策的调整，以及国内光伏发电投资成本的不断降低，得以快速提升。截止2015年上半年，我国光伏发电装机容量已经达到3900万千瓦！若从2010年底算起，短短四年半的时间，太阳能光伏发电装机在我国的扩张整整达到130倍！现在，在中国的清洁可再生能源版图中，光伏发电已经形成了一支重要的不可忽视的力量。2015年，国家更是加快了光伏发电项目的建设步伐。国家能源局于当年3月份刚发布了《关于下达2015年光伏发电建设实施方案的通知》，可是时间仅仅过了半年，国家能源局根据内蒙古、河北、新疆等地上半年光伏发电建设运行情况及发展要求，对全国部分地区的光伏电站年度建设规模又进行了调增，于10月初一次性就调增了530万千瓦光伏发电项目的年度建设指标！因此，2015年国家总共下达了1780万千瓦的光伏发电建设规模！这相当于一年的光伏发电，新增装机就接近过去所有年份建设的光伏发电总装机容量的一半！这在全球范围内不能不说是中国在发展太阳能光伏发电上的又一个大手笔。

显然，由于西北部地区光照好，荒漠地多，很适合发展光伏发电项目。而且光伏发电技术和资金门槛低，在国家发改委出台《关于发挥价格杠杆作用，促进光伏产业健康发展的通知》前，不管是国营单位还是民营企业，一时间蜂拥而至西北各地跑马圈地，无序开发光伏发电项目，以致造成了许多地方送出系统受限，光伏电站限制输出，影响项目投资效益。为扭转这种被动局面，国家能源局除了出台上述政策外，又推出从2014年起对光伏发电的发展计划实行“年度指导规模”管理办法，即采取了以省区为单位并视其接入与消纳能力状况，相对划定发展规模的调剂办法加以解决。从此，我国的光伏发电行业开始步入了有序发展的轨道。

第六节　值得关注的经验和体会

参加敦煌光伏发电示范项目的建设和运营过程，让人感到是一件值得庆幸的事情，毕竟它是我国并网光伏发电史上的第一个项目。由此憧憬我国光伏发电的未来，觉得有许多体会要说一说。

光伏发电能如此快速地得到推广和普及，主要得益于三个因素：技术进步、金融危机和人类对太阳能的孜孜追求。技术进步包括对光电转换效率的不断提高、电池片对硅料使用量的逐步降低等等。但是，没有国际上2008年的那场金融危机冲击，硅料价格就不会突然下滑到生产光伏电池片可接受的程度。实际上，国外的光伏发电市场也就是2008年前后才兴起的。所以，那时候的光伏组件价格极不稳定，一方面受到国际硅料价格的随时反弹影响，另一方面也受到欧美光伏发电市场急速扩张的牵制。因此，敦煌光伏发电示范项目推进之际，正是国际光伏组件市场最紧俏的时候，达到12元/瓦左右。加上之前国内光伏发电未形成市场，许多如逆变器、支架制作等以及与之相关的材料、设备价格奇高，逆变器高到 2 元/瓦之上，平单轴跟踪支架也在 2 元/瓦以上。敦煌示范项目之后，随着国内光伏发电市场的兴起，这些设备、材料的价格就一路走低了。现在，对固定支架的地面光伏发电项目而言，地面光伏电站的总体造价都已经降到了 7.6 元/瓦左右。可见，市场需求对项目造价的影响程度。

光伏发电市场前景光明，但还要不断挖掘市场潜力。否则，一味依靠价格补贴，并不是长远之计。由此，必须注意以下几个方面：

首先，应该统一技术标准，包括相关设备技术规范与光伏发电站建设技术方案。同时，还要统一电网对光伏电站装设必需的设备和系统的要求，以免给光伏发电企业带来不必要的投资成本和技术要求。多年的光伏电站建设和运营体会，电网在这方面并未形成全国统一的规范与标准，不同地区的行业管理，通常给人以不同的风格印象。

光伏电站的投资可行性，不仅跟厂址所在地的光照高低、投资成本多少有关，很重要的一点是跟光伏电站的建设规模有关。之前，好多地方往往是划出一块地皮，然后允许几家企业共同进去发展，一家建个 10MW 或 20MW 了事。其实这是一种极大的浪费，对光伏电站企业和地方政府双方都极为不利。

电网送出系统建设与光伏电站发展规划要同步。几年来的光伏电站建设经验表明，这方面的工作亟待加强。光伏电站建成不能送出或限制部分送出，发电企业着急上火，地方政府疲于协调，电网方面临时应对，实际上对各方都是损失。国家能源局推出的光伏发电计划指标实行年度指导规模管理，对于光照资源好但电网规划与发展落后的地区来说，会明显放慢其发展速度。但这种“限制”是非常必要的。

有句行话叫作：简约意味着安全与可靠。就光伏发电装置的支架而言，固定式支架虽然发电效率不是很高，但节约用地，成本低廉，施工简单，运营也最安全可靠。敦煌示范项目采用了平单轴跟踪系统，运行三年来尽管平稳可靠，基本没有什么检修工作量，但造价较高且发电效率的提高不如预期。按可研测算，采用平单轴跟踪系统后发电效率可以提高 18%以上，实际验证下来大约只有 13%左右，技术经济的性价比并不高。所以，后来的光伏电站基本都使用固定式支架。

现在，光伏行业内外都在期盼着光伏发电成本不断下降，尽快看到同价并网的一天。按照目前的发展模式，要实现同价并网还得靠两方面的努力才能做到。一方面，要通过对光伏发电相关设备的技术提升和市场规模带动，持续不断地降低光伏发电工程造价；另一方面，要通过科研攻关，努力提高光伏组件即太阳能电池的光电转换效率。否则，光靠相关设备降价来降低发电成本的潜力是有限的。以敦煌地区的光照水平为例，我们来初步估算一下。敦煌地区光照的利用小时是 1700 小时/年，使用平单轴后年利用小时为 2005 小时/年，总投资 20333 万元，资本金回报率 8%。按当时的投资测算模型还可以计算出：总投资每降低 1000 万元，光伏发电电价就可以降低 0.07 元/千瓦时左右。要知道，那时为了中标，各项费用打得都比较紧，比如银行贷款利率当时按 5.35%考虑，现在就不够了；再比如资本金回报率以 8%计算，现在项目的投资回报，企业要求已远不止这个数额了。即便按照敦煌示范项目可研的经济指标来计算，目前地面固定式光伏发电项目的工程单位造价是 7.6 元/瓦，加上土地租金和项目前期开发费用等，项目总的单位造价也不会超过 8 元/瓦。造价的大幅度降低，使光伏电价似乎一下子接近了常规电价的水平。但是，从示范项目的平单轴改为固定式后，光伏发电效率要降低的 18%空间谁来填补？所以，要填补这块空缺，必须以提高组件的光电转换效率来解决。

光伏发电项目现在最低的工程单位造价是 7.6 元/瓦，其中组件成本是 4.2 元左右，估计近期再往下降的潜力不是太大了。因此，组件的光电转换效率不提高，光伏发电同价并网的可能性就不大。那么，光电转换效率要提高多少才够？我们也可以算一算，大约需要提高到 3 个百分点及以上。现在，晶硅组件国产的光电转换效率一般为 15.3%左右，对敦煌地区而言，就要提高到 18%以上才刚好弥补由于平单轴改为固定式所损失的光伏发电量，而且组件还不能因此而提高价格。

以上说的是我国光照资源较好的敦煌地区，如果是光照资源相对较弱的其他地方，同价并网的路程可能还要远点。

第六章　解构光伏发电系统

光伏发电大家都说好，但是它的发电机理是什么？目前国内主流设计方案是什么样的？并网光伏电站有哪些系统构成的？光伏组件有几种安装方式？光伏组件阵列又是如何设计的？这些并不深奥的工程技术问题，相信大家都感兴趣，并希望从中能够找到规律。

为了能把光伏发电的全过程说得清楚，看得明白，本章试图以中广核太阳能公司近年来开发建设的相对比较新颖而成熟的太阳能光伏发电项目为例，从专业的角度，用比较浅显的语言，专门就并网光伏发电的原理以及系统构成等大家所关心的问题，分析归纳如下。

第一节　光伏效应及发电原理

光伏发电的基本原理就是“光伏效应”。大家知道，光子照射到金属上时，它的能量可以被金属中某个电子全部吸收，当电子吸收的能量足够大时，就能克服金属内部引力而离开其表面逃逸出来，成为光电子。如图 6-1 所示。

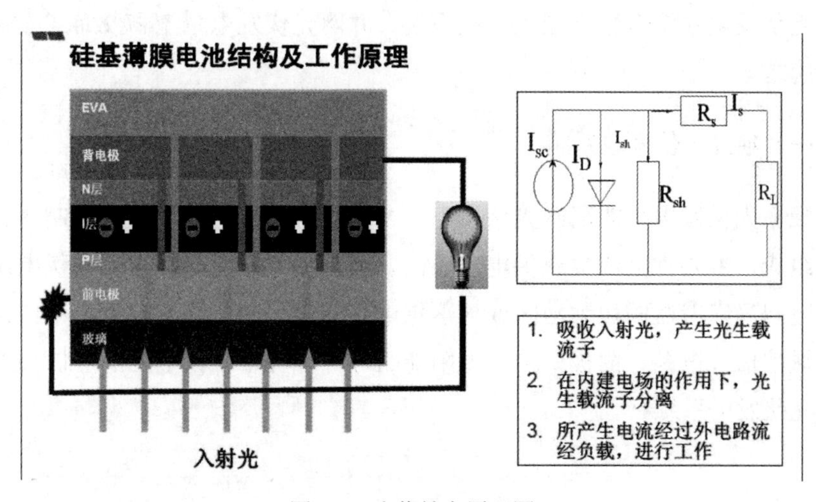

图 6-1　光伏效应原理图

光伏发电的主要原理就是半导体的这种光电效应。比如，硅原子有 4 个电子，如果在纯硅中掺入五价元素，如含有 5 个电子的磷原子，则导电电子的数量远远多于空穴的数量，就成为电子型半导体或 N 型半导体；若在纯硅中掺入三价元素，如含有 3 个电子的硼原子，则空穴是多数载流子，其数量远远大于自由电子的数量，形成空穴型半导体或 P 型半导体。当 P 型和 N 型结合在一起时，接触面就会形成 P—N 结并产生电势差即内建电场。内建电场的方向是从 N 区指向 P 区。当太阳光照射到 P—N 结后，空穴由 N 区往 P 区移动，电子由 P 区向 N 区移动，形成电流。这就是太阳能电池的工作原理。

多晶硅经过铸锭、破锭、切片等程序后，制作成待加工的硅片。在硅片上掺杂和扩散微量的硼、磷等，就形成 P—N 结。然后采用丝网印刷，将精配好的银浆印在硅片上做成栅线，经过烧结，同时制成背电极，并在有栅线的面涂一层防反射涂层，就制成了太阳能电池片。多个太阳能电池片经过有序的排列组合就可以制成大的光伏组件。光伏组件产品四周包铝框，正面覆盖玻璃，反面安装电极。有了光伏组件和其他辅助设备，就可以组成发电系统。通常组件输出的直流电还须转化为交流电，即安装逆变器进行转换，并对逆变后的交流电予以适当升压，就可以存储使用或直接输入公共电网。

第二节　光伏发电系统类型

光伏发电系统有独立光伏发电系统、并网光伏发电系统和分布式光伏发电系统之分。

一、独立光伏发电系统

独立光伏发电也叫离网光伏发电，主要由太阳能光伏组件、控制器、蓄电池组成，若要为交流负载供电，还需要配置交流逆变器。独立光伏电站可以为电网尚未覆盖的边远地区或村落供电。而常见的还有太阳能户用供电系统、通信信号电源、阴极保护、太阳能路灯等各种带有蓄电池的可以独立运行的光伏发电系统。

二、并网光伏发电系统

并网光伏发电系统是与电力系统连接在一起的光伏发电系统，也就是由太阳能光伏组件产生的直流电，经过一系列逆变与升压后，以符合电网要求的电源并入公共电网。并网光伏发电系统一般分为集中式和分散式两种。集中式并网光伏发电系统一般容量较大，通常在几百千瓦到兆瓦级以上；而分散式并网光伏发电系统一般容量较小，在几千瓦到几十千瓦。并网太阳能光伏发电系统不设蓄电池，减少了蓄电池的投资与损耗，也间接减少了处理废旧蓄电池产生的污染，降低了系统运行成本，提高了系统运行和供电的稳定性，是光伏发电发展的最合理和最经济的方向。集中式并网光伏发电系统直接并入较大型的输配电系统上，所发电能直接输送到电网，由电网统一调配向用户供电。

三、分布式光伏发电系统

分布式光伏发电系统又称分散式发电或分布式供电系统，是指在用户现场或靠近用电现场，配置一定装机容量的光伏发电系统进行供电，以满足特定用户的需求。分布式供电系统能支持现存配电网的经济运行，使其在安全稳定运行的前提下，尽可能做到电能分区调度、就地平衡的原则。

分布式光伏发电系统的基本设备包括光伏组件、组件支架、直流汇流箱、直流配电柜、并网逆变器、交流配电柜等设备，另外还有供电系统监控装置和环境监测装置。其运作机理也是在有太阳辐射的条件下，光伏发电系统的光伏组件将太阳能转换成电能，经过直流汇流箱集中送入直流配电柜，由并网逆变器逆变成交流电供给分布式系统所涉及的相关用户，多余或不足的电力则通过联接电网来调节。

分布式光伏发电系统一般结合建构筑物建设，装机容量通常较小。前几年，我国大力推行的“金太阳”项目就是属于这一类的。

完整的光伏发电系统即光伏电站的组成有简有繁，通常大型地面并网光伏电站的构成相对复杂些。但就目前国内地面并网光伏电站而言，还没有统一的建设标准，比如交流升压，有的用一级直接升压到35kV或110kV，如图6-2所示；而有的则用两级升压到上述电压后进行并网。我们做过的地面并网光伏电站基本上都是两级升压的，即在图 6-2 光伏发电系统图中，交流防雷配电柜处增加一级箱式变压器予以升压到 10kV 后，再由下一级即主变压器升到所需并网电压。为求简便，以下暂以图 6-2 所示的一级升压发电系统为基础进行介绍。

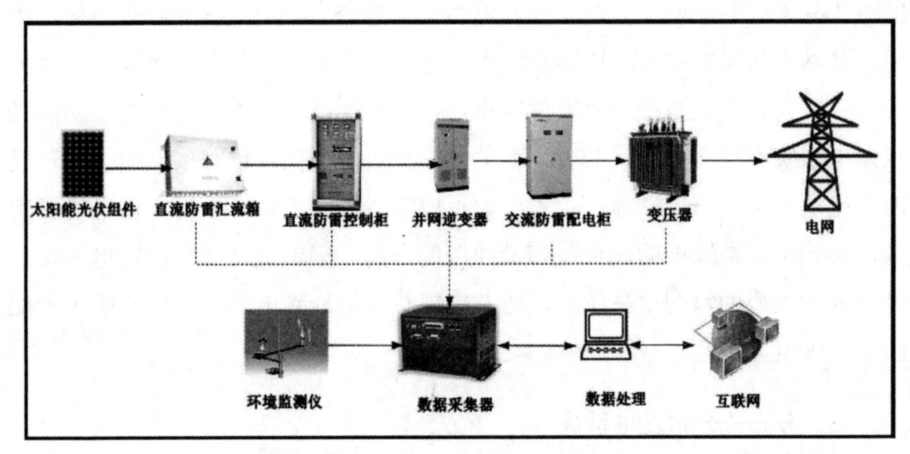

图 6-2 光伏发电系统图

光伏发电系统主要由光伏阵列、逆变器及升压系统三大部分组成，其中光伏阵列及逆变器组合为发电单元部分。

第三节 光伏阵列布设

一、光伏组件选用

太阳能光伏组件是光伏发电系统的第一构成元素。因此，为提高光伏发电系统的性能指标，光伏组件的选择应在技术先进、工艺成熟、运行可靠的前提下，结合光伏电站的周边自然环境、光照资源条件和交通运输状况等，选择综合指标相对较佳的主流产品。

现在市面上光伏组件的品种繁多、型号各异，有晶硅的，也有薄膜的，分类较为复杂：

光伏组件：晶硅组件、薄膜组件；

晶硅组件：单晶硅组件、多晶硅组件；

薄膜组件：硅基薄膜组件、化合物薄膜组件；

硅基薄膜组件：非晶硅基光伏组件（a-Si），

微晶、多晶硅薄膜组件；

化合物薄膜组件：碲化镉薄膜组件（CdTe），铜铟镓硒薄膜组件（CIGS），砷化镓薄膜组件（GaAs）。

表 6-1　不同材质太阳能电池主要性能比较表

种类	电池类型	商用效率	实验室效率	使用寿命	优点	目前应用范围
晶硅电池	单晶硅	16%～18%	23%	25 年	效率高	并网发电系统 独立电源
					技术成熟	民用消费品市场
	多晶硅	15%～17%	20.30%	25 年	效率较高	并网发电系统 独立电源
					技术成熟	民用消费品市场
薄膜电池	非晶硅	8%～10%	13%	20 年	弱光效应好 成本相对较低	民用消费品市场 并网发电系统

从上表 6-1 所列不同材质太阳能电池主要性能比较来看，晶硅太阳能电池包括单晶硅太阳能电池和多晶硅太阳能电池，由于光电转换效率相对薄膜太阳能电池高得多，使用寿命长（25 年），生产技术和应用技术也较为成熟，因此不论是并网发电系统，还是独立电源以及民用消费品市场中都较为常用。薄膜太阳能电池，光电转换效率相对较低，使用寿命不及晶硅组件长（20 年），但由于它的弱光效应和温度特性比较好，因而在民用消费品市场中占有一些份额，同时也有少量应用于集中并网发电系统。

1．单晶硅

单晶硅太阳能电池是用单晶硅片来制造的，由于它发展的最早，技术也最为成熟。单晶硅材料的晶体完整，光学、电学和力学性能均匀一致，纯度较高，载流子迁移率高，串联电阻小，与其他太阳能电池相比，性能稳定，光电转换效率高。单晶硅太阳能电池曾经是业内市场的主流产品，从发展趋势看，单晶硅电池仍将有良好的发展前景。 但受到材料价格及相对复杂的电池工艺影响，单晶硅太阳能电池要夺取行业领先水平，必须继续向超薄、高效方向发展。

2. 多晶硅

随着多晶硅铸造技术的发展和规模优势的不断提升，多晶硅太阳能电池逐渐抢占了市场份额。多晶硅的晶粒光电转换机制与单晶硅相同，而多晶硅片由多个不同大小、不同取向的晶粒组成，在晶粒界面光电转换容易受到干扰，因此多晶硅电池的转换效率相对单晶硅略低。同时多晶硅的光学、电学和力学性能的一致性也不如单晶硅。随着技术的不断进步，多晶硅电池的转换效率也会逐步提高，尤其做成组件后，与单晶硅组件的效率相比已相差无几。

3. 非晶硅

非晶硅太阳能电池以其工艺简单，成本低廉，便于大规模生产的优势，取得了长足的发展。非晶硅薄膜太阳能电池具有弱光性好，受温度影响小等优点，但其太阳能电池转换效率较低，而且非晶硅薄膜太阳能电池在长时间的光照下会出现衰减现象，组件的稳定性和可靠性相对晶硅组件较差。除外，随着近年来晶硅材料价格的逐步下降，非晶硅薄膜光伏组件的单位价格也越来越不占优势。

总之，晶硅光伏组件由于制造技术成熟、产品性能稳定、使用寿命长、光电转换效率相对较高的特点，被广泛应用于大型并网光伏电站项目。目前在全球光伏发电产业中，晶硅光伏组件依旧是光伏发电市场中的竞争强者，并且在可预见的未来时间内，晶硅光伏组件仍将为主流光伏发电设备。

至于单晶硅与多晶硅的比较问题，总体来说，单晶硅组件与多晶硅组件的性价比差不多。同样尺寸的光伏组件，单晶硅与多晶硅组件标称峰值功率参数基本相同；同样的可利用面积，可认为选择单晶硅或多晶硅组件装机容量几乎没有差别。

太阳能光伏组件是光伏发电系统的核心部件，其各项参数指标的优劣直接影响着整个光伏发电系统的性能高低。表征太阳能光伏组件性能的各项参数为：标准测试条件下组件峰值功率、最佳工作电流、最佳工作电压、短路电流、开路电压、最大系统电压、组件效率、短路电流温度系数、开路电压温度系数、峰值功率温度系数、输出功率公差等。

实际应用中，光伏组件在通过太阳能电池材料如晶硅与薄膜的比较选定之后，还有个功率规格选择的问题。比如晶硅光伏组件从 5Wp 到 300Wp 目前国内生产厂商都有生产，且产品应用也较为广泛。但选用的光伏组件在确认通过 TUV/UL/金太阳等国际国内认证，且满足 IEC61730 测试标准的前提下，还要着重考虑光伏组件的单位价格及其光电转换效率。并网光伏发电系统通常装机容量大，占地面积广，光伏组件用量也大，所以应优先选用单位面积容量较大的光伏组件，以减少占地面积和降低光伏组件的安装工作量。比如，在目前技术成熟的大容量光伏组件规格中，有一批光伏组件的容量分别为 180Wp、250Wp、280Wp，若采用这些不同规格的晶硅光伏组件组成 1MW 光伏子方阵，组件用量的差别就相当明显。见表 6-2。

表 6-2 不同规格晶硅组件组成 1MW 光伏子方阵的组件数量对比

组件峰值功率（Wp）	180	250	280
组串串联数量（块）	26	22	17
1MW 光伏方阵组串并联数（路）	214	182	211
1MW 光伏方阵组件数量（块 ）	5564	4004	3587

由上述比较可以得出：采用 250Wp 和 280Wp 光伏组件组成 1MW 光伏方阵相比较 180Wp 光伏组件所使用的组件数量均较少，光伏组件用量最多的和最少的相差 2000 块左右，占最少用量组件的一半以上。而组件少意味着施工进度快，组件间的连接点少，故障几率减小，接触电阻小，线缆用量少，同时系统的整体损耗也相应降低。

另外，目前国内厂商生产的晶硅光伏组件应用于大型并网光伏发电系统的，其规格大多都在 150Wp 到 300Wp 之间，在这个区间范围内，厂商生产的晶硅光伏组件规格以 200Wp 到 260Wp 之间的居多。因此，选用在此功率区间范围的定型晶硅光伏组件产品，则组件批量的一致性及日后维修的可互换性会更加符合项目的设计要求。

光伏电站中，组件使用的数量较大，比如一个 1 万千瓦即 10MW 装机的光伏电站，如果选用的晶硅光伏组件规格是 250Wp，则整个光伏电站需要安装 40000 多片组件。这么大量的组件，工程设计上是如何考虑有序地安装和连接的？实际上，工程设计是先以若干片组件组成一个个组串后，再参与系统连接的。每个组串组件之间一般采用串联方式，其串联组件数的多少则取决于组件本身及其后逆变器的电气参数。这就是目前比较通用的分块发电、集中并网方案。

比如，以下是我国商业化生产的一批不同材料不同规格的光伏组件，这些光伏组件的各项性能指标见表6-3。

表6-3　光伏组件各项性能指标

组件	单晶硅组件	多晶硅组件	多晶硅组件
峰值功率（Wp）	250	240	250
开路电压（V）	37.28	36.7	40.4
短路电流（A）	8.90	8.95	7.94
工作电压（V）	29.99	30.4	30.4
工作电流（A）	8.34	7.25	7.25
外形尺寸（cm）	165*99.2*5	165*99*2.5	195*99.2*5
重量（kg）	19.5	19.5	20
峰值功率温度系数（%/℃）	-0.43	-0.45	-0.47
开路电压温度系数（%/℃）	-0.325	-0.35	-0.35
短路电流温度系数（%/℃	-0.04	-0.05	-0.06
10年功率衰减（%）	≤10	≤10	≤10
25年功率衰减（%）	≤20	≤20	≤20
组件转换功率（%）	15.3	15.3	15.3

由此可见，如选用规格为250Wp多晶硅光伏组件产品，工程设计可以使用22片光伏组件串联组成一个组串，然后再由182个组串并联组成一个1MW光伏子方阵（一个发电单元）。因此，1MW光伏子方阵总共需要250Wp多晶硅组件4004片。

二、光伏组件安装

光伏组件安装就是将光伏组件固定于专门为光伏电站设计制作的一种组件支架上。光伏组件安装支架主要有固定式、平单轴式、斜单轴式和跟踪式四种。

固定式最为简单。它是根据光伏电站所在的地理位置如纬度，计算出固定支架的倾斜角度，以利光伏组件在一年四季中处于最佳接受太阳光照的朝向位置。如图6-3所示，由于是固定安装方式，因而在一天从早到晚乃至一年四季的太阳位置变动过程中，光伏组件就不可能做到时刻保持在最大限度接受太阳光照的位置上。固定式支架的最大优势是安全可靠、成本相对较低，投运后维护量也少。但与以下介绍的其他支架形式相比，发电量相对较少。

图 6-3　固定式支架组件安装图

固定式还有一种按两位式或多位式进行手动调节不同倾角的组件支架。它可以根据太阳高度的季节变化，一年调整一次（两位式）支架倾角或调整多次支架倾角（多位式）。但这类支架设计和加工都比较复杂，制作成本不低，而且投运后进行倾角调整的工作量也大，所以实际中很少采用。

平单轴组件安装支架。如图 6-4 所示，它比固定式支架复杂些。其结构特点是将若干片光伏组件安装在一个钢结构平面上，一根大轴固定于构件背面的中部，大轴两端连接着基础立柱上端的传动机构中，投运时通过电力驱动大轴，带动组件平面跟着太阳每天由东向西转动一个方向。由于从东向西有一个纬度跟着太阳转动，所以平单轴安装方式的光伏组件接受阳光的照射量比固定式大得多。根据理论计算，在纬度较高的地区，平单轴的发电量大约会比固定式的高出 20%左右。

以上，但平单轴安装支架比固定式的造价在整个光伏发电工程总造价中要高出 10%左右。

斜单轴组件安装支架，如图 6-5 所示。它实际上是平单轴跟踪方式的一种变形。与平单轴支架相比，它的两根基础立柱不是一样高，而是一高一低，且低的一端就紧挨在地面上。因此，为最大限度安装组件数量，安装组件的整个结构平面就成了倒三角形状。

图 6-4 平单轴支架安装图

图 6-5 斜单轴支架安装图

斜单轴支架与平单轴相比，能更大程度地接受太阳光照。所以，它的发电量也更大。但相较于固定式支架，斜单轴支架和平单轴支架一样，抗风的能力会差些。

跟踪式组件安装支架，如图 6-6 所示。它的设计最为复杂，理论上也最完美。它也是将若干片组件组合成一个方块，然后安装在一个朝向太阳倾斜的，且可以东西、南北两个方向自动驱动跟踪太阳的支架上。由于两个方向即两个纬度都能摆动，所以它能保证光伏组件一天到晚、一年四季始终以最佳的角度跟着太阳转动，接受最大的太阳光照。理论计算，它的发电量能比固定式支架安装的高出 30%左右。但造价在整个光伏发电工程总造价中也会比固定式安装方案高出 20%以上，而且电站占地面积大得多，支架抗风的能力也不强。

图 6-6　跟踪支架安装图

三、组件安装倾角设定

光伏组件的安装倾角是指组件支架的倾角，也就是太阳能电池与水平地面的夹角。光伏发电项目所在地光伏组件安放的不同倾角与太阳能辐射量间的变化关系，表明了光伏组件接收太阳能辐射的有效程度。光伏组件支架倾角设计可以通过 PVsyst6.0.6 软件进行计算。对于地面并网光伏电站来说，光伏组件最大程度接收太阳能辐射量的倾斜角度，就是待确定的支架设计倾角。支架倾角确定过程：

1．如果有当地的太阳辐射历史资料，可以根据光伏发电项目所在地纬度和当地太阳辐射资料，利用 PVsyst6.0.6 软件对支架倾角从 27°～33° 之间，每隔 1° 进行模拟分析，计算出支架倾角在 27°～33° 情况下的年太阳辐射量（kWh/m^2），并确定年最大太阳辐射下所对应的倾角即为最佳支架倾角。

2．在没有可靠的当地太阳辐射历史资料时，可以利用清洁能源项目分析软件 RETScreen 太阳能数据库或美国宇航局 NASA 地面气象站太阳能数据库，根据太阳总辐射与日照百分率间存在的关系，计算出有效辐照量。太阳总辐射与日照百分率的关系如下：

$$Q = Q_0 \times (a + bS) \tag{6-1}$$

式中，Q 为太阳总辐射，单位 MJ；Q_0 为天文辐射，单位：MJ/m^2；S 为日照百分率；a、b 为经验系数，根据当地气象观测站实测数据，采取最小二乘法分析，计算可得 a、b 的具体数值。

根据光伏电站所在纬度，查表计算出各月日平均天文辐射量 Q_0，从上述光资源数据库查出光伏电站所在地年度 12 个月份的水平面光辐照值（$kWh/m^2/mon$），分别计算倾斜面在 10、15、20、25、30、35、40 度情况下的光辐照值（kWh/m^2）。

3．分别统计出上述不同倾斜面下，12 个月份的年度光辐照值（kWh/m^2），并以 1kWh＝3.6MJ 将光辐照值单位转换到 MJ/m^2。

4．以 10、15、20、25、30、35、40 不同倾角度为坐标横轴，以辐照度（MJ/m^2）为纵轴，做出项目所在地不同倾角下，太阳能辐射量的变化曲线图。

结果可以看到，太阳能电池的倾角从 10° 开始增加时，光伏组件年接收太阳能辐射量显著增大；倾角增大到一定程度后，太阳能辐射量增幅缓慢；继续增大倾角到某一位置时，太阳能总辐射量达到最大。

之后随着倾角的增大，太阳能辐射总量逐渐减小。由此可见，光伏组件安装角度选定在上述“某一位置”时的倾角，就是太阳能电池的最佳倾角。图 6-7 就是计算光伏电站支架倾角的一个实际例子。

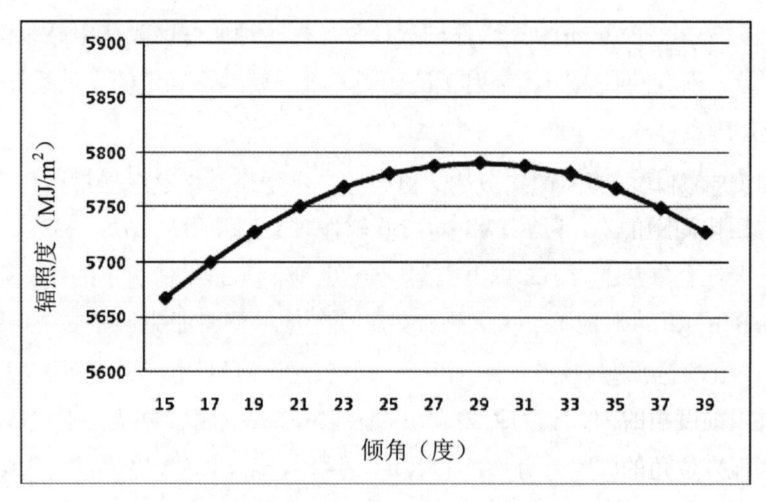

图 6-7 不同倾角光伏组件接收太阳能辐射变量图

四、光伏组串设计

为方便光伏阵列的生产运维，同时最大限度保证整个光伏电站的安全稳定运行，光伏阵列通常是按 1MW 为一个光伏子阵即一个发电单元进行设计的。但 1MW 光伏子阵的组件数量也不少。为便于接线，减少支架及线缆用量，尽可能将 1MW 光伏子阵的光伏组件能够均匀安装在若干个完整的支架上，以保证在个别光伏组件或电气设备发生故障情况下，便于事故隔离，把损失减到最小。为此，每个支架采用两排各 22 列布置，以此构成光伏组件的两个组串或两个支路。如果光伏组件选用多晶硅 250Wp，则 1MW 发电单元需要 91 个支架即 182 个组串来构成。如下图 6-8 所示。

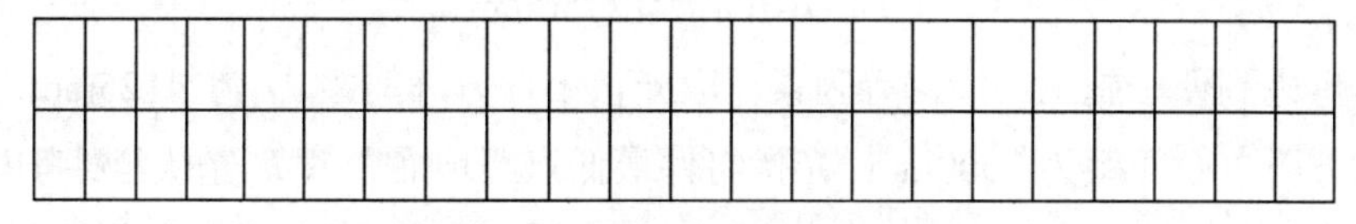

图 6-8　1 个支架两个组串布置图

图中，光伏组件的规格是以 250Wp 为参考的，假如组件选用的规格不一样，组串的设计以及 1MW 光伏子方阵所需要的组串数也就不同了。所以光伏子阵的布局要根据组件规格的选用以及每个支架对组件使用数量的情况来定的。

五、光伏阵列间距设定

在北半球，正南方向是对应最大日照辐射量的平面朝向。光伏组件阵列倾角确定后，还要确定其南北向阵列的合理间距，以免前后排出现阴影遮挡。考虑前后排间距的通行做法是：冬至日（一年当中物体在太阳下阴影长度最长的一天）上午 9:00 到下午 3:00，光伏组件阵列之间南北方向无阴影遮挡。

如图 6-9 所示，冬至日 9:00～15:00 光伏方阵前后排不应被遮挡的最小间距为 D，计算公式如下：

太阳高度角的公式：$\sin\alpha = \sin\phi \cdot \sin\delta + \cos\phi \cdot \cos\delta \cdot \cos\omega$

太阳方位角的公式：$\sin\beta = \cos\delta \cdot \sin\omega / \cos\alpha$

式中：

ϕ为当地纬度（北半球为正、南半球为负），即光伏电站项目所在地的纬度值；

δ为太阳赤纬，冬至日的太阳赤纬为-23.45°；

ω为时角，上午 9:00 的时角为-45°。则可得：

$D=\cos\beta\times L$，$L=H/\tan\alpha$，$\alpha=\arcsin(\sin\phi\cdot\sin\delta+\cos\phi\cdot\cos\delta\cdot\cos\omega)$

即：

$$D=\cos\beta\times H/\tan[\arcsin(\sin\phi\cdot\sin\delta\cdot\cos\phi\cdot\cos\delta\cdot\cos\omega)] \quad (6\text{-}2)$$

固定倾角支架的光伏组件排列方式为：光伏组件采用纵向两排放置，两排晶硅光伏组件之间留有 20mm 的间隙，故组件固定支架单元倾斜面的宽为 3320mm。$H=3320\times\sin30°=1660\text{mm}$（式中 30° 为安装倾角），则：

$$D=\cos\beta\times L\approx3750\text{mm}$$

考虑到便于施工、检修等因素，取光伏组件方阵间距 D 为 4125mm，即光伏方阵中心间距为 7000mm。光伏组件最低点距地面距离 h 选取主要考虑当地最大积雪深度、当地洪水水位、防止动物破坏及泥沙溅上光伏组件等因素。根据经验，光伏组件的最低点距地面高度定为 0.5m 即可。

式中：H 为冬至日（包括全年）9:00～15:00 时段内光伏阵列后排不被前排遮挡的支架组件阵列的上下边沿高差。

图 6-9 中，前排太阳电池方阵宽度设为 R，其投影设为 S，则 H、R、S 便构成一个直角三角形。已知 R=3.32m，H=1.66m，由此可得：

S=2.875m。因此，$S+D$ =2.875+4.125 =7.0m，即方阵两排中心距离。

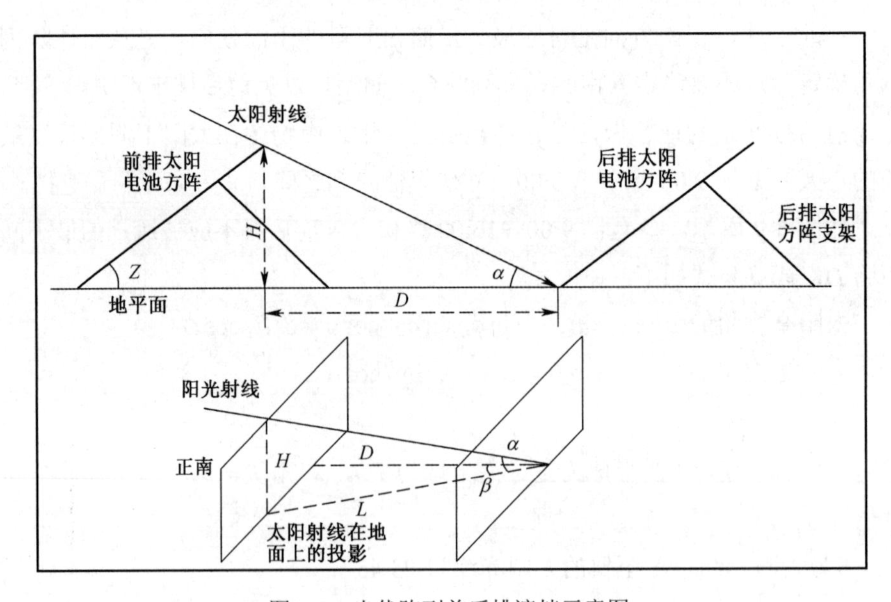

图 6-9　光伏阵列前后排遮挡示意图

第四节　逆变并网系统及其构成

光伏发电单元由光伏方阵和逆变交流系统组成。为了介绍方便，除了光伏方阵，与发电单元有关的设备都将列入本节讨论，而相关的各类电缆及其辅助设施就不予以介绍了。

一、逆变器

逆变器是光伏发电系统构成的另一重要设备（见光伏发电系统图“并网逆变器”）。逆变器的主要作用是将光伏组件发电输出的直流电变为交流电，以便为发电系统后续进行的交流升压做准备。前述关于选择22片光伏组件构成组串的设计，虽有基于其他方面的考虑因素，但其中顾及光伏组件本身的开路电压和工作电压与逆变器输入的匹配性，实为重要因素之一。通常逆变器的输入侧直流工作电压范围是不超过1000VDC，其最大功率电压跟踪范围是500～850VDC，以上述组件参数为例，22片多晶硅光伏组件串联后组串工作电压是668.8VDC，组串开路电压是888.8VDC，可见组串的工作电压完全处在逆变器的最大功率电压跟踪范围内，且组串的开路电压也没有超过逆变器输入侧允许的1000VDC电压限制。

逆变器除了能将直流电逆变为交流电外，其本身还具有较完善的系统保护和检测功能。比如，具有极性反接保护、短路保护、过载保护、恢复并网保护、孤岛效应保护、过温保护、交流过流及直流过流保护、直流母线过电压保护、电网断电、电网过欠压、电网过欠频、低电压穿越、光伏阵列及逆变器本身的绝缘检测、残余电流检测及保护功能等，并相应给出各保护功能动作的条件和工况（即何时保护动作、保护时间、自恢复时间等）。同时还具有满足国际规定的电压（电流）总谐波畸变率要求，减少对电网的干扰。一个光伏电站一般需要若干组逆变器，每个逆变器都具有自动最大功率跟踪功能，能够随着对光伏组件输出功率的接收，以最经济的方式自动识别并投入运行。除外，逆变器还具有有功、无功功率调节功能，而且可通过监控系统远程控制。

由于北方地区冬季寒冷，土建不能施工，为使工程免受季节性不利影响，现在许多光伏发电工程大都取消逆变器土建房设计，改为集装箱房予以代替。

集装箱房分散布置在各发电单元的光伏组件方阵附近。集装箱房内通常布置2台500kW逆变器、2台直流汇流柜、1台通信柜。每台500kW逆变器配置1台直流汇流柜，并与逆变器并柜布置。发电单元的箱式变压器户外布置于逆变器集装箱房旁。

二、直流汇流器

直流汇流器也称直流汇流柜，它是逆变器的一个辅助盘柜，与逆变器柜并列布置。直流汇流器可承受最大1000VDC电压。每台500kW逆变器配置1台直流汇流柜。直流汇流柜的进线采用直流断路器，来自现场直流汇流箱的电流通过直流汇流柜内的进线支路经直流断路器后接到汇流母排，汇流母排的输出端以连接电缆与逆变器的输入相连。直流汇流器具有防雷保护功能。

三、直流汇流箱

直流汇流箱实际上是一个多进1出（如16进1出、12进1出等）的防雷直流汇流箱。前已述及，发电单元以光伏组件－直流汇流箱－直流汇流柜－逆变器—箱式升压变压器所组成。每个1MW发电单元配备2台500kW逆变器和1台1000kVA箱式升压变压器。如上述例子，发电单元光伏阵列由22块250Wp多晶硅光伏组件串联成一个支路（组串功率5.5kW），如果是16进1出的直流汇流箱最多可并联接入16个支路。因此，1台500kW逆变器需要并联91个支路，大约要配备6~7个直流汇流箱。直流汇流箱每个支路电流最大可达12A，接入最大光伏组件串的开路电压即支路电压值可达DC1000V，熔断器的耐压值不小于DC1000V。每个光伏组串具有二极管防反保护功能，配有光伏专用避雷器，正极负极都具备防雷功能。直流汇流箱的出线接入逆变器辅助柜即直流汇流器的输入端。逆变器出线连至箱式升压变压器。直流汇流箱现场就地布置，安装在组件支架上。

直流汇流箱还具有每路进线电流监控功能，并可通过RS485接口将其信息上传至监控系统，方便人员监视和进行维护。

四、升压变压器

升压变压器就是前面提到的就地箱式变压器。在两级升压的光伏电站中，第一级升压 10kV 常用的箱式变压器参数为：额定容量 1000kVA/500～500kVA，电压比 10.5±2×2.5%/0.27～0.27kV。箱式变低压侧配进出线断路器、电流互感器、避雷器等元件。箱式变高压侧配负荷开关、熔断器、避雷器等。同时还设置智能测控装置，变压器温度信号、开关位置信号、电流电压信号、报警信号等可通过通讯接入监控系统。高低压侧开关具备远方分合闸和报警复位功能。低压侧一般还设置一到两台 5kVA 的小型干式变压器，为就地设备提供电源及检修电源。

当然，对于装机容量较大的光伏电站，第一级升压到 35kV 也是一个可选方案，但具体哪个方案较为合理与经济，需要做出详细的技术经济比较。

五、主变压器

现在国内建设的光伏电站，有的是以 110kV 交流并网，而有的则以 35kV 交流并网。因此，光伏发电系统主变压器即并网变压器的选用，要根据项目的具体情况来定。目前 110kV 及以下配电网络变压器都是通用产品，购置也不困难，在此不做详细介绍。

六、站用 10kV 和 0.4kV 配电装置

10kV 高压开关柜现在都选用手车式开关柜，内配真空断路器、微机综合保护装置等元件。进线柜额定电流可以达到 1250A、额定开断电流为 31.5kA；出线柜额定电流高达 4000A、额定开断电流为 40kA。

站用低压开关柜一般为抽屉式开关柜，额定电压为 380V。低压系统为中性点直接接地系统，额定开断电流为 80kA。

七、电气设备布置

光伏发电项目的升压站（110kV 或 35kV）及 10kV 配电房一般独立设置。升压站设备采用室外敞开式户外布置，10kV 配电房内含 10kV 开关室、二次设备室、站用配电室、无功补偿室、控制室等其他功能室。10kV 高压开关柜一般单排布置；动态无功补偿装置（如有）布置在无功补偿装置室内；0.4kV 抽屉式开关柜和站用变压器布置于 0.4kV 站用配电室内，单列布置。继电保护柜、网络通信设备及接入系统屏柜布置在二次设备室。

前面已经提到，所有发电单元采用箱式变压器和集装箱式逆变器，每个逆变升压单元分散布置在各自发电单元的光伏阵列的附近。逆变器集装箱内布置2台500kW逆变器、2台直流汇流柜、1台通信柜。箱式变压器户外布置于逆变器集装箱旁。直流防雷汇流箱现场分散布置，就安装在组件支架上。

第四节　电气二次及系统构成

如果电站以110kV电压等级接入系统，电站的调度管理方式一般由省网调度中心调度。电站按“无人值班”（少人值守）的原则进行设计。光伏电站采用以计算机监控系统为基础的监控方式。计算机监控系统以满足全站安全运行监视和控制所要求的全部设计功能为设计基准，以智能化电气设备为基础，以串行通讯总线（现场总线）为通讯载体，将光伏组件，并网逆变器，电气系统和辅助系统在线智能监测和监控设备等组网组成一个实时网络。通过网络内信息数据的流动，采集光伏电站全面的电气数据进行监测，并将采集的数据为基础进行分析处理，建立实时数据库、历史数据库，完成报表制作、指标管理、保护定值分析与管理、设备故障预测及检测、设备状态检测等电站电气运行优化、控制及专业管理功能。

计算机监控系统现在可以做到开放式分层、分布式结构，即可分为站控层和间隔层。站控层为全站设备监视、测量、控制、管理的中心，通过光缆或屏蔽双绞线与间隔层相连。间隔层按照不同的电气设备，分别布置在对应的开关柜内，在站控层及网络失效的情况下，间隔层仍能独立完成间隔层设备的监视和断路器控制功能。计算机监控系统还可以通过远动工作站与调度中心通讯。

光伏电站继电保护配置方案有：110kV（或35kV，下同）出线保护、110kV主变保护、10kV进线保护、10kV箱式变电站变压器保护、10kV站用变压器保护等。

同时光伏电站还要安装一套综合自动化系统，以具备保护、控制、通信、测量等功能，实现光伏发电系统及110kV升压站的全功能综合自动化管理，地调端借此实施对光伏电站的遥测、遥信功能，发电公司也可以通过综合自动化系统对光伏电站进行监测管理。此外，光伏电站有功功率、无功功率控制调节也是由监控系统与逆变器系统的相互配合来完成的。

调度通信方面，部分是列入接入系统中设计，但站内留有布置安装场所。光伏电站调度信息，设计通常是送至地调，省调只预留接入信息接口。调度具体的实施方案要以电网公司批复的系统接入意见为准。

光伏电站站内通信，包括生产管理通信和生产调度通信，为满足生产调度需要，一般设置生产程控调度交换机，统一供生产管理通信和生产调度通信使用。

按照电网功率预测系统要求，在站内一般还要配置一些辅助监控系统，如环境监测系统和光功率预测装置等，并将相关信息通过数据网送至调度部门。

1．环境监测系统

在光伏发电站内配置一套环境监测仪，实时监测日照强度、风速、风向、温度等参数。该装置由风速传感器、风向传感器、日照辐射表、测温探头、控制盒及支架组成。可测量环境温度、风速、风向和辐射强度等参量，其通讯接口可接入计算机监控系统，实时记录环境数据。

2．光伏功率预测系统

现在，有的地方电网公司要求所在管辖区域的光伏电站配置光伏功率预测系统和自动气象站。太阳能光伏发电功率预测系统在建立数值天气预报的基础上，根据光伏电站设备、地理位置、地形、地貌等具体情况建立电站的发电预测模型，计算预计以后几个小时至几天的发电情况，使电网运行方式安排和调度能够提前计划，保证电网稳定运行。中期光伏功率预测应能够预测光伏电站未来0h～168h的光伏输出功率，短期光伏功率预测应能够预测光伏电站未来0h～72h的光伏输出功率，时间分辨率为15min。超短期光伏功率预测应能够预测未来15min～4h的光伏输出功率，时间分辨率为15min，且计算时间不超过1min，每15min滚动执行一次。也可按照电网调度技术要求，实现标准格式的功率预测信息上报。

3．无功补偿装置

根据国家电网公司《光伏电站接入电网技术规定》的要求，太阳能光伏发电系统的功率因数应能够在0.98（超前）～0.98（滞后）范围内连续可调，并具备根据并网点电压水平调节无功输出，参与调节电网电压的能力。

由于目前交流逆变器功率因数达0.99，且具有超前0.95～滞后0.95的功率因数调节能力，电能质量满足国家电网公司《光伏电站接入电网技术规定》的要求。因此，在光伏电站装机容量不大或当地电网较强的情况下，暂时可以不考虑在光伏电站装设其他独立的无功补偿装置。

如果光伏发电站装机容量较大，因站内各类变压器和高压电缆将消耗无功，逆变器本身也产生一些谐波，为了减小光伏发电站电压波动和输送电能的损耗，满足国家电网并网电能质量的要求，光伏电站可以在 10kV 母线上设置 1～2 组适当容量的动态无功补偿装置。该无功补偿装置能够实现动态的连续调节以控制并网点电压，同时具有滤波功能，以满足电网对供电质量的要求（以接入系统审查意见为准）。

4. 计量装置

作为光伏发电企业上网电量的结算关口，电能表采用静止式多功能电能表，主副表配置。并配有电能量采集装置及电能质量在线监测装置（其设备选型由当地供电部门认可）。计量关口采用的电流互感器、电压互感器的精度分别为 0.2 级、0.5 级。

第六节　光伏发电系统的效率计算

1. 光伏温度因子

太阳能电池的效率会随着其工作时的温度变化而变化。当他们的温度升高时，不同类型的太阳能电池效率会呈现出降低的趋势。多晶硅太阳能电池温度因子一般都在 0.36%/度左右，在我国中北部地区，光伏电站平均工作在气温 25 度上下，折减因子取 96%。

2. 光伏阵列损耗

由于组件上有灰尘或积雪造成的污染，如项目所在地降水量少，多风沙，污染系数高，折减系数取 4%，即污染折减因子取 96%。

3. 逆变器平均效率

并网光伏逆变器的平均效率一般取 97%。

4. 光伏电站内用电、线损等能量损失

初步估算电站内用电、输电线路、升压站内损耗，约占总发电量的 4%，取配电综合损耗系数为 96%。

5. 机组可利用率

虽然太阳能电池的故障率极低，但定期检修及电网故障依然会造成损失，其系数取 3%，光伏发电系统的可利用率为 97%。

考虑以上各种因素通过计算分析光伏电站系统发电总效率：

$$\eta=96\%\times96\%\times97\%\times96\%\times97\%=83.2\%$$

第七节 光伏发电量的估算

根据分析计算，得出光伏电站的光伏组件在朝向正南最佳倾斜角度后，年太阳总辐射量达到最大值时，折合标准日照条件（1000W/m^2）下日照峰值小时数，即为当地光伏年发电利用小时 H。数据统计分析：年发电利用小时数（发电当量小时数）初始值 H。＝H×η（综合效率）＝0.832H 小时。由于光伏组件光电转换效率逐年衰减，整个光伏发电系统 25 年寿命期内平均年有效利用小时数也随之逐年降低，但如果采用晶硅光伏组件 1 年内衰减不超过 1%，5 年内衰减不超过 5%，10 年内衰减不超过 10%，25 年内衰减不超过 20%。则可得年发电量计算公式如下：

第 N 年发电量＝初始年发电量×（1-N×组件衰减率）

光伏发电项目寿命期按 25 年考虑，据此就可以算出全寿命期 25 年的光伏发电量了。

值得提醒的一点是，由于太阳能电池初期的光电转换率衰减较大，因此光伏组件的第一年衰减系数要适当取高些，根据实际经验可以取 2%，第二年及以后衰减系数取 0.7%就足够了。同时，光伏电站若在国内的西北部地区，因当地电网条件与就地电能消耗能力之间可能有一定差异，在计算光伏电站服役期间的发电量时，还要适当考虑技术限电（0.5%）及运维设备维护（1%）等影响，尽可能准确估算出光伏电站的年上网电量。

第八节 光伏发电节能减排效益计算

根据国际能源署（IEA）《世界能源展望 2007》，强调燃煤对环境和生态造成的不利影响，确认我国火电厂每发电上网 1kWh 电量，需消耗标准煤 305g（按当前主力发电机组即 600MW 发电机组的平均供电煤耗水平计算），排放 6.2g 的硫氧化物（SO_x）（脱硫前统计数据）和 2.1g 的氮氧化物（NO_x）（脱氮前统计数据），同时对应中国的 CO_2 排放指数为：0.814kg/kWh。因此，在计算光伏发电量节能减排效益时，可以上述规定，从节省燃煤、减少 CO_2、SO_x、NO_x、烟尘、灰渣等污染物排放效果上，以真实的计算数据来说明光伏发电对节能减排起到的积极作用。

第九节　光伏发电的造价及成本构成

近几年，随着光伏产业技术的不断进步和绿色发展理念的深入人心，在光伏发电得到大力发展的同时，光伏发电系统的相关设备价格一路下降，尤其是光伏组件的价格从当初敦煌示范项目建设时的 12.8 元/瓦，下降到 2014 年年底的 4.2 元/瓦。逆变器也一样。敦煌示范项目采购时，国内逆变器产品不但可选的知名品牌相当有限，而且价格高的惊人——2.2 元/瓦。但到了 2014 年底，同样品牌的逆变器产品，单价已降到 0.8 元/瓦以内。这为光伏发电的商业化大发展创造了有利条件。

从光伏电站项目的总体造价来看，敦煌示范项目是 20 元/瓦左右（平单轴支架），而在 2014 年末，光伏电站的造价水平已经下降到 7.2 元/瓦水平（固定式支架）。应该说，目前光伏发电项目的单位造价已经接近一般的中小型水电造价水平了。

如果从主要设备的费用与整个光伏电站造价的占比来看，虽然项目总造价已大幅下降，但主设备费用的占比并没有发生明显的变化。比如光伏组件，敦煌示范项目的费用占比大约是 60%左右；而目前项目总造价降到 7.2 元/瓦，但这个占比依然没什么变化。可见，光伏组件费用仍然是光伏发电项目投资的一个大项。

为详细了解光伏发电项目其他相关设备、设施、材料以及土建工程等所占费用情况，在此提供一个项目参考例子，见表 6-4。

表 6-4 光伏发电项目的单位造价参考实例

预算科目	合同单价（占项目元/瓦）
勘察设计费	0.04
监理费	0.03
基建管理费	建设单位自定
设备监造费	0.01
发电设备：逆变器	0.47
支架	0.43
汇流箱	0.08
变电设备：箱变	0.40
高低压开关柜	
站用变压器	
低压配电屏	0.10
电气二次设备：	0.10
UPS 及直流系统	
监控系统（含光伏区）	
综合保护装置	
接入系统	
通信系统	
涉网设备：	
安稳设备	
功率预测装置	
SVG 无功补偿	0.04
工程电缆	0.34
测光设备	0.10
其他设备	
BOS 设备小计	1.98
建安工程（土建、安装）	1.34
其他：绿化等	
防洪工程	0.06
总计（含组件）	7.75

由上表 6-4 可见，在不计缺项的情况下，光伏发电项目的单位造价已达到

7.75 元/瓦，说明该工程至少是在 2014 年下半年以前推进的项目工程。从光伏组件单价来看，也略高于最近的市场价 4.2 元/瓦。因此，讨论光伏发电工程的造价，时间概念特别敏感。

第十节　光伏发电的同网同价路径

如果在 5 年前谈论这个话题，会让人心里感到没底；而今天触及此类议题，虽然心里也不轻松，但有把握得多了。

由前面“光伏电站的造价及成本构成”章节讨论中看到，地面并网光伏发电的单位造价已降至 8.0 元/瓦以内了。从敦煌光伏发电示范项目建设之初到 2014 年底，短短 5 年左右时间，光伏发电的单位造价已经下降了三分之二，这可能是任何人想都没想到的事。或许这种造价的下降速度也是破了任何工业企业门类的进步记录。然而，此事尽管可喜可贺，但离走完最后一里路——光伏发电与传统火力发电的同网同价，还要付出相当艰苦的努力！

首先，从造价的总体水平来看，并网光伏发电的单位造价已接近其他清洁可再生能源如水电、风电的造价水平，继续往下走的趋势似乎还有，但空间已明显不多了。光伏电站如能成规模地建在平原沙漠荒地，单位造价下降的幅度可能会大些，否则，几乎无下降空间了。

其次，从单位造价的构成来看，最大的一块是光伏组件，虽然费用占比仍然在 50%左右，但其单位价格已较 5 年前下降了差不多三分之二。BOS 设备费用总计也不到过去一个逆变器的单位价格水平了。可见，通过这几年的市场竞争，设备的单位价格也快见底了。

再次，随着时间的推移，人工成本不但不会下降，反而还要上调。而且这项费用的占比还不小。这么说来，这最后一里路该如何走？多年的实践经验告诉我们：

一是继续挤压投资成本。从目前来看，主要是加强项目的建设管理，加大市场的竞争力度，挤掉一切不实的投资成本。比如，偏离市场行情的设备及材料费用，虚高的人工成本，以及不适用的包括求豪华、讲排场的设施和建筑物等。

二是努力提高光伏电量。这是指：当下及先期开发的光伏发电项目，要选择太阳能资源好的来做；要尽可能地提高光伏电站的发电效率；光伏电站的设计、施工要保证质量，以期能安全可靠运行；输配电系统要保证光伏电量的及时和完全消纳。

三是地面并网光伏发电项目要尽量规模化，尤其是在西北部地区的大漠荒地上建设光伏电站。对于大面积的平原荒漠，要施以“国家光伏发电规划”，并采用光伏电价招标的方式进行开发建设，同时认真监督执行。此外，交通、输配电网等配套设施要及时跟上。

四是加大光伏产业上游的研究和投入，举全国之力，提升太阳能电池的光电转换效率（至少提高 3%～5%）。鼓励有能力的企业单位，投资光伏发电行业的创新与创业；支持科研单位、高等院校投入太阳能电池甚或太阳能产业的研究与开发，力争该行业的领头羊角色。

五是加强对电力储能的研究工作。电力储能应包括电气储能、抽水蓄能以及其他形式的设施储能。鉴于太阳能的时间不连续性，电力储能的水平高低至关重要，对它的投入和研究，一点也不能低于对光伏发电系统的投入和研究。

第七章　敦煌示范项目典型设计分析

敦煌光伏发电示范项目从编写投标方案到工程设计都是中广核能源公司（中广核太阳能公司）联手云南省电力设计院密切合作的产物。在编写投标方案阶段，根据招标方要求，投标方必须事先落实光伏组件购买协议、签订并网逆变器合同以及敲定组件安装支架制作单位等规定，使得标书编写能有的放矢，电价测算符合当时实际，因此项目可研设计内容也相对具体、丰富、且有深度。虽然这是我国历史上第一次编写光伏发电项目可行性研究方案（国内几大设计院都被当时参加敦煌示范项目投标企业所"捆绑"，所以在技术上各个设计院既处在"0"起跑线上，也处在相互独立、相互保密的工作状态下，技术上没有任何交流），但云南省电力设计院凭借其自身的实力，为我国的第一个大型并网光伏发电项目设计交出了一份优秀的答卷。

但这里值得提醒的是，设计单位根据当时的行业相关规定与取费标准，挤净一切水分计算出来的投标电价还不能让投标方满意，同时也为了保密需要，投标方在最终报价时对此又进行了"私下调整"。所以，本可研报告中有关光伏电价的测算方面与投标方即后来的业主方测算的方案有些出入。另外，由于当时国内的光伏发电设备市场不成熟，加上国外市场紧俏，像光伏组件、组件安装支架制作等合同合作协议都三番五次地发生了变化，所以可研报告中提到的一些光伏发电设备也不一定是示范项目上最终安装使用的东西。不过，无论如何变化，有一个前提条件不变：虽然变更了设备与材料，但在质量上不会比原来的低劣。

在此，让我们重新再来品味一下敦煌示范项目精致而亮眼的可行性研究设计方案。

第一节　综合说明

1.1　概述

1.1.1　项目场址概况

项目场址位于敦煌市七里镇西南，215 国道北侧，距市区 13km。

地理位置坐标为东经 94°31′，北纬 40°04′。场址距世界著名的莫高窟 38km，月牙泉 19 km，玉门关 82 km，雅丹地貌 152 km，是敦煌－党河－玉门关－雅丹地貌旅游线路必经之地。

场址区域平坦、开阔，扩容空间大。本项目阶段，场址规划用地不超过 100 万平方米，足以满足 10MWp 太阳能光伏电站的建设需要。

场址地段属冲积扇平原顶部，海拔在 1050～1400m 之间，属永久固定性砂砾石戈壁，无洪水侵扰，地域开阔，经水文地质部门钻探，砂砾层厚度为 10～12m，12～25m 为沙质土层，25～40m 为细砂砾土层。

场址地形平坦，地表水排泄通畅，地下水位埋藏很深，岩土体含水量很小，盐渍土主要分布于鼻标的含碎石粉砂层，场址区未发生大面积的盐渍化，地基土仍保持原状土层较高的物理力学性质，不会对建筑物基础构成较大影响。

场址选择在敦煌市七里镇，具有太阳能资源好，交通方便，靠近主干电网的良好条件，能够起到很好的工程示范作用。

1.1.2　项目地区太阳能资源

甘肃省具有丰富的太阳能资源，年太阳能总辐射量在 4800～6400MJ/m^2，年资源理论储量 67 万亿 kWh，每年地表吸收的太阳能约相当于 824 亿吨标准煤的能量，开发利用前景广阔。

甘肃省以夏季太阳总辐射最多，冬季最少，春季大于秋季。7 月各地太阳总辐射量为 560～740MJ/m^2；1 月为 260～380MJ/m^2；4 月为 480～630MJ/m^2；10 月为 300～480MJ/m^2，最大月与最小月的太阳能辐射量相差约 2 倍。

甘肃省各地年日照时数在 1700～3320 小时之间，自西北向东南逐渐减少。河西走廊西部年日照时数在 3200 小时以上，陇南南部在 1800 小时以下，其余地区在 2000～3000 小时之间。

敦煌地区属于甘肃省太阳辐射丰富区。根据 1990～2000 年敦煌地区 10

年平均气象资料显示，敦煌地区年平均太阳总辐射为 6882.05MJ/m^2，属于我国太阳能资源一类地区，是太阳辐射资源丰富的地区，极具开发价值。

1.1.3 项目建设规模与建设工期

本光伏电站的建设规模为 10MWp（全部太阳电池组件稳定效率下标称功率的代数和为 10.044MWp）。

特许期为 25 年（不含建设期），建设期 12 个月。

1.1.4 项目建设性质

为了利用敦煌地区良好的太阳能资源条件，推进我国太阳能光伏发电产业的发展，通过竞争机制提高大型光伏发电工程的经济性，国家能源局批准采用特许权方式建设甘肃敦煌 10 兆瓦光伏并网发电示范项目。因此，本项目是国家大型并网光伏电站的示范性新建项目。

1.2 项目设计依据

项目的设计依据主要是甘肃敦煌 10 兆瓦光伏并网发电特许权示范项目招标文件（含附件）和在规定的递交投标书截止期前发出的补充文件及附件等。

1.3 项目设计范围

本可行性研究报告的设计范围为本项目新建工程的总体设计、全部生产及辅助生产系统、附属设施工程的设计，具体包括但不限于以下内容：

电站总体技术方案、太阳电池方阵设计、总图规划、电气系统、监控系统、建筑结构、给排水、消防、施工组织、发电量测算、环境保护与水土保持、劳动与安全卫生、投资概算及经济评价等。

设计范围不包括电站与外界的连接道路、外接供水管线、送出系统等。

1.4 项目建设的任务及必要性

我国能源结构是以煤为主，随着国民经济的快速发展，温室气体减排和能源安全问题已日益突出，面临的压力很大。另一方面，我国太阳能资源非常丰富，全国 2/3 以上地区的年平均日照数大于 2000h、年平均辐射总量约为 5900MJ/m^2。因此，大型太阳能光伏电站的建设已成为国家温室气体减排和能源安全的必然需要。

然而，大型太阳能并网光伏电站的工程投资很大，电价成本高。2007年的电价成本均大于4元/kWh，高电价制约了我国大型太阳能光伏电站的发展。

大型太阳能光伏电站的建设在我国刚开始，急需掌握和完善相关的技术。因此，通过建设本大型太阳能光伏电站示范项目，努力降低光伏发电电价的水平，促使光伏发电技术在全国快速推广是非常必要的。

我国光伏发电设备发展很快，但主要面对国外市场，市场风险大。

需要通过国内大型光伏电站的建设来支持国内光伏发电设备产业的稳步发展。

大型太阳能光伏电站示范项目选择在甘肃敦煌建设符合当地太阳能资源和荒漠化土地资源丰富的条件，能够加快甘肃能源资源结构调整，同时能够为敦煌这座旅游城市提供清洁可再生能源，满足敦煌市的绿色电力需求。因此，本项目在敦煌建设很有必要。

1.5 总体技术方案设计

项目电站10MWp光伏发电系统由10个1MWp光伏发电分系统组成；每个1MWp光伏发电分系统由2个500kWp光伏发电单元系统组成；每个光伏发电单元系统主要由1个500kWp太阳电池方阵和1台500kW逆变器组成；项目共20个500kWp光伏发电单元系统。在1个光伏发电单元系统中，500kWp太阳电池组件经串并联后发出的直流电经汇流箱汇流至各自相应的直流防雷配电柜，再接入逆变器直流侧，通过逆变器将直流电转变成交流电。

每2个光伏发电单元系统中的2台逆变器输出的交流电由1台1250kVA升压变压器将电压从270V升至10kV，并汇至一组10kV母线后经一台容量为12500kVA升压并网变压器升压至35kV并入电网。

1.6 太阳电池组件及逆变器选型

项目太阳电池组件全部采用上海太阳能科技有限公司生产的S-180C型单晶硅电池组件，峰值功率180Wp，对应的方阵支架采用北京科诺伟业科技有限公司生产的水平单轴跟踪支架。项目逆变器全部采用安徽合肥阳光电源有限公司生产的SG500KTL型逆变器，额定交流输出功率500kW。

本项目所有设备采用国产设备，对支持国内光伏发电设备产业的发展有重要意义。

1.7　电站直流发电系统设计

太阳电池方阵的直流系统是指太阳电池组件、汇流箱、直流防雷配电箱与逆变器输入直流侧所构成的系统。

直流发电系统中，太阳电池组件串联数量为 18 块，每个 500kWp 光伏发电单元分系统的组串并联数量为 155 路，对应配置 1 台 500kW 逆变器。155 路电池组串采用 31 个汇流箱，每个汇流箱可输入 6 路（1 路备用），每 15 或 16 个汇流箱输出与直流防雷配电柜相连，再进入逆变器直流输入母排。

10MWp 直流发电系统共有 55800 块太阳电池组件，20 台逆变器，620 个汇流箱及 40 台直流防雷配电柜。

1.8　电站交流电气系统设计

电站交流电气系统设计以逆变器交流输出端为界。逆变器交流输出电压 270V，两台 500kW 逆变器交流输出接入 1 台 1250kVA 升压变压器，将电压从 270V 升至 10kV，形成 1 个 1MWp 光伏发电分系统。

本工程 10 台 1250kVA 升压变压器的 10kV 交流输出均由电缆送至 35kV 升压站内 10kV 配电段母线，并经 1 台容量为 12.5MVA 的变压器升压至 35kV 后，以一回 35kV 线路接入敦煌市 35kV 电网。

电站 35kV 升压站内的 10kV 采用单母线接线形式。

为给升压站内直流系统、站内消防水泵、逆变器自用电等低压负荷提供可靠的电源，本电站设置站用 10kV 段，其工作电源由升压站内 10kV 配电段母线上引接，备用电源由 35kV 七里镇变电站引接（该电源为施工电源，项目建设结束后保留）；设置容量为 125kVA 的低压站用变压器和单母线接线的 0.4kV 低压配电段，为站用负荷供电。

本项目场区年平均雷暴为 6 次/年，属于少雷区，根据项目场地的地形特征和地质特点，在 35kV 升压站采用固定式避雷针用于直击雷防护，全站设置水平接地带，并按规定间距埋设垂直接地体。

1.9 接入系统方案

本项目 10MWp 并网光伏电站暂考虑以 1 回 35kV 线路接入敦煌市 35kV 电网。具体接入点、接入方案以特许权招标后电网部门审定的接入系统方案为准。

1.10 监控系统方案

本项目监控采用集中控制方式，采用计算机网络监控系统（NCS）、微机保护自动化装置和就地检测仪表等设备来实现全站机电设备的数据采集与监视、控制、保护、测量、远动等全部功能，实现少人值班。

整个光伏电站内设一个主控制室，主控制室布置在升压站区域的 10kV 配电室的建筑内。在主控室内的运行人员以大屏幕、操作员站 LCD 为主要监控手段，完成整个光伏发电系统的运行监控。

根据规程规定，本项目升压站及逆变器室需设置火灾报警系统。

1.11 太阳电池方阵布置设计

本项目太阳电池方阵的安装全部为水平单轴跟踪式，转动轴与地面成零度角。水平单轴跟踪式安装可增加发电量 18%，配备自动跟踪系统。

光伏组件转为水平状态时的列间净间距（东西向）为 6.27m，南北方向上的行间距定为 1.2m。

当每一列支架在南北向上在同一条直线上时，就阴影遮挡问题来考虑可不在南北向上留间距，即行与行之间可以紧贴布置。为了方便检修和巡查，将南北方向上的行间距定为 1.2m。

整个电站太阳电池方阵的占地面积为 218448.00m^2，约合 328 亩。

1.12 总平面规划布置设计

本工程主要功能区包括：太阳能电池方阵及内部检修通道、升压站区域、综合楼区域、连接各方阵的道路和电缆通道等。本期布置围栏内用地 31.99 公顷。

站区东南角布置升压站及综合楼等站前建筑，有利于出线和人流物流的交通。其他区域整体沿东南端布置 20 个太阳电池方阵，中间通过道路相连。

为了尽量有效利用场地资源，让场区西侧、北侧作为未来发展用地，设计尽量利用了南侧斜角区域场地。

太阳电池组件按矩阵成块布置，方阵区内均有道路连接，同时形成方阵外的环形道路。从 215 国道接入的进厂主道路宽度为 8m，站前区主干路网道路宽度 6m，方阵间道路、环通路、逆变器运输道路等为 4m，厂前区主道路面积约 2856m^2，为混凝土路面；方阵间检修运输道路面积约 20054m^2，为砂石路。

本工程围栏（墙）包括场区及升压站围栏。场地围墙用混凝土防护栏兼防风沙屏障，高度 2.0m，升压站围墙采用钢丝网围栏，高度 1.5m。

1.13 给排水及消防系统设计

由本工程场址南侧的敦煌大气实验站水塔供水，由 DN150 的钢套管接到太阳能光伏电站场地，并分成两路。一路进入消防水池，用于消防用水。一路沿站内道路铺设，用于综合楼的日常用水以及太阳能电池组件的清洗用水及太阳能电池组件方阵周围的绿化用水。

场区排水采用分流制排水系统，设有场区雨水和生活污水两套排水系统。生活污水经生化处理达标后用于绿化，不外排。拟在该场地北面设置排水沟，将场地内雨水汇流、收集，接入到场地东侧中部的排水沟排走，最终进入站区外天然排水系统。

根据规程规定，本项目的消防系统以水消防系统及移动式化学灭火器为主。站内设有专用消防水泵，在综合楼区域布置有消防给水管道，并设置有室内外消火栓。在综合楼及升压站配置相应数量及类型的移动式化学灭火器。

1.14 建筑结构设计

根据《建筑抗震设计规范》(GB50011-2001)，敦煌市抗震设防烈度为 7 度，设计基本地震加速度值为 0.10g，属设计地震分组第二组。

1.14.1 建筑

本项目主要建筑包括综合楼 1 座、10kV 配电室 1 座、逆变器室 10 座，其单座建筑面积分别为：800.26m^2、279.00m^2、39.60m^2。

综合楼建筑依据使用功能和国家的有关法律、规范、规程进行设计，以保证满足电站功能使用要求。

1.14.2 结构

（1）基础形式

太阳电池组件单轴跟踪支架、室外电气设施及建筑物均采用独立基础；警卫室采用墙下条基。

（2）结构形式

建筑物采用砖混结构；室外电气设施支柱采用钢筋混凝土环形杆，横梁采用钢结构。

1.15 抗风沙设计

电站的抗风沙设计主要体现在以下几个方面：

（1）电站围墙边界抗风沙设计

电站的围墙采用一道2.0m高的横板带孔混凝土防沙栅栏，作为抗风沙的第一道防线；在墙内侧设置低矮灌木林带，形成第二道防线；以减缓站外风沙对电站太阳电池方阵及其他设施的影响。

（2）站内绿化

站内绿化主要起到固沙保土作用，避免站内起尘而影响设备正常运行和水土流失。

（3）建筑抗风沙设计

电站内所有建筑物的窗采用双层塑钢窗，并在开启扇加防沙百叶，门采用钢质保温门，加强门窗缝隙密封处理，以防止大量粉尘进入建筑物内而影响设备运行。同时，选用有针对性的建筑材料减缓沙尘暴对建（构）筑物造成的磨蚀破坏。

（4）设备抗风沙设计

1）电池方阵支架：

太阳电池组件采用水平单轴跟踪支架，其结构按系统在最易损坏位置下能够承受27m/s 的大风，在安全位置下能够承受42m/s 的飓风设计。大风来临的时候，太阳能电池板的跟踪系统会自动调节到水平状态，减少迎风面，降低风荷载，同时也降低了风沙对太阳电池板的磨蚀破坏。

2）逆变器安装：

逆变器采用室内安装，完全使逆变器避开风沙环境。

（5）设备制造要求

电站所有室外设备（尤其是太阳电池组件及单轴跟踪支架）在订货时，应明确抗风沙的技术要求，并详细提供当地与有关风沙的工程设计数据。

1.16 施工组织设计

（1）施工条件

场址南侧紧邻215国道，与外界交通联络条件好，设备及材料运输方便；施工用水来自敦煌大气实验站水塔；施工用电来自七里镇35 千伏变电所。

（2）施工生产区规划

施工区位于场区主入口左侧，占地面积约7125 平方米。主要布置施工生活区（占地面积约2229 平方米）、材料堆场（占地面积约3648 平方米）、混凝土搅拌场地（占地面积约 1248 平方米），同时兼顾光伏组件贮存场地及中转地。占用的光伏方阵场地最后施工，在施工完支架之后拆除大部分施工机具，留待安装光伏组件及逆变器。

场内运行维护道路宽4米，长5013.50米，砂石路面。

项目建设工期：项目建设工期 12 个月。其中，工程施工期约 11 个月，试运行1个月。

1.17 工程管理设计

本项目建设管理实行项目法人委托管理模式，由项目法人委托专业工程建设管理分公司对工程实施全面管理。项目公司计划设置管理人员 4 人。光伏电站建成后运行由此专业工程建设管理公司主管，计划增加6人。

为提高项目的建设及运营水平，建议施工图阶段增加目前大型火电项目在建设及运营中普遍采用的电站标识系统（KKS 编码系统）。

1.18 环境保护及水土保持设计

1.18.1 环境保护

本项目属于节能减排的环保项目，电站发电过程不会产生工业废气、废水、烟尘等，基本上不会产生环境污染。在电站运营期，少量生活污水经处理后用于绿化，可实现电站污水零排放。

施工期间，会产生一定的粉尘和污水等污染物，只要根据环保要求做好施工管理并采取相应环保措施就可以满足施工期的环保要求。

按照火电供电标煤耗平均350g/kW·h，本项目每年可节约标煤6316吨，减少烟尘排放量约84.12吨，减少二氧化碳约1.632吨、二氧化硫约69.64吨。

1.18.2 水土保持

敦煌市七里镇区内的水土流失以风力侵蚀为主，本项目所属的土壤侵蚀类型区为风沙区，区域内水土流失危害较大。项目区属于甘肃省人民政府划分的水土流失预防监督区。

本项目场址区沙漠化严重，几乎无植被覆盖，生物多样性极差，无各级生态保护和珍稀濒危植物及动物分布。

施工期间场址内土地必然受到一定扰动，容易造成水土流失，需要采取相应的水土保持措施。

建议在电池组件的下部逐渐种植小型耐旱的防风固沙植物或播撒固沙草种，既可以绿化场址、美化电站，同时也可以防止水土流失。

1.19 劳动与安全卫生

本项目主要的危险因素是火灾和触电。设计中将按照国家及部局法律法规、技术标准、规范、规定等在存在危险因素的环节和场所采取相应的安全措施。

在综合楼及升压站设有卫生间、交接班室等专用设施，综合楼设置洗浴室。

1.20 工程设计概算

本工程概算的编制，以《甘肃敦煌10兆瓦光伏并网发电特许权示范项目招标文件》（招标编号：0713-084000610043/01）为原则，执行《风电场工程可行性研究报告设计概算编制办法及计算标准（2007年版）》（FD001-2007）的定额体系。

本工程静态投资22321.12万元，总投资22733.17万元；考虑资本金为总投资的40%，融资60%，年贷款利率5.94%，按季结息。

1.21 上网电价测算与财务评价

本测算是在保证企业成本费用、税金、盈余公积金、企业用于还贷的利润以及项目资本金内部收益率8.0%的前提下（即项目在财务上可以接受），根据本招标文件的要求，在确定第二阶段上网电价（累计发电小时数满 25000 小时后的上网电价）的基础上，对项目第一阶段的上网电价（按容量 10MW 计算的累计发电 25000 小时以内的上网电价）进行测算。

经测算，在设定第二阶段上网电价（含增值税）为 0.70 元/千瓦时的条件下，第一阶段上网电价（不含增值税）为 1.5965 元/千瓦时，第一阶段上网电价(含增值税)价为 1.8679 元/千瓦时；经营期平均电价(不含增值税)为 1.1489 元/千瓦时，经营期平均电价（含增值税）为 1.3443 元/千瓦时。

1.22 主要技术经济指标

本项目总的技术经济指标见表 7-1。

表 7-1 本项目总的技术经济指标

序号	项目名称	单位	数量
1	工程静态总投资	万元	22321.12
2	工程动态总投资	万元	22733.17
3	单位千瓦静态投资	元/千瓦	22321.12
4	单位千瓦设备投资	元/千瓦	16652.46
5	单位千瓦土建投资	元/千瓦	1769.82
6	第一时段上网电价（不含税，2.5 亿千瓦时）	元/千瓦时	1.5965
7	第一时段上网电价（含税，2.5 亿千瓦时）	元/千瓦时	1.8679
8	第二时段上网电价（不含税，2.5 亿千瓦时）	元/千瓦时	0.5983
9	第二时段上网电价（含税，2.5 亿千瓦时）	元/千瓦时	0.7000

1.23 项目的工程特点

1.23.1 规模大，系统复杂

本项目建设规模 10MWp，属于大规模并网光伏电站，多达 20 个光伏发电单元系统，其系统复杂，安全及监控要求高。

现有 MW 级小规模并网光伏发电技术支撑着大规模并网光伏电站的建设，但其所涉及到的一些技术还需要完善和提高。国际能源机构（IEA）已将大规模并网光伏发电技术列为其研究开发任务，并主要研究和追踪大规模并

网光伏发电的技术和信息，并计划开展国际间的交流和合作。

1.23.2 风沙天气影响

甘肃敦煌有丰富的太阳能资源和荒漠化土地资源，是发展太阳能光伏电站的有利条件，但风沙天气的影响则是不利的因素。技术上强度设计的问题相对容易解决，但在设备的耐久性（即长时间正常工作的能力）仍需要工程的实践检验。工程设计能够做到的有两点：一是尽可能削弱风沙的影响程度；二是选择结构设计上更适合风沙环境的设备，尤其是电池组件及其支架。

1.24 结论及建议

1.24.1 结论

通过对本项目的可行研究，可以得出以下主要结论：

1）项目规模容量 10MWp，是目前世界上在建的大型光伏发电项目之一，能够起到很好的工程示范作用，推动国家太阳能光伏发电产业和设备产业的发展，对国家温室气体减排和能源安全有重要的影响，同时又能加快甘肃电力结构的调整，为敦煌直接提供清洁的电力能源，项目建设有充分的必要性。

2）敦煌场址太阳能资源丰富，交通方便，工程地质等工程建设条件满足项目建设的工程要求。

3）太阳电池组件和逆变器选型合理。太阳电池组件选用目前技术成熟的 180Wp 单晶硅太阳电池组件；逆变器选用安徽合肥阳光生产的并已通过中国电力科学研究院电测量研究所测试和欧洲实验室 DK5940 认证的 500kW 逆变器。

4）总体技术方案结构组成合理，符合大型太阳能光伏电站的系统特点，对保证光伏发电的系统效率有重要作用。

5）根据甘肃省气象局提供 1977 年至 2007 年太阳能辐射数据及规模容量、光伏发电系统效率等数据测算出本电站 25 年的平均年发电量为：1804.6 万 kW · h/a。

6）本项目属于节能减排的环保项目，电站发电过程不会产生工业废气、废水、烟尘等，基本上不会产生环境污染。

7）项目建成后，站内绿化将远好于现在的荒漠戈壁，有利于水土保持和荒漠化土地的资源利用。

1.24.2 建议

1）招标文件中提到，场址场地将由政府部门整体平整后交给特许权中标方使用，这种方式对场址土地扰动面积大，容易造成水土流失，不利于水土保持方案的实施，平整工程费用也高。根据工程经验和太阳能光伏电站一般不需要大规模平整的特点，建议由施工图设计单位根据地形现状提出合理的场平方案后再实施场平，并制定相应的施工期间的水土保持措施。

2）本项目设备品种少但设备数量庞大，全场电气和监控系统接线复杂，为更好地保证电站系统的总发电效率，提高项目的建设和管理水平，建议在施工图设计阶段增加电站标识系统（KKS）设计。

3）一般情况，纬度较高的地区，其太阳辐射强度值将低于 1000W/m^2，本项目场区的太阳辐射强度可能在 800W/m^2 左右。因此，建议对现场实际观测值进行分析，当本项目场区太阳辐射强度低于 1000W/m^2 时，可进一步优化并网逆变器及升压变压器的选型，如 10MWp 单晶硅太阳电池配 16 台 500kW 逆变器等。

评析：按照招标方的规定，投标方最初与组件厂商江苏百世德公司、逆变器厂商安徽合肥阳光科技有限公司以及组件安装支架制作单位北京科诺伟业科技有限公司签订了设备购买协议，但因当时市场变化剧烈，协议签订不到两个月，百世德公司首先与投标方爽约。于是，投标方紧急启动与上海太阳能科技有限公司商谈组件供应合同事宜。经过一番艰苦的讨价还价，签订了让该公司为敦煌示范项目生产 S-180C 型单晶硅电池组件的供货协议。不料，市场再一次给投标方开了玩笑。没过两星期，上海科技有限公司也跟投标方毁约。最后，感谢英利公司为敦煌示范项目伸出了援手。

组件支架制作，北京科诺伟业科技有限公司当时也失约了。后来，敦煌示范项目使用的是无锡昊阳公司提供的平单轴组件安装支架。该公司的产品质量相当不错，售后服务也很好。项目逆变器生产商安徽合肥阳光电源有限公司倒是始终如一，为敦煌示范项目提供了优质的设备和售后服务。

由于国家当时对可再生能源减排效益的测算未予统一，所以本节提到的度电标煤耗与前一章的表述不一致。

应该说，云南省电力设计院是一家非常专业和严谨的设计院。在敦煌示范项目的设计中，不但在国内首次为太阳能光伏并网发电项目奉献出了堪称经典的工程设计方案，而且还认真细致地考虑了敦煌的特殊地理环境和气候特点，提出许多在项目实施过程中切实可行的灾害预防与治理意见。比如，为防止敦煌地区的强风沙对电站设备及建筑物的侵袭而设计的预防性方案，以及加强荒漠化地区的水土保持措施等等，云南院为示范项目设计真正做到了尽职尽责，为项目的顺利建成和良好运行做出了贡献！

第二节　示范项目总体设计方案

2.1　项目电站概述

大型并网光伏电站主要由光伏方阵、并网逆变器、输配电系统及远程监测通信系统组成，包括太阳电池组件、直流电缆、汇流箱、直流防雷配电柜、逆变升压设备或逆变加升压设备、交流电缆、10kV 配电母线段、35kV 升压变等。其中，电池组件到逆变器的电气系统称为光伏发电单元系统；10kV、35kV 输配电交流系统是常规输配电系统。

光伏方阵将太阳能转化为电能（直流电），并通过汇流箱及直流防雷配电柜传递到与之相连的逆变器上，逆变器采用 MPPT（最大功率跟踪）技术最大限度将直流电（DC）转变成交流电（AC），输出符合电网要求的交流电能，再经过升压站与中压电网（35kV）连接。其中光伏发电系统的核心设备是太阳电池组件和并网逆变器。

2.2　电站规模容量

大型光伏电站的容量组成可以根据项目建设条件、电池组件的技术水平和供货状况来确定。即电站规模容量可以由不同类型的电池组件组成，不同电池组件也可以有不同的比例等。本项目场址地形平坦、开阔，太阳电池方阵布置条件好。为了方便电站运行管理，结合投标商务情况，本报告设计只采用单一的单晶硅太阳电池组件。即本电站 10MWp（全部太阳电池组件稳定效率下标称功率的代数和为 10.044MWp）规模容量全部由单晶硅太阳电池组件组成，并对应采用水平单轴跟踪系统。

2.3　电站主要系统组成及功能

本报告所述大型光伏电站的主要系统如下：

（1）电站直流发电系统

指太阳电池方阵到逆变器直流侧的电气系统，包括太阳电池组件、汇流箱、直流配电柜及逆变器。

（2）电站输配电交流系统

指逆变器交流输出侧到升压站主变压器高压侧出线，包括 10kV 升压变、10kv 开关柜及母线、35kV 升压变、35kV 线路开关等。

（3）电站监控系统

大型并网光伏发电系统需要设置必要的数据监控系统，对光伏发电系统的设备运行状况、实时气象数据进行监测与控制，确保光伏电站在有效而便捷的监控下稳定可靠的运行。

（4）附属辅助系统

包括本光伏电站需要的围墙安防系统、火灾报警系统、生活消防水系统、站用电源系统等附属辅助系统。

2.4　电站发电系统的分层结构

（1）光伏发电单元系统

一定容量的太阳电池方阵与 1 台容量匹配的逆变器直接连接后所构成的发电系统称为光伏发电单元系统。

（2）光伏发电分系统

通过一台升压变压器并接一台或多台逆变器（即光伏发电单元系统）所构成的发电系统称为光伏发电分系统。

（3）光伏发电站

当多台升压变压器并联后至电网或再升压后至电网所构成的发电系统，即为一座光伏发电站。

本电站采用 500kW 逆变器，其输出交流电压为 270V，拟采用 270V/10kV 升压变压器及 10/35kV 升压变压器，其电站发电系统的分层结构有：光伏发电单元系统、光伏发电分系统，并最终构成一座光伏发电站。

2.5 电站发电系统总体技术方案

项目电站 10MWp 光伏发电系统由 10 个 1MWp 单轴跟踪的国产单晶硅光伏发电分系统组成；每个 1MWp 光伏发电分系统由 2 个 500kWp 光伏发电单元系统组成；每个光伏发电单元系统主要由 1 个 500kWp 太阳电池方阵和 1 台 500kW 逆变器组成。其中，1MWp 光伏发电分系统原理如图 7-1 所示。

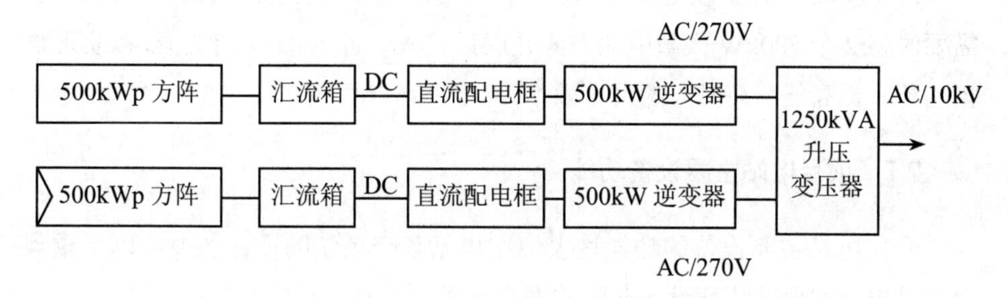

图 7-1　1MWp 光伏发电分系统原理图

本项目共 20 个光伏发电单元系统。每 500kW 太阳电池经串并联后发出的直流电经汇流箱汇流至各自的直流防雷配电柜，再接入逆变器直流侧，通过逆变器将直流电转变成交流电。每 2 台 500kW 逆变器输出的交流电由 1 台 1250kVA 升压变压器将电压从 270V 升至 10kV，并汇至一组 10kV 母线后经一台容量为 12.5MVA 升压并网变压器升压至 35kV 并入敦煌市 35kV 电网。10MWp 并网光伏发电系统原理总框图如图 7-2 所示。

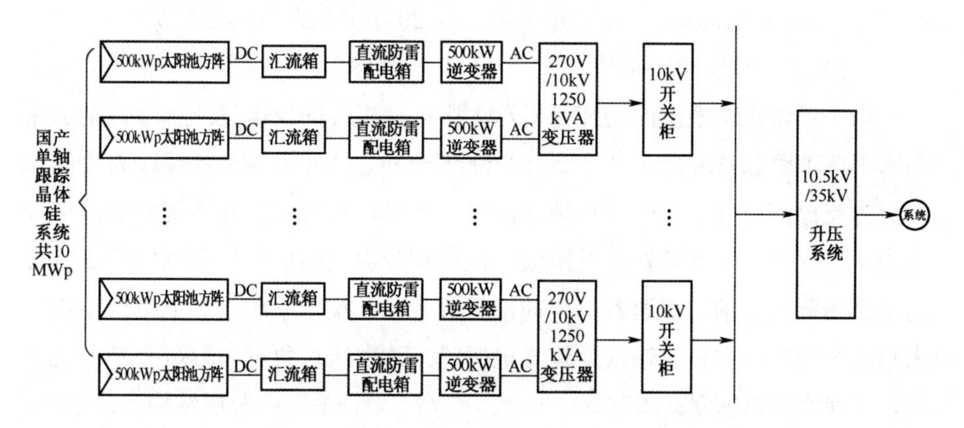

图 7-2　10MWp 并网光伏发电系统原理总框图

2.6 项目电站总体技术方案的特点

项目电站总体技术方案的特点是：

1）各个光伏发电分系统之间没有直流及低压交流的直接电气联系，可分别实施建设，运行与维护管理方便，故障检修时也不会影响整个系统的运行。

2）相邻2个光伏发电单元系统之间，在直流防雷配电柜内设有群控开关，需要时将2个500kW太阳电池方阵并联后接入一台500kW逆变器，以实现群控功能，提高低负荷时段的发电效率。

2.7 项目电站主要设备功能

光伏电站主要设备的功能均表现在电站各个系统的设计之中，以下重点对项目电站主要的特征设备（即并网光伏发电特有的设备）进行描述。

（1）太阳电池组件

太阳电池组件也称太阳能电池组件，是通过光伏效应将太阳能直接转变为直流电能的部件，是光伏电站的核心部件。

在电站直流发电系统中，太阳电池组件通过合理的连接，形成电站所需的太阳电池方阵，并与逆变器构成直流发电系统。在项目电站中，由众多的单件峰值功率为180Wp的单晶硅太阳电池组件构成了整个电站10MWp的太阳电池方阵。其中，每500kWp太阳电池方阵对应一台500kW 的逆变器。本电站共有20个500kWp太阳电池方阵，即20个光伏发电单元系统。

（2）水平单轴跟踪系统

水平单轴跟踪系统的功能是提高太阳电池组件的发电量，本项目全部采用水平单轴跟踪系统后，可提高18%的发电量。水平单轴联动跟踪系统的结构分为支撑部分、联接部分和传动部分。水平单轴联动跟踪系统的支撑部分是由主体支柱、中间圆柱横梁组成，联接部分由钢结构桁架及螺栓组成，传动部分由联接主轴、减速器、电动推杆等组成。整个系统通过电机带动推杆来推动系统中的主传动轴，通过光电码盘来读取跟踪角度，控制步进电机转数，实现水平单轴联动跟踪。

水平单轴联动跟踪系统采用主动式跟踪方案，根据时间、光伏系统所在地经、纬度等参数，利用天文公式，计算出太阳光入射角度，驱动步进电机使电池板到达指定位置。如图 7-3 所示。

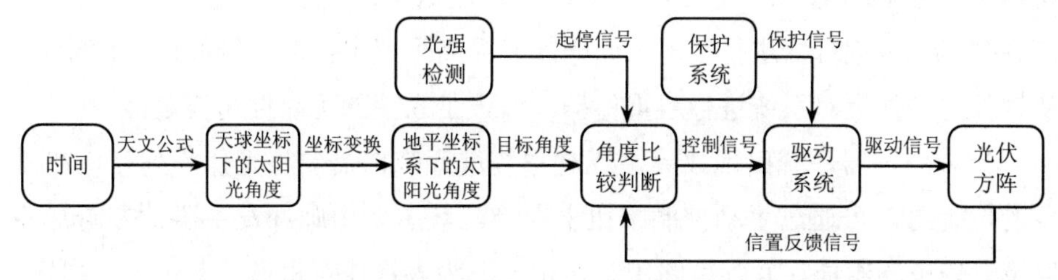

图 7-3　平单轴联动跟踪系统电气原理框图

水平单轴联动跟踪系统的自动控制单元以微处理器为核心，实现对太阳的自动跟踪、系统保护、显示、监控等功能，主要由启动信号输入、角度计算及反馈控制、电机驱动信号生成单元、保护信号输入及处理、系统初始位置校验、手动控制单元等七个部分组成。启动信号输入由 2 组光敏二极管及其相关信号调理电路组成，只有当光强达到规定的阀值，系统才开始工作，达不到开机条件，微处理器通过输入的信号判断当前是处于夜晚还是阴天以确定电池板的最佳停放位置；当光强达到条件后，角度计算及反馈控制部分分别计算出太阳此时所处的角度值与电池板实际所处的位置，并由微处理器将二者的差值转换为电机的驱动信号；电机驱动信号生成部分根据发送的驱动指令通过减速传动结构带动太阳能电池阵列转动，光电编码器通过旋转机构将此刻检测到的位置信号输入到微处理器，通过角度计算及反馈控制单元得到电机驱动的下一个指令信号；保护信号输入及其处理部分包括限位开关保护、近开关保护及电网掉电保护，当这些保护现象产生时，微处理器根据不同的情况对系统进行掉电、故障报警、停止待机、复位（与大风顺向、振动最小、安全可靠的位置）操作；系统初始位置校验是第一次安装时或系统出现故障后，人为将光伏阵列调整到需要的起始设定位置，并将此刻的光电编码器的值及相关信息存入 EEPROM 中，使得系统只须校验一次；LCD 显示与上位机监控系统使得用户操作界面更加友好，可以通过 LCD 或上位机看到此时太阳的方位角与光伏阵列的实际跟踪位置，当地的经度、纬度、时间等信息，如有必要，可以通过界面修改这些参数，此外可通过上位机发出指令来控制整个系统的运转。

水平单轴联动跟踪系统的驱动执行机构由隔离放大、电机驱动、步进电机、减速机构、旋转机构与位置传感器组成。当系统跟踪到太阳方位角后，切断电机驱动用电，这样可大大减少整个系统的平均功耗。整个电控系统与外界都用光电耦合器进行了严格的隔离，提高了整个控制系统的抗干扰能力；从软件与硬件上对系统进行双重保护，增强了系统的可靠性与稳定性。

当微处理器系统出现故障，或对系统进行维护需要将光伏阵列停止在需要的位置时，可通过手动控制按钮来控制。其主要由脉冲发生器、方向开关以及互锁电路组成。互锁电路用来防止当人为误操作对机械装置带来的损坏。此外，该系统还配备了机械手动应急摇杆，当停电或整个电控系统都失控时，可以通过它来手动恢复。

（3）并网逆变器

逆变器采用 MPPT（最大功率跟踪）技术最大限度将直流电（DC）转变成交流电（AC），输出符合电网要求的电能。具有交流过压、欠压保护，超频、欠频保护，高温保护，交流及直流的过流保护，直流过压保护，防孤岛保护等保护功能。此外，逆变器带有多种通讯接口进行数据采集并将数据发送到远控室，其控制器带有模拟输入端口与外部传感器相连，可测量日照和温度等数据，便于整个电站数据处理分析。

评析：并网光伏发电技术上虽然不复杂，但系统庞大，同类的设备设施使用较多。设计单位能够抓住主要矛盾和问题，提纲挈领地将一个偌大的光伏电站进行分层解构，把电站按工艺流程分为光伏发电单元系统、光伏发电分系统以及光伏发电站三个部分，层次分明，结构清晰，便于大家理解和把握。同时，又将项目电站的技术方案特点归纳为电站直流发电系统、电站输配电交流系统、电站监控系统和附属辅助系统四个部分。这种技术上的划分能够起到由表及里、由浅入深的指导作用，将整个光伏电站按系统进行了化繁为简的梳理，把一个庞大的光伏电站做了简要的模块化解读。

另外，通过上述技术处理，使得各个光伏发电分系统之间没有直流及低压交流的直接电气联系，施工、运行、巡检与维护方便，能最小范围隔离发生故障的系统，最大程度保证整个电站及正常运行部分的系统不受故障系统的影响。

第三节 示范项目的技术设计

3.1 总平面布置方案

本工程主要功能区包括：太阳能电池方阵及内部检修通道、升压站区域、综合楼区域、连接各方阵的道路和电缆通道。本期布置围栏内用地31.99公顷，约合480亩。

（1）功能分区和总体布局。

根据上述地块情况，考虑本期工程整体沿东南端布置电池方阵，中间通过道路相连。东南角布置输电配电设施及站前建筑，有利于人流物流的交通。为了尽量有效利用场地资源，让西侧、北侧作为未来发展用地，本设计充分利用了南侧斜角区域场地。

（2）太阳能电池方阵及内部检修通道。

电池组件按矩阵成块布置，共20个布置区块，每两个区块组合即为1MWp方阵。每个1MWp方阵东西长，南北短，方阵中间布置逆变器升压配电室，以节约连接电缆。为方便运输和检修逆变器，在方阵中间设纵向道路，并与横向通路连接成厂区主路网。为充分利用地形，南侧两个1MWp方阵适应斜向地界呈锯齿状布置，形成错落有致的变化，达到与环境协调统一的格局。

3.2 总平面规划布置设计

（1）在提供的用地范围内作总图布置。根据招标文件提供的场地位置，确定了厂址用地界线坐标。本厂址为南北向菱形地块，东、北为短向，西、南为长向。

（2）以获得平整的场地做布置，不考虑厂址初步平整工程及周边地形高差。但与地界范围紧邻的东侧、南侧应适当留出一定距离。

（3）根据以上总体用地条件，结合具体太阳能电池方阵的工艺及布置要求，总平面布置应做到：

1）根据太阳能光伏板组合要求和电站需要，厂内设施布置应以功能要求为分布原则，尽量缩短电缆长度，降低投资。

2）功能设施设置：主要设施为光伏板组件及逆变器，并布置电站配套输电设施和辅助用房。

3）根据周边环境和建筑物特点、使用性质，总平面布置依据区域功能进行布置，平面上功能清楚、使用方便，形成互不干扰同时又互相关联的独立区域。如图 7-4 所示。

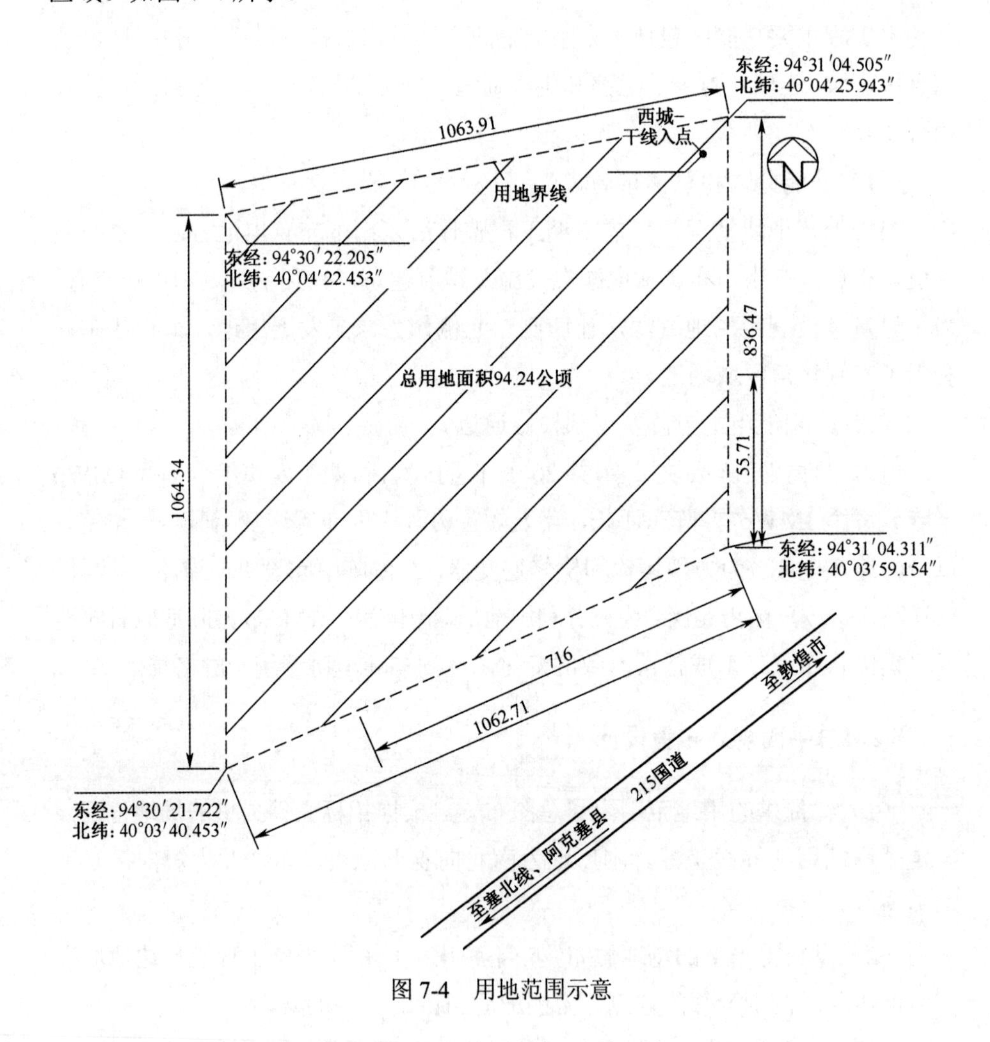

图 7-4　用地范围示意

3.3　太阳电池方阵布置设计

3.3.1　概述

本工程共 20 个 500KWp 光伏发电单元系统，全部采用国产单晶硅太阳电池板，所有支架全部为水平单轴跟踪支架。

在电站综合楼以北布置有6个1MWp光伏发电分系统方阵，综合楼的西侧布置有2个1MWp光伏发电分系统方阵，综合楼的西南侧布置有2个1MWp光伏发电分系统方阵。为了较好的利用已划定区域的土地，除综合楼西南侧的2个方阵为阶梯形布置外，其余8个1MWp方阵均为规整的矩形。

太阳电池方阵的布置设计包括阵列安装方式设计、方位角设计、阵列间距设计。需根据总体技术要求、地理位置、气候条件、太阳辐射能资源、场地条件等具体情况来进行。

3.3.2 设计原则

1）太阳电池方阵排列布置需要考虑地形、地貌的因素，要与当地自然环境有机地结合。同时设计要规范，并兼顾光伏电站的景观效果，在整个方阵场设计中尽量节约土地。

2）尽量保证南北向每一列组件在同一条轴线上，使太阳电池组件布置整齐、规范、美观，接受太阳能辐照的效果最好，土地利用更紧凑、节约。

3）每两列组件之间的间距设置必需保证在太阳高度角最低的冬至日时，所有太阳能组件上仍有6 小时以上的日照时间。

4）所有水平单轴跟踪太阳电池方阵的方位角控制为0度。

注：本报告中以在东西方向上的组件为一行，在南北方上向的组件为一列。

3.3.3 安装方式设计

本项目太阳电池方阵阵列的安装全部为水平单轴跟踪式，转动轴与地面成零度角。水平单轴跟踪式安装可增加发电量约18%，需配备自动跟踪机构。一根单轴上支撑4×9块电池组件（2个组串），一个传动单元联动机构最大可以带动12根单轴同时旋转。

当水平单轴跟踪支架的轴为南北向时方位角为零度，当支架的轴为东西向时方位角为90度。经测算，方位角为零度比方位角为90度的水平单轴跟踪太阳电池方阵的发电量可提高约10%。因此，本工程水平跟踪支架的轴向布置为南北向。

（1）太阳电池阵列间距的设计计算

太阳电池方阵阵列间距计算，应按太阳高度角最低时的冬至日仍保证组件上日照时间有6小时的日照考虑。其阵列间距计算示意见下图7-5所示。

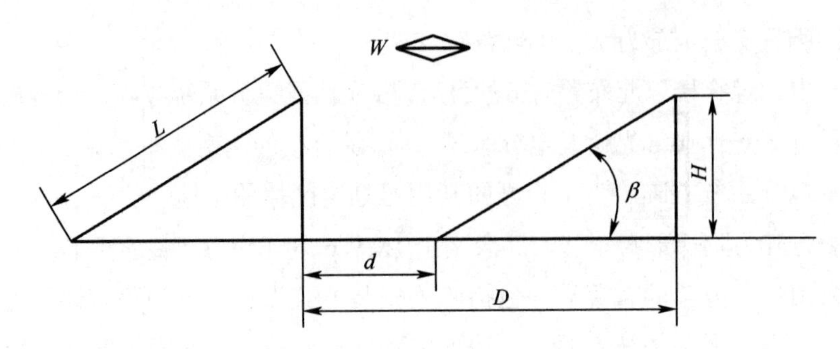

图 7-5 平单轴跟踪式光伏阵列间距计算示意图

图 7-5 的图示说明：

d：组串在东西向上的投影距离，单位：mm。

L：太阳电池阵列面宽度，单位：mm

H：电池组件旋转后的高差，单位：mm

β：下午时太阳电池阵列面倾角，单位：度

α：太阳高度角，单位：度。

γ：太阳方位角，单位：度。

φ：纬度（北半球为正、南半球为负），单位：度，本项目场地为 40.04 度。

D：支架间最小间距，单位：mm

支架间最小列间距计算公式：

$$\cot\beta = 1/\cot\alpha\sin\gamma$$

$$d = H\sin\gamma\cdot\tan\alpha$$

$$D = d + L\cdot\cos\beta$$

由以上计算公式可知：本工程支架间最小列间距为 9.6 米。

每一列支架在南北向处于同一条直线，不存在阴影遮挡问题，可不在南北向留间距，即行与行之间可以紧贴布置。为了方便检修和巡查，本设计推荐在南北方向上每组串之间的行间距定为 1.2 米。

（2）单支架电池组串的排列设计

根据发电单元与组串的组成方案，每个单晶硅太阳电池组串支架的纵向为 4 排，每排 9 块组件，即每个单支架上安装 36 块单晶硅太阳电池组件，构成 2 个组串。每一支架阵列平面尺寸约（14.4m×3.33m），如图 7-6 所示。

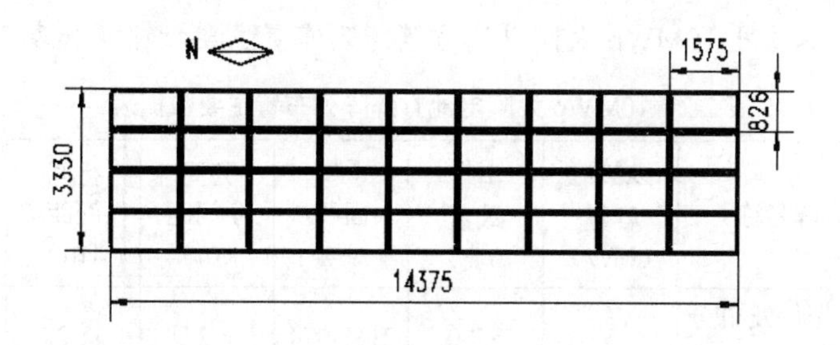

图 7-6 单个平单轴跟踪支架方阵面组件排列图

3.3.4 方阵布置说明

本项目每 2 个 500kWp 光伏发电单元系统组成 1 个 1MWp 光伏发电分系统，以此形成一个 1MWp 光伏发电分系统方阵。设一间逆变升压配电室。

为了减少与逆变器联接的直流电缆数量、尽量少占地及让布置规整些。经比较：每 1MWp 方阵每行布置 20 个支架最为合适。即每个 1MWp 方阵有 155 个组串，每列布置 8 个支架，每行布置 20 个支架。

根据上节计算结果可得到 1MWp 方阵的占地面积如下：

东西长度：9.6m×19 + 3.33m = 185.73m

南北长度：14.4m×8 +1.2m×6 = 122.4m

面积：185.73m×122.4m − 846.612m^2 = 21886.74m^2

为了最大限度节约直流电缆和减少线损，应将两台逆变器放在每 1MWp 分系统的正中央位置。同时应考虑逆变器今后的检修通道。

1MWp 分系统布置如图 7-7 所示。

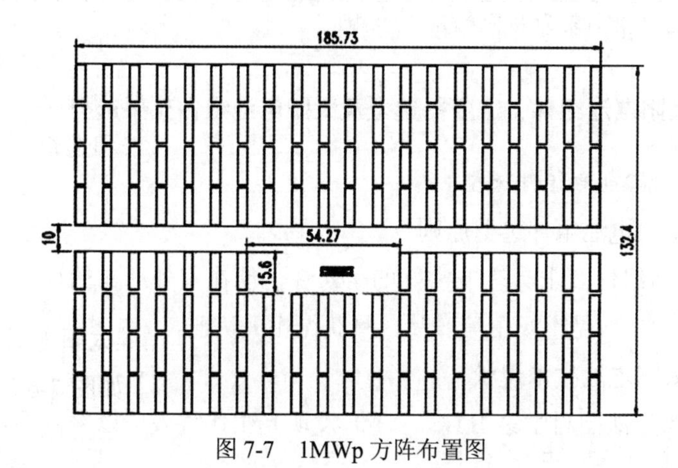

图 7-7 1MWp 方阵布置图

3.3.5　本项目 10MWp 太阳电池方阵阵列布置主要数据（如表 7-2 所示）

表 7-2　10MWp 太阳电池方阵阵列布置主要数据表

序号	方阵名称	规模容量（MW）	组件数量（块）	占地面积（平米）	列间净间距（m）	行间间距（m）	支架数量（个）
1	1 号光伏发电分系统方阵	1	5580	21886.74	6.27	1.2	155
2	2 号光伏发电分系统方阵	1	5580	21886.74	6.27	1.2	155
3	3 号光伏发电分系统方阵	1	5580	21886.74	6.27	1.2	155
4	4 号光伏发电分系统方阵	1	5580	21886.74	6.27	1.2	155
5	5 号光伏发电分系统方阵	1	5580	21886.74	6.27	1.2	155
6	6 号光伏发电分系统方阵	1	5580	21886.74	6.27	1.2	155
7	7 号光伏发电分系统方阵	1	5580	21886.74	6.27	1.2	155
8	8 号光伏发电分系统方阵	1	5580	21886.74	6.27	1.2	155
9	9 号光伏发电分系统方阵	1	5580	21622.21	6.27	1.2	155
10	10 号光伏发电分系统方阵	1	5580	21760.02	6.27	1.2	155

注：列间距为光伏组件转为水平状态时的间距。

3.4　太阳电池组件、逆变器选型及太阳电池组件支架选型

3.4.1　太阳电池组件选型

（1）太阳电池组件选型原则

太阳电池组件要求具有非常好的耐候性，能在室外严酷的环境下长期稳定可靠地运行，应是市场主流产品，且获得相关认证。

（2）太阳电池技术现状

从 1839 年法国科学家 E.Becquerel 发现光生伏特效应以来，经过 160 多

年的发展，太阳电池无论是在基础研究还是生产技术上都取得了很大的进步。现在商用的太阳电池主要有：单晶硅电池、多晶硅电池、非晶硅薄膜电池、铜铟硒和碲化镉薄膜电池等。

1）单晶硅电池：单晶硅电池是最早发展起来的太阳电池，与其他电池相比，单晶硅电池的效率最高，目前的商业效率在15%～17%之间。现在，单晶硅电池的技术发展动向是向超薄、高效发展，不久的将来，可有100μm左右甚至更薄的单晶硅电池问世。德国的研究已经证实40μm厚的单晶硅电池的效率可达到20%，今后借助改进生产工艺实现超薄单晶硅电池的工业化生产，并可能达到已在实验室达到的效率。

2）多晶硅电池：多晶硅电池由多晶硅片制造。硅片由众多不同大小、不同方向的晶粒组成，而在晶粒界面处光电转化容易受到干扰，因而多晶硅的转化效率相对较低。多晶硅的电学、力学和光学性能的一致性不如单晶硅，目前的商业效率在14%～16%之间，与单晶硅电池组件的效率相差1%～2%。

3）非晶硅薄膜电池：非晶硅薄膜电池是采用化学沉积的非晶硅薄膜，其特点是材料厚度在微米级。非晶硅为准直接带隙半导体，吸收系数大，可节省大量硅材料。商业化的非晶硅薄膜电池稳定的转换效率在5%～7%左右，保证寿命为10年。

非晶硅薄膜电池是至今最为成功的薄膜电池，尽管从最早的1996年12%的市场份额降到2004年的4%，但由于目前晶体硅电池供应短缺，人们试图通过非晶硅薄膜电池补充。目前，非晶硅薄膜电池之所以没有大规模使用，主要原因是光致衰减效应相对严重。

4）铜铟硒薄膜电池：铜铟硒（$CuInSe_2$）薄膜是一种Ⅰ-Ⅲ-Ⅵ族化合物半导体，铜铟硒薄膜太阳电池属于技术集成度很高的化合物半导体光伏器件，由在玻璃或廉价的衬底上沉积多层薄膜而构成。CIS薄膜电池具有以下特点：光电转换效率高，效率可达到17%左右，成本低，性能稳定，抗辐射能力强。

目前，CIS太阳电池实现产业化的主要障碍在于吸收层CIS薄膜材料对结构缺陷过于敏感，使高效率电池的成品率偏低。这种电池的原材料铟是较稀有的金属，对这种电池的大规模生产会产生很大的制约。

5）碲化镉薄膜电池：碲化镉是一种化合物半导体，其带隙最适合于光电能量转换。用这种半导体做成的太阳电池有很高的理论转换效率。碲化镉的光吸收系数很大，对于标准 AM0 太阳光谱，只需 0.2 微米厚即可吸收 50%的光能，10 微米厚几乎可吸收 100%的入射光能。碲化镉是制造薄膜、高效太阳电池的理想材料，碲化镉薄膜太阳电池的制造成本低，是应用前景最好的新型太阳电池，它已经成为美、德、日、意等国研究开发的主要对象。目前，已获得的最高效率为 16.5%。但是，有毒元素 Cd 对环境的污染和对操作人员健康的危害是不容忽视的，各国均在大力研究加以克服。

从太阳电池技术现状分析，本项目应采用单晶硅或多晶硅太阳电池组件。目前，单晶硅或多晶硅太阳电池组件是我国的主流产品，其产量已超过 1000MWp，位居世界前列。

（3）太阳电池组件选型

采用较大功率组件可减少设备的安装时间，减少了设备的安装材料，同时也减少了系统连线，降低线损，可获得较高的发电系统效率。

经过市场调查，本项目 10MWp 太阳电池组件选用上海太阳能科技有限公司生产的 180Wp 太阳电池组件。其主要技术参数见表 7-3，结构安装图见图 7-8。

表 7-3 太阳电池组件主要技术参数

太阳电池组件技术参数		
太阳电池种类	单晶硅	
太阳电池生产厂家	上海太阳能科技有限公司	
太阳电池组件生产厂家	上海太阳能科技有限公司	
太阳电池组件型号	S-180C	
指标	单位	
峰值功率	Wp	180
开路电压（Voc）	V	45.0
短路电流（Isc）	A	5.50
工作电压（Vmppt）	V	36.0
工作电流（Imppt）	A	5.00
最大系统电压	V	1000V
尺寸	mm	1575*826*46
安装尺寸	mm	1200*756
重量	kg	16.3
峰值功率温度系数	%K	-0.5

续表

开路电压温度系数	%K	-0.35
短路电流温度系数	%K	+0.08
10 年功率刷衰降	%	10%
20 年功率刷衰降	%	20%

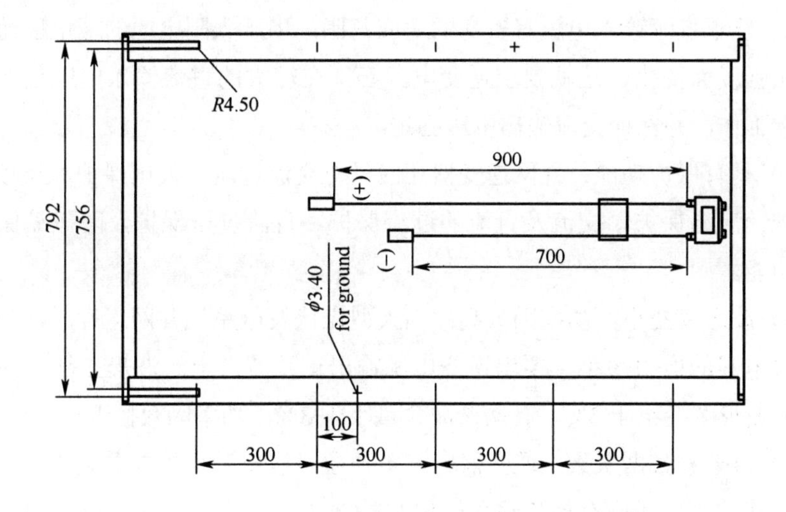

图 7-8　S-180C 型光伏电池组件结构安装图

上海太阳能科技有限公司是国内太阳电池组件生产的知名企业，其生产的 180Wp 太阳电池组件是技术成熟可靠的单晶硅太阳电池组件，拥有美国 UL 测试实验室出具的 IECEE 电工产品测试证书互认体系认可的、符合 IEC61215（包括 2005-04 第二版在内的）《陆地晶硅光伏电池组件设计鉴定和定型标准》的测试报告和证书，同时通过德国 VDE 测试研究院执行的符合 IEC61730-1 和 IEC61730-2《光伏组件安全测试标准》防护等级 II 的测试和认证。

3.4.2　逆变器选型

（1）逆变器选型原则

并网逆变器是光伏发电系统中的关键设备，对于光伏系统的转换效率和可靠性具有举足轻重的地位。逆变器的选型主要应考虑以下几个问题：

1）性能可靠，效率高：光伏发电系统目前的发电成本较高，如果在发电过程中逆变器自身消耗能量过多或逆变失效，必然导致总发电量的损失和系统经济性下降，因此要求逆变器可靠、效率高，并能根据太阳电池组件当前的运行状况输出最大功率（MPPT）。逆变器的效率包括最大效率、欧洲效率和 MPPT 效率。光伏逆变器的工作范围很宽，欧洲效率（按照在不同功率点效率根据加权公式计算）更能反映逆变器在不同输入功率时的综合效率特性。

2）要求直流输入电压有较宽的适应范围：由于太阳电池的端电压随负载和日照强度而变化，这就要求逆变电源必须在较大的直流输入电压范围内保证正常工作，并保证交流输出电压稳定。

3）具有保护功能：并网逆变器还应具有交流过压、欠压保护，超频、欠频保护，高温保护，交流及直流的过流保护，直流过压保护，防孤岛保护等保护功能。

4）波形畸变小，功率因数高：当大型光伏发电系统并网运行时，为避免对公共电网的电力污染，要求逆变电源输出正弦波，电流波形必须与外电网一致，波形畸变小于 5%，高次谐波含量小于 3%，功率因数接近于 1。

5）监控和数据采集：逆变器应有多种通讯接口进行数据采集并发送到远控室，其控制器还应有模拟输入端口与外部传感器相连，测量日照和温度等数据，便于整个电站数据处理分析。

（2）逆变器常用技术结构

光伏并网发电系统使用的逆变器结构大体分为几类：

1）集中逆变器：在大于 10kWp 的光伏发电站系统中，很多并行的光伏组串被连接到同一台集中逆变器的直流输入侧，如图 7-9 所示。该类型的逆变器在很多情况下，使用与大型电机或 UPS 中使用的相似的三相 IGBT 功率模块。这类逆变器的最大特点是效率高，成本低。目前，世界上大规模产业化、市场化的集中逆变器的额定功率最大为 1MW。

大型集中逆变器（500kW、700kW、1MW）可直接通过一个中压变压器与中压电网（10kV、20kV 或 35kV）连接，省去低压变压器，减少逆变器输出交流侧电缆损耗，提高发电效率。100kW 及以下中小型集中逆变器输出交流 380V，需外设中压升压变压器与中压电网（10kV、20kV 或 35kV）连接。

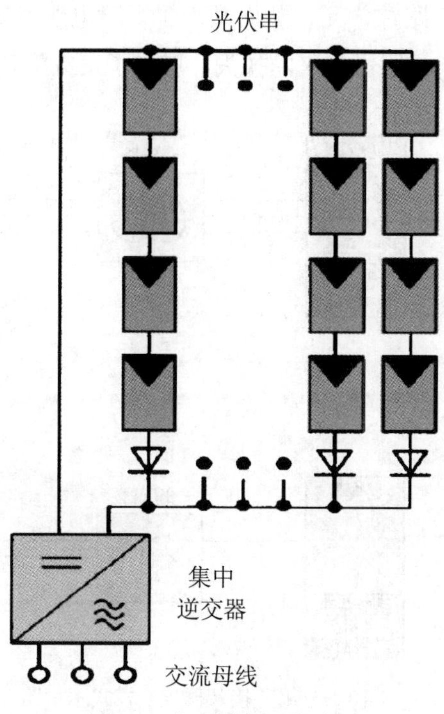

图 7-9　集中逆变器接线图

由于部分太阳电池组件易受阳光遮影影响造成各光伏组串最佳工作点与逆变器的不正确匹配，将影响逆变器的效率和整个系统的发电量。为解决以上问题，大型集中并网逆变器一般采用输入分组并接（群控）的模式。两台并排安装的逆变器可实现直流侧的自动相互连接。日照较差、辐射量较低的情况下，一台逆变器停止运行，相应的光伏组串就会连接到第二台逆变器上，继续运行的逆变器会处理来自停止工作的逆变器连接的组串所产生的电力，这台逆变器会自动寻找新的最大功率点。分组并接方案最大的优点在于：只有处于工作状态的逆变器承担逆变工作，而其他逆变器可以停止工作，这就大大提高了在日照较弱的低功率输入状态下的系统效率。如果其中一台逆变器出现故障，其他的逆变器仍然正常运行，输出电力。分组并接模式示意图如图 7-10 所示。

2）组串逆变器：如图 7-11 所示，太阳电池组件被连接成几个相互平行的串，每个串都连接单独的一台逆变器，即成为“组串逆变器”。这样，各光伏组串在直流侧无并接关系，而是在交流侧与电网并接。每个组串并网逆变器具有独立的最大功率跟踪单元，从而减少了太阳电池组串最佳工作点与逆变器不匹配的现象和阳光阴影带来的损失，增加了发电量。

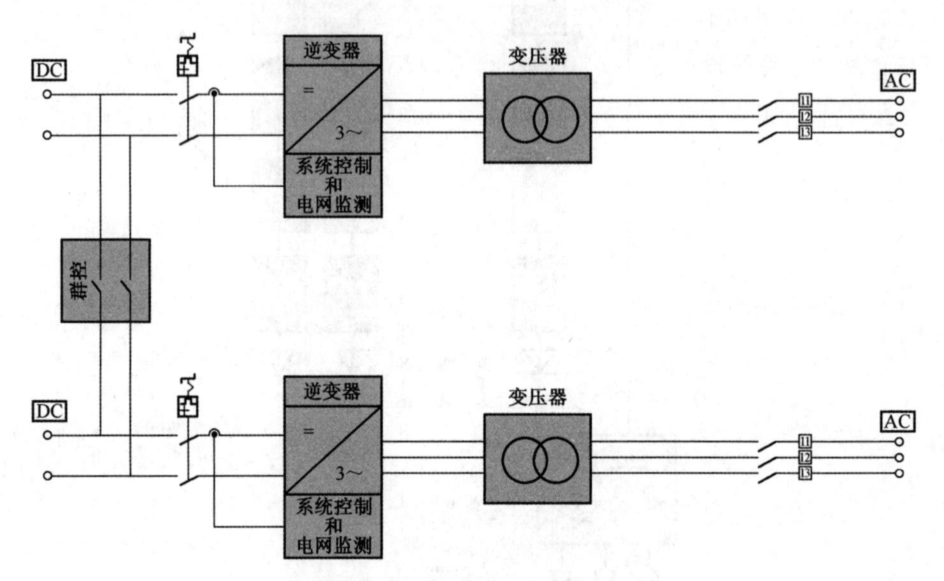

图 7-10　分组并接（群控）模式示意图

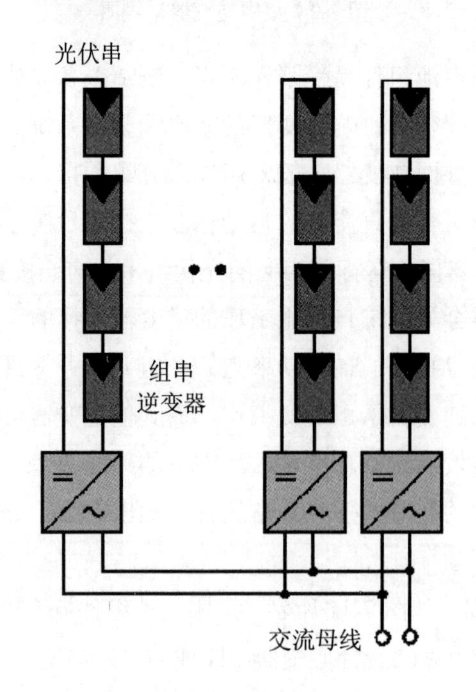

图 7-11　组串逆变器接线

自 20 世纪 90 年代中期以来，组串逆变器已成为小型光伏系统的主流技术，可应用于几千瓦的光伏系统中。多组串连接的这种技术可有效适用于连接特性、类型均不同的太阳电池组件。由此，可使光伏发电站具有模块化性能，增加了系统设计适应性和可扩展性，逆变器成本也有所降低。

目前，组串逆变器产品的最大功率一般在数千瓦级以内。

3）组件逆变器：每个太阳电池组件连接一台逆变器，如图 7-12 所示。使用组件逆变器的光伏发电系统的特点是每个太阳电池组件都有一个独立的最大功率跟踪系统，增加了逆变器对太阳电池组件的匹配性。这样的组件逆变器可应用于峰值从 50Wp 到 400Wp 的太阳电池组件。对于组件逆变器方案，因为每个组件逆变器都连接在 220V 的电网上，因此不可避免会发生交流侧电缆较长的问题。虽然组件逆变器的使用优化了发电量，但系统总效率较组串逆变器低。

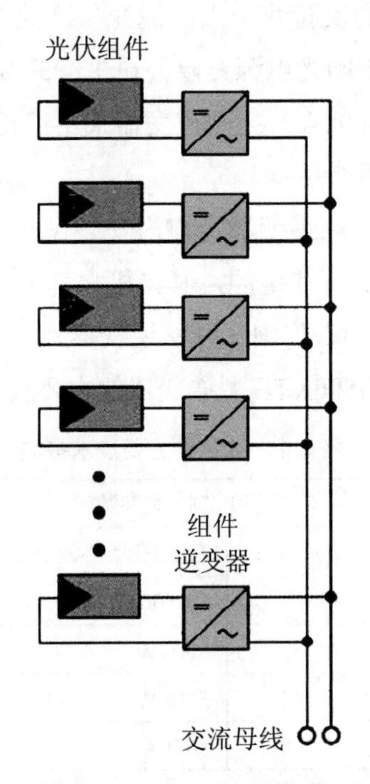

图 7-12　组件逆变器接线

组件逆变器的容量必须与太阳电池组件匹配，因此其铭牌容量很小，一般在 50～400W 之间。

组串逆变器和组件逆变器容量都很小，不适合用于大型光伏电站。目前，世界上大型光伏并网工程一般都采用集中型逆变器，例如美国 Nellis 空军基地 15MWp 光伏发电项目采用了 52 台 GT250(250kW)逆变器，德国莱比锡 6MWp 光伏项目采用了 11 台 GT500E（500kW）逆变器，美国 Alamosa 8.22MWp 太阳能光伏发电项目采用了 12 台 GT500E（500kW）逆变器，德国 Laimering 1MWp 光伏电站采用了 SC1000MV（1MW）逆变器。

因此，本项目应采用大型集中型逆变器。

一般情况下，单台逆变器容量越大，单位造价相对越低，但是单台逆变器容量过大，在故障情况下对整个系统出力影响较大。所以，本项目推荐使用 500kW 送变器，每个发电分系统采用两台 500kW 逆变器，以分组并接（群控）模式运行。

（3）逆变器产品选型

为了降低工程造价和支持我国太阳能光伏产业的发展，通过市场调查，本项目逆变器拟选用合肥阳光电源有限公司生产的 SG500KTL（500kW）逆变器。国产 SG500KTL（500kW）并网逆变器采用三菱公司第五代 IPM 模块，可实现多台逆变器并联组合运行。

SG500KTL 型国产并网逆变器为户内安装设计结构，需外带通风照明等系统，也需外接 380V AC 工作电源，其待机自耗电功率小于 50W，波形失真率小于 3%。2 台 SG500KTL 型国产并网逆变器外接 1 台升压变压器，输出为 10kV、50Hz 交流电。SG500KTL 型送变器的主要技术参数见表 7-4。

表 7-4 逆变器主要技术参数

逆变器技术参数	
生产厂家	合肥阳光电源有限公司
逆变器型号	SG500KTL
输出额定功率	500kW
最大交流侧功率	520kW
最大交流电流	1070A
最高转换效率	98.5%
欧洲效率	98.3%
输入直流侧电压范围	480-880

续表

最大功率跟踪（MPP）范围	480Vdc--820Vdc
最大直流输入电流	1200A
交流输出电压范围	额定 270VAC
输出频率范围	50Hz
要求的电网形式	IT 系统
待机功耗/夜间功耗	＜50W
输出电流总谐波畸变率	＜3%（额定功率时）
功率因素	＞0.99
自动投运条件	直流输入及电网满足要求，逆变器自动运行
断电后自动重启时间	5min（时间可调）
隔离变压器（有/无）	无
接地点故障检测（有/无）	有
过载保护（有/无）	有
反极性保护（有/无）	有
过电压保护（有/无）	有
其他保护（请说明）	极性反接保护、短路保护、孤岛效应保护、过热保护、过载保护、接地故障保护等
工作环境温度范围	-20℃～+40℃
相对湿度	0%～95%，不结露
满功率运行的最高海拔高度	≤2000 米（超过 2000 米需降额使用）
防护类型/防护等级	IP20（室内）
散热方式	风冷
重量	1800 kg
机械尺寸（宽×高×深）	850×2800×2180mm

注：逆变器的欧洲效率是逆变器在不同负荷条件下的效率乘以概率加权系数之和。具体公式如下：$\eta_{euro} = 0.03\eta_{5\%} + 0.06\eta_{10\%} + 0.13\eta_{20\%} + 0.10\eta_{30\%} + 0.48\eta_{50\%} + 0.20\eta_{100\%}$。

合肥阳光电源有限公司是我国最大的逆变器生产企业，已能够生产SG500KTL（500kW）逆变器，与国外同型逆变器比较，该集中型国产逆变器从设计性能参数上不亚于进口逆变器。中国电力科学研究院电测量研究所（拥有 ISO/IEC17025 资质）对 SG500KTL（500kW）逆变器进行了测试，并出具了符合《并网光伏发电专用逆变器技术要求和试验标准》（Q/SPS22-2007）的报告。另外，该逆变器还取得了欧洲实验室的 DK5940 认证。因此，SG500KTL（500kW）逆变器的设备能够满足大型光伏电站的建设需要，设备性能和质量有保证，本项目可以采用。

3.4.3 太阳电池组件支架选型

（1）选型原则

性能可靠，抗风荷载结构好，容易维护，性价比好。

（2）太阳电池组件支架的比较

落地光伏电站比较常用的太阳电池组件支架有固定式支架、水平单轴跟踪支架、倾斜单轴跟踪支架和双轴跟踪支架。

固定式支架通常有一定的倾角，安装倾角的最佳选择取决于诸多因素，如地理位置、全年太阳辐射分布、直接辐射与散射辐射比例和特定的场地条件等。最佳安装倾角可采用专业系统设计软件进行优化设计来确定，它应是系统全年发电量最大时的倾角。根据计算，本工程太阳电池方阵如果采用固定式支架，则固定支架最佳倾角为 39°。

水平单轴跟踪支架，通过其在东西方向上的旋转，以保证每一时刻太阳光与太阳电池板面的法线夹角为最小值，以此来获得较大的发电量。

倾斜单轴跟踪支架，是在固定太阳电池面板倾角的基础，围绕该倾斜的轴旋转追踪太阳方位角，以获取更大的发电量。

双轴跟踪支架，通过其对太阳光线的实时跟踪，以保证每一时刻太阳光线都与太阳电池板面垂直，以此来获得最大的发电量。

根据本项目的实际工程条件，对采用以上四种支架的优缺点比较见表 7-5。

表 7-5 四种支架比较

	39° 倾角固定支架	水平单轴跟踪支架	40° 倾角倾斜单轴跟踪支架	双轴跟踪支架
1MWp 发电量（MWh/a）	1521.6	1800.4	1996.9	2078.0
1MWp 占地面积（m^2）	19575	21845	32264	34340
支架造价	2 元/瓦	3.2 元/瓦	6 元/瓦	10 元/瓦
支撑点	多点支撑	多点支撑	多点支撑，支架后部偏高	单点支撑

续表

	39°倾角固定支架	水平单轴跟踪支架	40°倾角倾斜单轴跟踪支架	双轴跟踪支架
抗大风能力	迎风面积固定，抗风较差	风速太高时可将板面调至水平，抗风较好	当风向为南北向时抗风能力差，东西向时，可将面板调至水平，抗风较好	风速太高时可将板面调至水平，抗风较好
防雪、除雪功能	自然积雪	雪过大时基本无法发电，可将板面转至与地面夹角较大的位置，尽量减少积雪；除雪时可将板面来回旋转，帮助积雪脱落	自然积雪，雪过大时可旋转面板辅助除雪	雪过大时基本无法发电，可将板面旋转至与地面夹角较大的位置，尽量减少积雪；除雪时可将板面来回旋转帮助积雪脱落
运行维护	工作量小	有旋转机构，工作量较大	有旋转机构，工作量更大	有旋转机构，工作量更大

从上表可以看出，相对于固定支架，双轴跟踪系统所获得的发电量最大，发电量增加约 36%；倾斜单轴跟踪系统次之，发电量增加约 31%；水平单轴跟踪系统再次之，发电量增加约 18%。

双轴跟踪系统占地面积太大，支架增加的造价过高、单点支撑稳定性不好，运营维护成本高，性价比不好。

倾斜单轴跟踪系统占地面积仅比双轴跟踪系统小一点，远大于水平单轴系统。相对于水平单轴跟踪系统而言，发电量增加约 10%。由于带倾角的缘故，后部支架很高，增加的造价也比较高。纬度越高的地区，支架投资增加将越大，与所获得的发电量比较并不经济。

水平单轴跟踪支架可以获得较高的发电量，同时其占地面积与采用固定式支架相差不大，支架增加造价不太高，与固定支架同属多点支撑，稳定性好。水平单轴跟踪支架还具有抗大风能力强、不易积雪、易于除雪的优点。所以本工程推荐采用水平单轴跟踪支架。

3）水平单轴跟踪支架的产品选型：

根据国内水平单轴跟踪支架的产品情况，本项目推荐采用北京科偌伟业科技有限公司生产的水平单轴跟踪支架。其主要技术参数见表 7-6。

表 7-6 水平单轴跟踪支架主要技术参数

水平单轴跟踪支架主要技术参数		
生产厂家	北京科诺伟业科技有限公司	
水平单轴跟踪支架型号	6.48kWp（单根轴）	
指标	单位	数据
跟踪精度	度	±3
跟踪范围	度	30～150
跟踪形式		主动式跟踪
系统安全运行风速	m/s	0～27
系统寿命	年	＞25
无故障最小时间间隔	有	＞3

北京科偌伟业科技有限公司是我国最早生产太阳能跟踪系统的厂家之一，能够生产多种跟踪系统，其研制的单轴追踪系统项目是国家 863 计划“MW 级并网光伏电站系统”中的子课题。863“MW 级光伏电站项目”总体专家组已将单轴跟踪作为阶段性成果上报国家科技部，并且北京科诺伟业的单轴跟踪系统已经在西藏羊八井 10kV 太阳能光伏并网电站和保定有应用。

就太阳能跟踪系统的技术要求而言，我国机械和控制系统的技术水平完全能够设计和制造太阳能跟踪系统，不存在技术瓶颈。因此，本项目选择使用北京科偌伟业科技有限公司生产的水平单轴跟踪系统符合我国的实际情况，能够保证工程建设质量。如图 7-13 至图 7-15 所示。

图 7-13 保定平单轴跟踪系统

图 7-14　保定平单轴跟踪系统

图 7-15　羊八井平单轴跟踪系统

3.5　电站直流系统设计

3.5.1　电站直流系统的基本组成

太阳能光伏并网电站直流系统由光伏组件、光伏阵列防雷汇流箱、直流防雷配电柜、光伏并网逆变器以及之间的直流电缆组成。

3.5.2　太阳电池组件的串、并联设计

（1）设计原则

大型光伏并网电站是由很多光伏发电单元系统叠加而成的，通过对光伏

发电单元系统的优化设计，可达到整个光伏电站系统的优化设计。光伏发电单元系统是指一台逆变器与对应的 n 组太阳电池组串所构成的最小光伏发电单元，它可以实现“太阳能－太阳电池（光生伏特）－直流电能－逆变器（直流变交流）－交流电能－用户或升压并网”的完整发电过程。

在光伏发电单元系统设计时，应遵循以下原则：

1）太阳电池组件串联形成的组串，其输出端电压的变化范围必须与逆变器的输入电压范围相符合。太阳电池组串的最高输出电压必须小于逆变器允许的最高输入电压，太阳电池组串的最低输出电压必须大于逆变器允许的最低输入电压。逆变器能承受的太阳电池组串最高输出电压发生在温度较低时，组串开路且阳光辐照最大的情况。在本工程设计中，确定阳光辐照在 1000W/m^2、组件电池工作温度为-20℃时的开路电压为太阳电池组串的最高输出电压。

逆变器工作所需的太阳电池组串最低输出电压发生在阳光辐照最大（极端工作温度）、太阳电池组串产生最大峰值功率时。在本工程设计中，确定阳光辐照在 1000W/m^2、组件电池工作温度为 70℃、太阳电池组件产生最大峰值功率时的输出电压为太阳电池组串的最低输出电压。

2）并联连接的全部太阳电池组串的总功率应大于逆变器的额定功率。

3）太阳电池组件串联形成光伏组串后，光伏组串的最高输出电压不允许超过太阳电池组件自身要求的最高允许系统电压。

（2）太阳电池组件的串、并联设计

光伏方阵由太阳电池组件经串联、并联组成，一个光伏发电单元系统，包括 1 台逆变器与对应的 n 组太阳电池组串、直流连接电缆等。

太阳电池组件串联的数量由并网逆变器的最高输入电压和最低工作电压、以及太阳电池组件允许的最大系统电压所确定，串联后称为太阳电池组串。

太阳电池组串的并联数量由逆变器的额定容量确定。

太阳电池组件的输出电压随着工作温度的变化而变化，因此需对串联后的太阳电池组串的输出电压进行温度校验。根据敦煌地区的气象条件，本工程确定：逆变器的最小输入电压是太阳电池组串在 1000W/m^2 光照条件下、组件最高工作温度为 70℃、组件输出最大峰功率值时的输出电压；逆变器的最高输入电压是太阳电池组串在 1000W/m^2 光照条件下、温度为-20℃时的开路电压。

本工程设计了20个500kWp单晶硅光伏发电单元系统，这些发电单元全部采用水平单轴跟踪的180Wp国产单晶硅太阳电池组件，并全部对应配置国产500kW并网逆变器。

国产500kW并网逆变器的最高允许输入电压Udcmax为880V，输入电压MPPT工作范围为480～820V。180Wp单晶硅太阳电池组件的开路电压Voc为45.0V，峰值功率电压-35%/K。

1）太阳电池组件串联的数量及输出电压验算

①计算串联数量：在不考虑太阳电池组件工作温度修正系数影响的情况下，该方阵太阳电池组件在标准测试条件下（光照1000W/m2、工作温度为25℃），允许的最大串联数（Smax）及最小串联数（Smin）分别为：

Smax＝Udcmax/Voc＝880/45.0≈19（块）

Smin＝Udcmin/Ve ＝480/36.0≈14（块）

②输出电压验算：考虑了太阳电池组件工作温度修正系数影响的情况下，该方阵太阳电池组串的最高输出电压（Vmax）及最低输出电压（Vmin）验算如下：

Vmax＝14～19×45.0+14～19×45.0×(25+20)×0.35%＝729～990V

（条件：辐照强度1000W/m^2、组件工作温度-20℃）

Vmin＝14～19×36.0+14～19×36.0×(25-70)×0.35%＝425～576V

（条件：辐照强度1000W/m^2、组件工作温度70℃）

考虑到组件串联数越大，所需汇流箱数量越少，组串间并联所需电缆长度相应减少，因此设计中在满足逆变器最高输入电压的前提下，应尽量选择最大的组件串联数。

根据计算，组件的串联数在18块时的计算数据如下：

Vmax＝18×45.0+18×45.0×(25+20)×0.35%＝937.58V

（条件：辐照强度1000W/m^2、组件工作温度-20℃）

Vmin＝18×36.0+18×36.0×(25-70)×0.35%=545.94V

（条件：辐照强度1000W/m^2、组件工作温度70℃）

根据气象资料分析，敦煌地区极端最低气温通常出现在当年11月至次年

2 月之间。经理论计算，在晴朗天气条件下，敦煌地区 11 月 1 日上午 8 点的辐照强度为 30W/m^2，中午 12 点为 380W/m^2；3 月 1 日上午 8 点为 65W/m^2，中午 12 点为 470W/m^2；冬至日（12 月 22 日）上午 8 点为 1W/m^2，中午 12 点为 205W/m^2。即：当年 11 月至次年 2 月之间中午 12 点的辐照强度从 380W/m^2 减少至 205W/m^2，然后又增加至 470W/m^2。由此可以看出，敦煌地区当年 11 月至次年 2 月的辐照强不会超过 500W/m^2。

在环境气温为-20℃、太阳电池组件在最高辐照度不超过 500W/m^2 时，电池组件的开路电压约为 43V。此外，逆变器直流侧电缆压降约为 2%，经过进一步的温度系数修正验算：

Vmax＝(18×43.0+18×43.0×(25+20)×0.35%)×98%＝877.99V

（条件：辐照强度 500W/m^2、组件工作温度-20℃）

一般情况下电池组件工作时的电压较低（额定工作电压 36V），逆变器直流侧开路只会存在于早上逆变器工作前和傍晚逆变器停止工作后（电池组件能够输出电压但达不到逆变器启动电压）及逆变器检修或电网断电的情况下。早上逆变器工作前和傍晚逆变器停止工作后，太阳辐射值很小，逆变器直流侧开路电压较小，不会超过逆变器最大直流输入值 880V；当白天逆变器检修或电网断电后逆变器重新投运前，根据以上敦煌 30 年极端气象条件下进行的温度系数修正验算，冬季出现-20℃时、辐照强度 500W/m^2 的极端情况下，组件的串联数在 18 块时逆变器直流侧开路电压 885.5V，此时逆变器停止工作。根据逆变器厂家资料，若逆变器直流输出电压超过 900V，逆变器将自动停机保护，不会对设备造成损坏。

因此，经上述综合计算分析，本投标技术报告确定的组件串联数为 18 块。

2）太阳电池组串的并联路数计算：按上述最佳太阳电池组件串联数计算，每一路组件串联的额定功率容量＝180Wp×18=3240Wp。对应于国产 500kW 逆变器的额定功率计算，需要并联的路数 N＝500/3.24＝154.3 路，取 155 路。

因此，该方阵组件的串联数为 18 块、并联的组串数为 155 路，是安全的和合理的，具体计算结论见表 7-7。

表 7-7 180Wp 单晶硅组件串并联计算数据

名称	单位	计算 1
组件串联数	个	18
组串并联数	串	155
组件总数	个	2790
光伏阵列额定功率	kWp	502.20
逆变器在 70℃时的 MPPT 电压	v	545.94
逆变器在-20℃时的开路电压（辐照度为500W/㎡时，并考虑线损）	v	877.99

本工程设计确定：180Wp 单晶硅太阳电池组件的串联数量为 18 块，配 500kW 国产并网逆变器时的组串并联路数为 155 路，并以此组成一个 500kWp 光伏发电单元系统，共计 20 个 500kWp 光伏发电单元系统。按此设计，对于 500kWp 光伏方阵而言，共需要 180Wp 单晶硅太阳电池组件 18×155=2790 块，额定总容量为：2790×180=502.20Wp，标称容量为 500kWp。

3.5.3 直流汇流及直流配电设计

本节针对从电池组件到逆变器之间的直流系统进行了优化设计。

在大型光伏发电系统中，直流系统的设计非常重要，选择合适的汇流箱、优化直流系统设计可提高系统效率，降低发电成本。

在采用 500kW 集中逆变器的光伏发电系统中，光伏组串到逆变器的距离较远，如果全部光伏组串都直接与逆变器相连，电缆量很大，电缆布线困难，且线损很高，会大大降低系统效率。

（1）直流汇流箱

本项目 10MWp 光伏电站仅光伏方阵的占地面积就达几百亩，如果人工监测费时费力，而且实时性不强。本电站的监控系统应尽可能地监测到每一个细节，为无人值守及集中实时监控创造条件，可以尽快的预防故障。汇流箱可以直接对不同输入组串的电流进行监测和比较，这样就可以利用光伏组串电流的监测实现组件监控，可靠地检测出各路光伏组串可能发生的故障。目前，对光伏组串电流进行监测的成本比较高，若增加组串电流监测，汇流箱的价格会相应增长。直流汇流箱如图 7-16 所示。

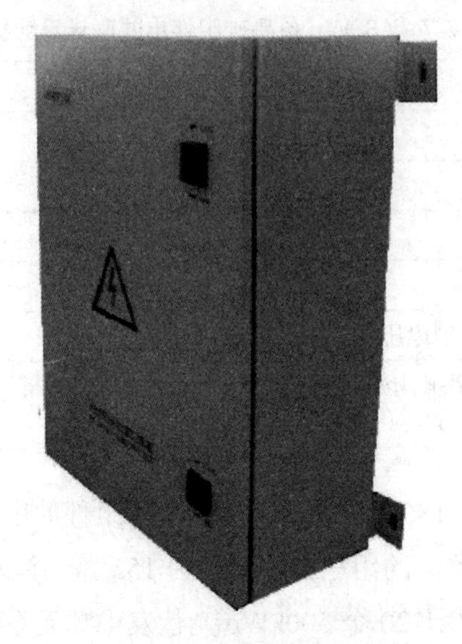

图 7-16 直流汇流箱图片

根据本工程特点，综合考虑技术及经济原因后，推荐采用国产 SPVCB-6 型直流汇流箱。

该汇流箱输入最多为 6 路，输入电流为 14A，本项目光伏电池组串的最大功率电流为 5.00A。考虑每台汇流箱 1 回备用，每个 500kWp 光伏发电单元需配置 31 台汇流箱，全站 10MWp 并网系统需配置 620 台光伏阵列防雷汇流箱。

SPVCB-6 型光伏阵列防雷汇流箱的性能特点如下：

1）户外壁挂式安装，防水、防锈、防晒，满足室外安装使用要求；

2）可同时接入 6 路光伏阵列，每路光伏阵列的最大允许电流为 14A；

3）每路输入回路配有光伏专用高压直流熔丝进行保护，其耐压值为 DC1000V；

4）直流输出母线的正极对地、负极对地、正负极之间配有光伏专用高压防雷器，防雷器采用菲尼克斯品牌；

5）直流输出母线端配有可分断的直流断路器，断路器采用 ABB 品牌。

SPVCB-6 型光伏阵列防雷汇流箱的电气原理框图如图 7-17 所示。

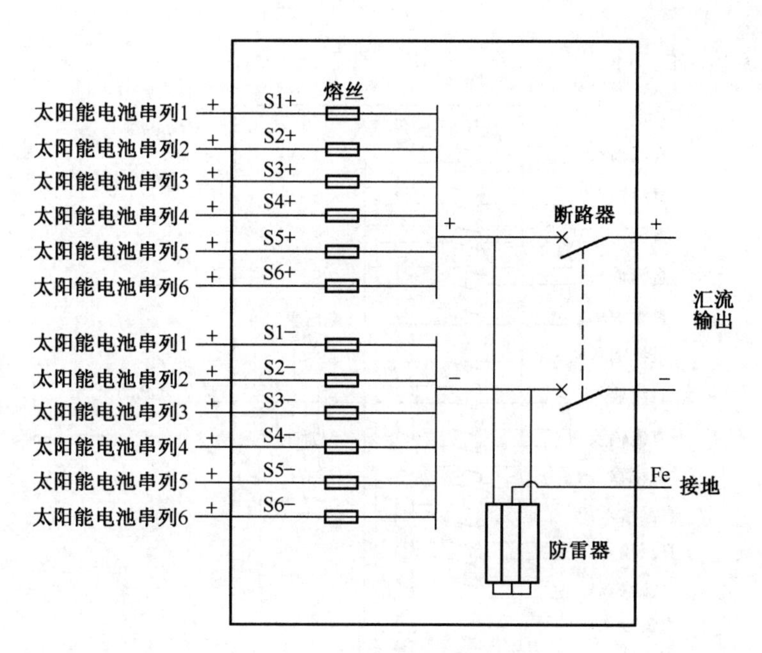

图 7-17 汇流箱电气原理框图

（2）直流防雷配电柜

太阳电池阵列通过光伏阵列防雷汇流箱在室外进行汇流后，通过直流电缆接至布置在逆变升压配电房内的直流防雷配电柜，再进行一次总汇流。每个 500kWp 并网光伏发电单元配置 2 台直流防雷配电柜，每台直流防雷配电柜接入 15 或 16 台光伏阵列防雷汇流箱，汇流后接至 500kW 逆变器。全站 10MWp 并网光伏发电系统需配置 40 台直流防雷配电柜。

本工程拟在直流防雷配电柜内对每回进线加设电流监测元件，在有效控制成本的前提下，实现对单台光伏阵列汇流箱的输出电流进行监测。即本工程可实现每 5 个太阳电池组串的电流监测。

直流防雷配电柜主要性能特点如下：

1）每台直流防雷配电柜最大容量为 300kW；

2）每个直流防雷配电柜具有 18 路直流输入接口，可接 18 台汇流箱；

3）每路直流输入侧都配有可分断的直流断路器和防反二极管，其中断路器选用 ABB 品牌；

4）直流母线输出侧都配置菲尼克斯光伏专用防雷器；

5）直流母线输出侧配置 1000V 直流电压显示表。

直流防雷配电柜电气原理框图如下图 7-18 所示：

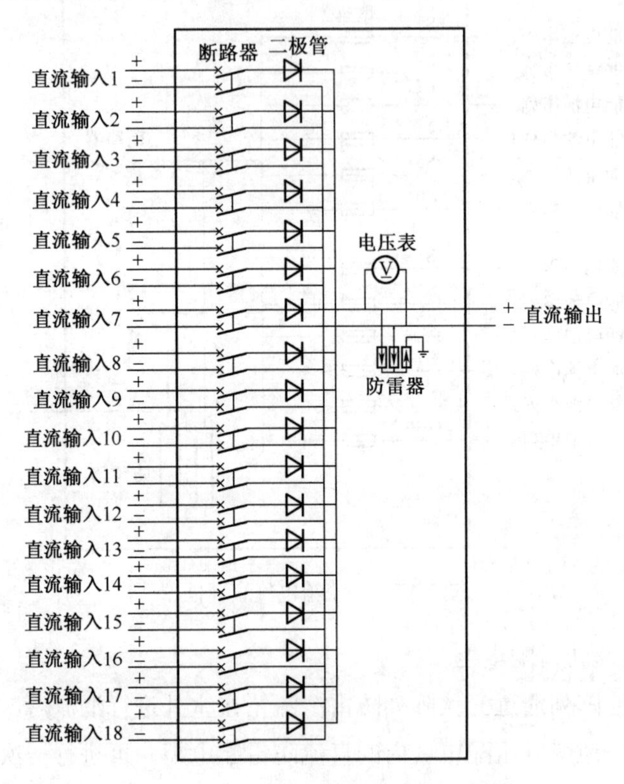

图 7-18　直流防雷配电柜电气原理框图

所有太阳电池组件串并联接入至直流防雷汇流箱的电缆均采用 1×4mm^2 的单芯直流光伏电缆，汇流箱的出线电缆采用 1×25mm^2 的单芯直流电缆，接入至逆变升压配电室内的 1 台直流防雷配电柜，如图 7-19 所示。

3.5.4　直流系统运行方式

根据中科院对 SG500KTL 逆变器的测试报告，拟合逆变器在不同容量群控时的效率曲线，可以看出采用群控方案对逆变器在低功率输入时的效率有较大提升。采用大功率群控方案虽可提升逆变器在低功率输入时的效率，但考虑到直流电缆线损和逆变器的布置等因素，群控方案容量不宜过大。综合考虑，本工程采用 1MWp 群控方案，即每两个 500kW 逆变器所组成的 1MWp 光伏发电分系统中，两个逆变器之间形成群控组合，这样既可以在正常光照情况下保证光伏发电分系统的出力，又能在弱光状况时最大限度提高整个电站的总体效率。

图 7-19　直流防雷配电柜图片

分组并接（群控）模式效率对比曲线如图 7-20 所示。

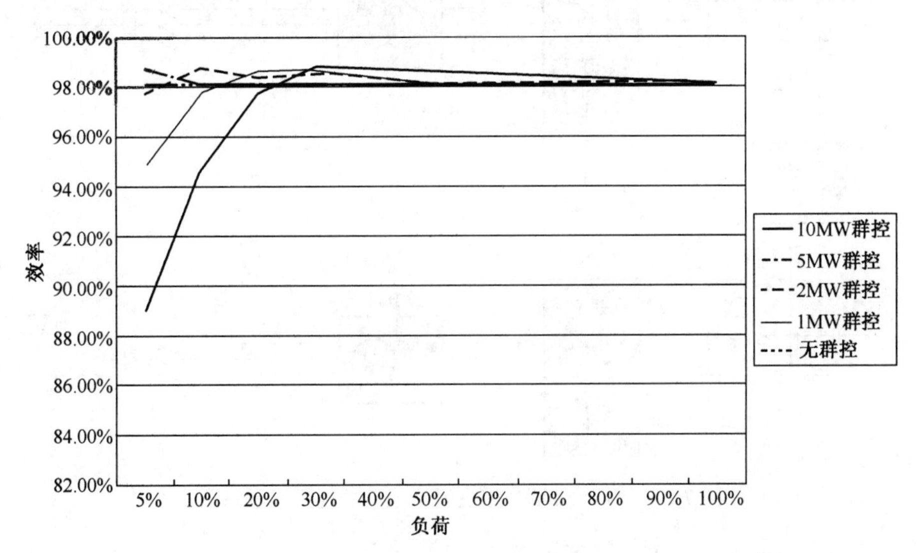

图 7-20　分组并接（群控）模式效率曲线

本工程每个 1MWp 光伏发电分系统之间没有直流及低压交流的直接电气联系，可分别运行与维护管理方便，故障检修时也不会影响整个光伏电站的运行。

本项目500kW集中并网逆变器采用输入分组（2台逆变器一组）并接（群控）的模式，两台并排安装的逆变器可实现自动相互连接。当早晨阳光由弱变强时，群控器随机先选中一台逆变器投入运行，当第一台逆变器接近满载时再投入一台逆变器，同时群控器通过指令将逆变器负载均分。当日落时或日照较差、辐射量较低的情况下，群控器退出一台逆变器，相应的光伏组串就会连接到第二台逆变器上，继续运行的逆变器会处理来自停止工作的逆变器连接的组串所产生的电力，这台逆变器会自动寻找新的最大功率点。

分组并接（群控）方案最大的优点在于：只有处于工作状态的逆变器承担逆变工作，而另一台逆变器可以停止工作，这就大大提高了在日照较弱的低功率输入状态下的系统效率，最大限度地降低逆变器低负载时的损耗；同时由于逆变器“轮流坐庄”，不需要时不投运，从而延长了逆变器的使用寿命。

两个500kW逆变器组成的群控模式示意图如图7-21所示。

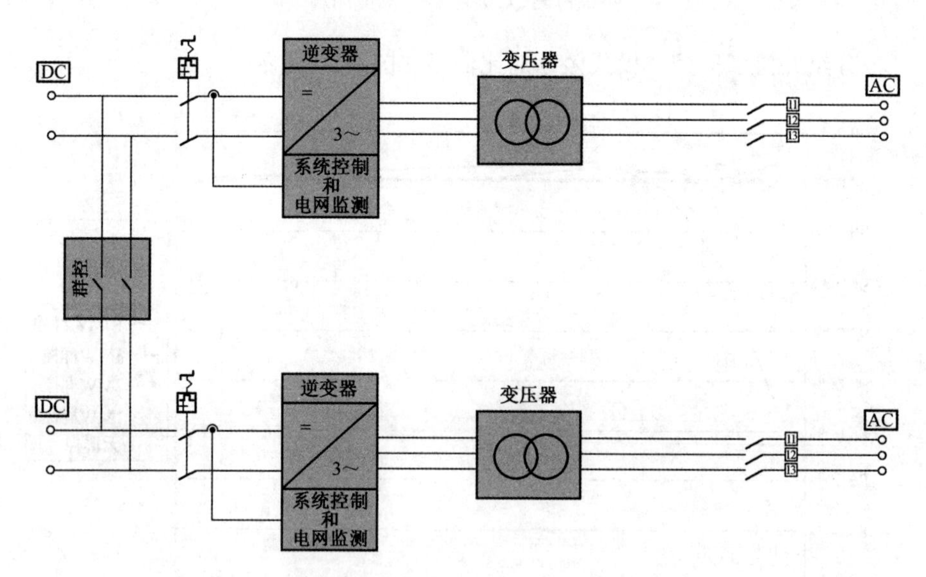

图7-21　两个500kW逆变器组成的群控模式示意图

3.5.5　直流系统主要设备安装方式

（1）汇流箱可直接安装在电池组件支架上，户外壁挂式安装，防水、防锈、防晒，满足室外安装使用要求。

（2）直流防雷配电箱安装在逆变升压配电室内。

（3）逆变器安装在逆变升压配电室内。

3.5.6 直流系统设备汇总

本项目 10MWp 并网光伏发电系统包括 20 个 500kWp 水平单轴跟踪的国产单晶硅发电单元系统，系统总容量共 10044kWp，标称容量 10MWp。

本项目电池组件、汇流箱、直流防雷配电柜、逆变器数量及各个光伏发电单元系统容量见表 7-8。

表 7-8 电池组件、逆变器及系统容量汇总表

序号	名称	规格	单位	500kWp 单元系统数量	10MWp 总计	备注
1	单晶硅电池组件	180Wp/块，耐压 1000VDC	块	2790	55800	
2	逆变器	室内型，500kW/台	台	1	20	
3	汇流箱	户外型，6 路直流输入浪涌保护器，耐压 1000VDC	个	31	620	1 路备用
4	直流防雷配电柜	每路输入带电流监测，数据通过通信接口送出	台	2	40	2 或 3 路备用
5	系统容量		kWp	502.2	10044	
6	标称容量		MWp	500	10	

3.6 电站交流系统设计

电站交流电气系统设计以逆变器交流输出端为界。

3.6.1 电站交流汇集方案比较

本项目交流并网电压为 35kV，可采取由逆变器交流输出：

270V $_{升-压}$→10kV $_{升-压}$→35kV 两级升压并网和 270V $_{升-压}$→35kV 直接升压并网的两种方式实现太阳能交流输出的汇集并网。

方案一：270V→10kV→35kV 两级升压方式

这种方式共采用容量为 1250kVA 逆变升压变压器 10 台，分别将每 1MWp 逆变器的 270V 交流输出电压升至 10kV 后，用 10kV 电缆汇流至 10kV 配电母线，再通过 1 台容量为 12500kVA、10/35kV 主变压器升压至 35kV 后接入电网。

此方案全站需 10 台 1250kVA、0.27/10kV 逆变升压变压器，1 台 12500kVA、10/35kV 主变压器，12 面 10kV 高压开关柜(不含站用电系统)，10kV 电缆约 7km。

方案二：270V→35kV 直接升压方式

这种方式共采用容量为1250kVA逆变升压变压器10台，分别将每1MWp逆变器的270V交流输出电压直接升至35kV后，用35kV电缆汇流至35kV配电母线后接入电网。

此方案全站需10台1250kVA、0.27/35kVA逆变升压变压器，12面35kV高压开关柜（不含站用电系统），35kV电缆约7km。

这两种方案均能实现光伏电能升压并网的功能，且电气设备数量相当，操作管理和设备检修维护量差别不大，主要从以下四个方面进行分析比较。

（1）工程投资对比分析

方案一是将逆变器270V交流输出升压至10kV，方案二是将逆变器270V交流输出直接升压至35kV。

方案二变压器的电压变比较方案一大，变压器电压变比越大，所需的铁芯绕组材料越多，铜材消耗越大，价格就越高。

方案二采用35kV电缆和35kV高压开关柜汇流，设备投资均比采用10kV电缆和10kV高压开关柜汇流高。

方案一较方案二多1台12500kVA升压变压器和一个35kV出线间隔，其升压变压器采用户外油浸式变压器，35kV出线间隔采用普通户外中型布置，设备无特殊要求。具体设备数量及投资额见表7-9。

表7-9 设备投资比较表

单位：万元

序号	设备名称	方案一				方案二			
		规格	数量	单位	总价	规格	数量	单价	总价
1	逆变升压变压器	0.27/10kV 1250kVA	10台	25	250	0.27/35kV 1250kVA （有载调压型）	10	38	380
2	主变压器	10/35kV 12500kVA （有载调压型）	1台	110	110	/	/	/	/
3	动力电缆	10kV,3x50	7km	21	147	35kV，3x50	7km	43	301
4	高压开关柜（含站用电系统）	10kV	17台	11	187	35kV	13台	18	234

续表

序号	设备名称	方案一				方案二			
		规格	数量	单位	总价	规格	数量	单价	总价
5	35kV 户外升压设备	含断路器、CT、PT、避雷器等	套	1	38	/	/	/	/
6	站用变压器	10/0.4kV 125kVA	1 台	15	15	10/0.4kV 125kVA	1 台	15	15
						35/0.4kV 125kVA	1 台	22	22
	合计				747				952

方案一设备投资较方案二少 205 万元。

（2）损耗对比分析

方案一采用两级升压方式，较方案二多设置了一台 10/35kV 主变压器，主变压器运行效率按 99.5%计，其运行损耗为 0.5%。本项目年平均发电量约为 1800×10^4 kwh，方案一年平均损耗电量约 $1800\times10^4\times0.5\%=9\times10^4$（kwh），按上网电价约 2.0 元/kwh 计算，方案一年平均电量损失约 18 万元。

一般情况下，变压器生产厂家的效率保证值通常均大于 99.5%，故方案一变压器实际的运行损耗增加值将会更低。

在工程设计中均考虑了电缆截面对传输电能电压降的影响，故方案一和方案二在电缆输送过程中电能损耗基本相当，不再进行比较。

（3）逆变升压变压器制造工艺对比分析

方案一、二中逆变升压变压器容量相同，均为 1250kVA，但高压侧电压差别较大，分别为 10kV 和 35kV。方案一是由一台 12500kVA 有载调压变压器统一将交流电能送入电网，故逆变升压变压器可采用普通型、不选用有载调压型；方案二由于是将逆变器交流侧输出电压由 0.27kV 直接升压至 35kV 后并入电网，故各台逆变升压变压器还必须具备有载调压功能。

目前在国内，这种高低压侧电压变比大、容量小的有载调压变压器（1250kVA、0.27/35kVA），在制造工艺、使用经验、维护措施等方面均不成熟，包括一些大型的变压器生产厂家也尚未开展此类产品的设计生产。

据了解，SMA 等逆变器生产厂家有投入工程运行、成熟的 0.27/10kV 变压器产品，但 0.27/35kV 的变压器由于在线圈绕制、设备内部结构的生产工艺等方面并不成熟，尚未在工程中使用。

（4）站用电方案对比分析

本项目站内负荷自用电压为0.4kV，站外10kV施工电源在工程建设结束后将保留，以作为电站站用电的备用电源点。

方案一，在站内设置有10kV母线段，为电站站用10kV段和1台10/0.4kV站用变压器供电，站用10kV段工作电源和备用电源的切换方便灵活。

方案二，全站共需设置两台同容量站用变压器，分别为10/0.4kV（从原施工电源点取电，为站用备用变压器）和35/0.4kV（从电站35kV母线取电，为站用工作变压器），设备投资较方案一高。为了保证35kV侧站用电工作电源故障时能快速切换至10 kV侧备用电源，站用备用变压器需长期处于空载运行状态，运行方式的经济性较方案一差。

（5）综合比较结论

方案一的年平均电量损失为18万元，其初期设备投资较方案二低205万元，若再计及设备运杂费、安装费等费用，方案一初期投资还会比方案二更低。考虑时间价值后，两个方案在经济方面差别不大。

方案一的电压调节点仅在一台主变压器高压侧，为单点调节；

方案二的电压调节点为10台逆变升压变压器高压侧，属于多点调节；

就电压调节方式而言，方案一优于方案二。

方案二的高低压侧电压变比大、容量小的有载调压变压器（1250kVA、0.27/35kVA），在国内的制造工艺、使用经验、维护措施等方面还不成熟，与方案二对比，方案一的站用电系统更加灵活、可靠。

一般而言，变压器故障概率很小，可用系数大于99%，方案一所增加的一级10/35kV主变压器几乎不会给电站的可靠运行带来影响。

当35kV送出线路故障或检修时，对两种方案而言，电站的运行所受到的影响程度都是同等的。

基于以上分析比较，本项目推荐采用方案一为太阳能交流输出的汇集并网方案。

3.6.2 电站输配电系统

电站输配电交流系统：指逆变器交流输出侧到升压站主变压器高压侧出线。

（1）电气主接线

全站共设三级电压：0.4kV、10kV 和 35kV。其中 0.4kV 为低压站用电压，10kV 为太阳能电池方阵逆变升压电压，35kV 为接入系统电压，并分别设有 0.4kV 站用电源段、10kV 光伏发电配电段及 10kV 站用电源段。

逆变器交流输出电压 270V，两台 500kW 逆变器交流输出接入一台 1250kVA 变压器，将电压从 270V 升至 10kV，并形成一个 1MWp 光伏发电分系统。

每个 1MWp 光伏发电分系统发出电能经逆变升压至 10kV 后，由 10kV 电缆送至 35kV 升压站内的 10kV 配电装置母线，10kV 采用单母线接线形式。

项目内 10 个 1MWp 光伏发电分系统输出电能在 35kV 升压站 10kV 母线汇流后，经一台主变压器升压至 35kV，以 1 回 35kV 线路架空接入敦煌市 35kV 电网。

（2）主变压器

本工程设置 1 台容量 12.5MVA、35±3×2.5%/10.5kV 的三相双绕组有载调压主变压器，实现 10kV 光伏发电电能升压至 35kV 后与电网的连接。

主变压器采用户外布置，其低压侧通过共箱母线穿入 10kV 配电室内与 10kV 母线相连，高压侧经架空线接至站内出线构架上。

3.6.3 站用电接线

（1）站用电

本项目拟设置一单母线接线的站用 10kV 段，馈电至低压站用变压器。

昼间，太阳能电池板发出的电能汇流至电站 10kV 配电段，站用 10kV 段电源由电站 10kV 配电段取得；夜间，太阳能电池板停止工作后，站用 10kV 段电源经主变压器由 35kV 电网取得。

站用备用电源方案：当外接 35kV 线路、主变压器检修或故障时，可能使电站 35kV 升压站内监控系统的 UPS 及直流充电装置、消防水泵等设备工作电源消失，故本项目拟保留由 35kV 七里镇变电站引接的 10kV 施工电源做为站用 10kV 段的备用电源，当工作电源消失后继续为电站内的站用负荷供电。

（2）0.4kV 站用电系统

昼间和夜间，每套逆变升压设备均需外供交流 380V/220V 电源，供其内部照明、通风和监控等设施或设备用电。就地布置的太阳电池方阵的安防闭路电视防护系统也需要 380V/220V 工作电源，并考虑到电站内照明、检修、通风、消防等设施用电需要，设置 0.4kV 站用低压配电系统是必要的。站用低压配电系统电源由站用 10kV 段引接。

经对全站逆变器自用电、调度通讯电源、调度远动电源、升压站直流充电装置、UPS、主变压器风冷电源、照明、空调、轴流风机、安全防护、火灾报警等站用负荷统计计算，选择容量为 125kVA、10/0.4kV 站用低压变压器一台，设置单母线接线的 380V 低压配电段，为电站低压负荷供电。

其设计运行方式为：日出之初时，太阳能电池方阵逆变升压设备监视到直流侧太阳能电池板输入电压升高且达到其启动电压后，逆变器启动开始工作，并将太阳能电池板发出的电能送至电站 10kV 配电段，站用低压配电段经站用变压器从站用 10kV 段取得电源，向低压站用负荷供电；夜间，太阳能电池板停止工作后，由电网经主变压器向电站 10kV 配电段母线供电，再由此供至站用 10kV 段，为低压站用变压器提供电源；当 35kV 送出回路故障或检修时，由外接的 10kV 备用电源供电。

3.6.4 短路电流计算及主要设备选择

（1）短路电流计算

在电站接入系统方案审查确认后，将根据接入点的系统容量、系统阻抗和电气主接线，计算光伏电站内 35kV 侧、10kV 侧的短路水平，以此作为站内电气设备选择及导线、电缆热稳定截面校验的依据。

（2）主要设备选择

本项目场地污秽等级为 III 级，户外电气设备按爬电比距不小于 2.5cm/ kV 选型。

1）35KV 主变压器：三相双绕组油浸风冷有载调压电力变压器 SFZ-12500/35

12500 kVA 35 ± 3x2.5%/10.5kV Ud＝7.5%

备注：变压器分级调压抽头及阻抗电压最终由电站接入系统确定。

2）35kV 断路器：SF6 瓷柱式断路器 40.5kV 1250A；电流互感器 40.5 kV 150～300/5A；断路器、电流互感器为组合设备

3）35kV 隔离开关：35kV 630A

4）35kV 氧化锌避雷器：Y5W-51/125W 51kV（附在线监测仪）

5）35kV 户外跌落式高压熔断器：35kV 100A

6）35kV 电压互感器：$35\sqrt{3}/0.1\sqrt{3}/0.1\sqrt{3}/0.1\sqrt{3}$ kV 0.2/05/3P 级

7）10kV 配电装置：户内铠装型移开式交流金属封闭开关设备，柜内配真空断路器或高压接触器和熔断器（F-C 柜）。

8）0.4kV 配电装置：交流抽出式低压开关柜，柜内配框架断路器或塑壳断路器。

9）站用低压变压器：H 级绝缘干式电力变压器 S9-125/10

125 kVA 10±2×2.5%/0.4kV Ud＝4%

10）逆变升压变压器：1250kVA、270V/10kV（由送变器厂配供）

3.6.5 电气设备布置

（1）35kV 主变压器及其配电装置布置：

35kV 配电装置采用普通户外中型布置，35kV 主变压器和配电装置统一规划布置在 35kV 升压站内。

主变压器低压侧通过共箱母线接至户内电站 10kV 配电装置出线柜；主变压器高压侧接至 35kV 出线断路器，并经架空线引至出线构架上。

在主变压器出线侧依次布置 35kV 断路器、电流互感器、隔离开关、熔断器、电压互感器、避雷器等电气设备，主变压器及 35kV 出线电气设备占地约 50.25m^2。

（2）10kV 配电装置布置

电站 10kV 配电段及站用 10kV 配电段、站用 0.4kV 配电段和 10/0.4kV 站用变压器统一集中规划布置在升压站高低压配电室内，配电室为 15.5×9m，面积 139.5m^2。

10kV 配电装置为户内布置，采用户内铠装型移开式交流金属封闭开关设备，柜内配真空断路器或高压熔断器和接触器。

10/0.4kV 站用变压器选用 H 级干式变压器，与站用 0.4kV 配电段紧临布置，干式变压器低压侧母线直接与 0.4kV 开关柜柜顶母排连通。

升压站高低压配电室、控制室、电气设备室、交接班室组成一综合性单层建筑，整个建筑物为 31×9m，面积约 279m^2，其中材料库面积约 54m^2。

配电室内开关柜布置方式为双列面对面布置，每段均预留有一个备用屏位。

3.7 监控系统

3.7.1 概述

对大型并网光伏发电系统而言，需要设置必要的数据监控系统，对光伏发电系统的设备运行状况、实时气象数据进行监测与控制，确保光伏电站在有效而便捷的监控下稳定可靠的运行。同时，还应对光伏发电设备系统的运行参数、状态及历史气象数据进行在线分析，不但确保日常维护简易、高效和低成本，还可对未来的系统发电能力进行预测、预报。

本监控系统的监控范围包括太阳能电池方阵、并网逆变器、升压站及站用电等电气系统的监控，其主要监测参数包括：直流配电柜输入电流、逆变器进出口的电压、电流、功率、频率、逆变器机内温度、逆变器运行状态及内部参数、发电量、环境温度、风速、风向及辐照强度，以及 0.4/10/35kV 升压变电及站用电气系统的各种参数等，并实现对 0.4/10/35kV 升压变电及站用电气系统的常规控制、保护和报警等。

3.7.2 控制水平和控制室布置

（1）控制水平

1）本光伏电站监控采用集中控制方式，采用计算机网络监控系统（NCS）、微机保护自动化装置和就地检测仪表等设备来实现全站机电设备的数据采集与监视、控制、保护、测量、远动等全部功能，实现少人值班。

2）设置在站区综合楼内的领导及工程师客户机可通过网络监视并网光伏电站的重要运行参数。计算机监控系统还可实现与地调的遥测、遥信、遥调等功能，并可将光伏电站的运行参数上传到地调的远方监控计算机实现远方监控。光伏电站计算机监控系统的网络结构详见全站监控系统规划图。

3）为了防止通讯线路出现故障或其他原因，导致主控室监控装置无法获取各分站每台逆变器的运行状态和工作数据，拟在每个逆变升压配电室内配置 1 套就地监控装置。该系统采用高性能工业控制 PC 机作为系统的监控主机，配置光伏并网系统多机版监控软件，采用 RS485 通讯方式，获取所有并网逆变器的运行状态和工作数据。

4）整个光伏电站内设一个主控制室，主控制室布置在升压站区域的 10kV 配电室的建筑内。在主控室内的运行人员以大屏幕、操作员站 LCD 为主要监控手段，完成整个光伏发电系统（包括升压站）的运行监控。主控室还设有工业电视监视墙，墙上布置大屏幕、闭路电视监视屏、火灾报警控制盘等。

5）在升压站及各逆变器房内拟设置一套火灾报警系统，火灾报警机柜布置在主控制室内。

（2）控制室布置

1）主控制室区域的布置：主控制室布置在升压站区域的 10kV 配电室的建筑内，主控制室面积约 $60m^2$。控制室侧还布置有电气设备室、交接班休息室以及备品备件库等。其中，主控制室内布置有计算机监控系统操作员站、记录打印机、大屏幕显示器、全站工业电视及安防系统屏幕显示器等。

具体布置详见主控制室及电气设备室平面布置图。

2）控制室及电气设备室室内布置：主控制室内操作台拟采用直线型布置方式，操作台上设有 3 台 22 寸彩色操作员站显示器，分辨率≥1280×1024 像素。主控制室内设置大屏幕显示器 1 块，作为 NCS 的一部分，其功能与 NCS 的操作员站相同。大屏幕显示器主要显示太阳能光伏发电单元的主要运行数据或其他需要监视的画面。

电气设备室室内布置有主变保护测控机柜、35KV 线路保护测控屏、蓄电池装置、馈线屏、UPS 电源及闭路电视机柜等设备。

3）现场设备的布置：本工程项目每 1MWP 光伏发电分系统设置 1 个（共 10 个）逆变升压配电室，在每个逆变升压配电室内配置 1 套就地监控装置，监控装置包括监控主机、监控软件和显示设备。

4）电缆主通道：控制和电气的电缆通道统一规划：各分区逆变升压配电室内的数据采集器的通信电缆沿电气 10kV 电缆主通道（电缆桥架）敷设至升压站。电气 10kV 电缆通道的规划走向详见电气专业相关图纸。

主控制室及各电气设备室的盘、台、柜电缆均采用下进线方式，电气设备室采用防静电地板层，与通向升压站配电装置的电缆沟相连。

3.7.3 控制系统的总体结构

（1）35kV 升压站的监控

本工程 10/35kV 升压站采用计算机监控系统（NCS）及微机保护自动化装置来实现升压站的控制、保护、测量、远动等全部功能。计算机监控方式采用开放式、分布式网络结构，所有控制、保护测量、报警等信号均在就地单元内处理，经总线传输至主控室内的监控计算机。

计算机监控系统包括光伏发电系统的数据采集及监控、升压站微机保护信息的采集与监视、升压站断路器及电动隔离开关的就地与远方操作等功能。微机保护及自动化装置的功能包括主变压器保护、35kV 线路保护测控装置、10kV 线路保护测控装置、站用电 380V 进线断路器测控装置等。

计算机监控系统还包括水平单轴跟踪系统的监视及控制。

计算机监控系统（NCS）的主控站可有两个以上，即一个当地监控主站和一个以上远方调度站，实现就地和远方（电网调度）对光伏电站的监视控制，其控制操作需互相闭锁。

计算机监控系统（NCS）包括站控层和间隔层两部分，其网络结构为开放式分层、分布式结构。站控层为整个并网光伏电站设备监视、测量、控制、管理的中心，通过用屏蔽双绞线、同轴电缆或光缆与升压站控制间隔层及各单元光伏并网逆变器数据采集器相连。升压站控制间隔层按照不同的电压等级和电气间隔单元分布在各配电室或主控制室内。在站控层及网络失效的情况下，间隔层（包括逆变器）仍能独立完成间隔层的监测以及断路器的保护控制功能。

站控层设备包括后台监控主站、打印机、GPS 对时装置及网络设备等。间隔层设备由电气设备测控单元、电气微机保护装置通讯单元、单元光伏逆变器数据采集器、网络通信单元、网络系统等构成。

（2）太阳能光伏发电系统的监控

本工程并网光伏发电系统由太阳电池阵列、汇流箱、直流配电柜和集中型并网逆变器组成。每 1MWp 光伏发电设备组成 1 个独立的光伏发电分系统，共有 10 个 1MWp 单晶硅光伏发电分系统。

每个光伏发电分系统由 5580 块单晶硅电池组件、62 个 6 回路汇流箱、4 个直流配电柜、2 台 500kV 并网逆变器组成。单晶硅电池组件和汇流箱就地布置，直流配电柜和并网逆变器布置在相应的逆变升压配电室内。

每个光伏发电分系统配置一台数据采集器和 1 套监控装置。数据采集器通过 RS485 总线获取各个逆变器的运行参数、故障状态和发电参数，与监控装置进行实时通讯。直流配电柜每路输入带数字式电流监测装置，其数据通过 RS485 总线接至数据采集器。

数据采集器通过 RS485 总线传输方式将数据上传至 10/35kV 升压站计算

机监控系统（NCS）网上，在升压站主控制室内通过计算机监控系统操作员站实现上述运行参数的监视、报警、历史数据储存，同时还可在大屏幕上显示。

在 10/35kV 升压站主控室操作员站上可连续记录、查看光伏发电系统运行数据和故障数据具体如下：

1）实时显示电站的当前发电总功率、日总发电量、累计总发电量、累计 CO_2 总减排量以及每天发电功率曲线图。

2）可查看每台逆变器的运行参数，主要包括：

- 直流电压
- 直流电流
- 直流功率
- 交流电压
- 交流电流
- 逆变器机内温度
- 时钟
- 频率
- 当前发电功率
- 日发电量
- 累计发电量
- 累计 CO_2 减排量
- 每天发电功率曲线图

3）监控所有逆变器的运行状态，采用声光报警方式提示设备出现故障，可查看故障原因及故障时间，监控的故障信息至少包括以下内容：

- 电网电压过高；
- 电网电压过低；
- 电网频率过高；
- 电网频率过低；
- 直流电压过高；
- 逆变器过载；
- 逆变器过热；
- 逆变器短路；

- 散热器过热；
- 逆变器孤岛；
- DSP 故障；
- 通讯失败。

4）监控所有水平单轴跟踪系统的运行状态及其方向角。

此外，本工程还设置了一套环境参数监测装置，该装置由风速传感器、风向传感器、日照辐射表、测温探头、控制盒及支架组成。可测量环境温度、风速、风向和辐射强度等参量，通过 RS485 总线传输方式将数据上传至 10/35kV 升压站计算机监控系统（NCS）网上，实时记录环境数据。

在 10/35kV 升压站主控室操作员站上还可以单独对每台逆变器进行参数设置，可以根据实际的天气情况设置逆变器系统的启动和关断顺序，以使整个发电站的运行达到最优性能和最大的发电能力。

3.7.4 自动化控制功能

（1）计算机监控系统的控制功能

本工程计算机监控系统的控制功能覆盖范围包括太阳能光伏发电单元和 10/35kV 升压站系统，其监控功能主要包括：

1）数据采集与显示：采集光伏方阵、并网逆变器和升压站运行的实时数据和设备运行状态，并通过当地或远方的显示器以数据和画面反映运行工况。工频模拟量采用交流采样，状态量采用空接点方式接入监控系统。

2）安全监视：对采集的模拟量、状态量及保护信息进行自动监视，当被测量越限、保护动作、非正常状态变化、设备异常时，能及时在当地或远方发出音响，推出报警画面，显示异常区域。事故信息应可存储和打印记录，供事后分析故障原因使用。

3）事件顺序记录：光伏发电站系统或设备发生故障时，应对异常状态变化的时间顺序自动记录、存储、远传，事件记录分辨率小于 1ms。

4）电能计算：可实现有功和无功电度的计算和电度量分时统计、运行参数的统计分析。

5）控制操作：对升压站断路器的跳、合闸的控制具有防误操作功能，并可实现对主变分接头的调整控制。

可以单独对每台光伏并网逆变器进行参数设置，根据实际的天气情况设置逆变器系统的启动和关断顺序。

6）与保护装置遥信、交换数据：向升压站保护装置发出对时、召唤数据的命令，传送新的保护定值；保护装置向监控系统报告保护动作参数（动作时间、动作性质、动作值、动作名称等）；响应召唤命令、回报当前保护定值；以及修改定值的返校信息等。

7）对自动化装置的管理具有三种方式：

- 通过各装置的液晶显示器和键盘实现人机交互；
- 通过升压站当地监控管理系统实现人机交互；
- 通过远方调度主站实现人机交互。

8）控制具有三种方式：

- 设备安装处就地人工控制；
- 升压站当地监控管理系统的人机交互画面的按键控制；
- 调度远方主站遥控。

上述三种控制操作需相互闭锁，同一时间只接收一种控制指令。

9）远动功能：本工程的计算机监控系统设有远动工作站，通过远动工作站实现与省中调或地调的遥测、遥信、遥控等功能。

10）其他功能：本工程计算机监控系统具有时间记录远传功能，可由 GPS 进行时钟校时。具有标准的通信规约，具有多个远方接口，必要时服从主站端的通信规约进行非常规的数据通信。

（2）微机保护及自动化装置的功能

1）主变压器保护：

- 差动保护：配置了电流互感器断线闭锁，并设置投、退压板来决定 CT 断线闭锁的接入、退出。
- 瓦斯保护：主变本体及有载调压开关重瓦斯保护动作跳主变两侧断路器，轻瓦斯动作发信号。
- 压力释放保护：

保护动作跳主变两侧断路器。

- 后备保护：35kV 装设复合电压启动的过电流保护，电压元件接于低压侧母线电压互感器上，保护动作跳主变两侧断路器。
- 主变过负荷保护：主变高压侧装设过负荷保护，保护动作发信号。

- 温度保护：主变温度升高到规定值，保护动作发信号。

2）10kV 线路保护装置：

- 10kV 线路保护配置：本工程 10kV 线路保护设有两段式过流保护，三相一次重合闸（对终端线路）或检同期检无压三相一次重合闸（对有电源线路）、小电流接地自动选线等。

3）0.38kV 进线断路器测控装置：

本工程站用电 380V 进线断路器装设测控装置。

4）防误操作闭锁：

本工程全站采用就地挂锁作为断路器、隔离开关的操作闭锁装置。

5）GPS 系统：本工程全站装设一套 GPS 装置，为站内运行需要准确时间的设备（测控装置、保护装置等）提供时间基准。

3.7.5 控制设备选型原则

（1）监控系统设备

本工程拟选用在升压站或变电站控制方面有成功应用经验，且性能价格比好的系统产品。同时应考虑电站现有的实际情况，控制系统的选型应便于运行管理，减少人员培训，降低工程造价等多方面因素择优选择，应在国内有良好技术支撑的产品中通过招议标方式选定。

（2）其他控制设备

在满足工程设计要求的前提下，本工程其他控制设备的选型原则，要求成熟、可靠、全厂品种尽量统一，以便今后运行管理和日常维护，并选择在变电站具有成功应用业绩的优质系统供货商。

3.7.6 电源

（1）直流系统

本工程拟设置免维护铅酸蓄电池成套直流电源系统，布置在主控制室。容量为 100Ah，电压 220V。该直流系统能对计算机监控系统、断路器、通信设备及事故照明提供可靠的直流电源，该套直流装置由免维护铅酸蓄电池、直流馈线屏、充电设备等装置组成。充电设备能够自动根据蓄电池的放电容量进行浮充电、均衡充电，并且能长期稳定运行。

直流系统与微机监控系统有通信联系接口，并具有三遥功能。

（2）交流不停电电源

本工程全站拟装设一套容量为 3kVA 的交流不停电电源，向监控主机、网络设备、火灾报警系统、闭路电视系统等设备提供交流工作电源。

3.7.7 火灾报警系统

本工程拟在 10/35kV 升压站区域及各逆变器室设置一套小型火灾报警系统，包括探测装置（点式或缆式探测器、手动报警器）、集中报警装置、电源装置和联动信号装置等。其集中报警装置布置在升压站主控制室内，探测点直接汇接至集中报警装置上。

在 10/35kV 升压站区域内设备和房间及各逆变器室发生火警后，在集中报警装置上立即发出声光信号，并记录下火警地址和时间，经确认后可人工启动相应的消防设施组织灭火。拟采用联动控制方式对区域内主控室、配电室的通风机、空调等进行联动控制，并监控其反馈信号。

本工程的火灾探测报警系统与灭火设施设置见表 7-10。

表 7-10 火灾探测报警系统与灭火设施设置

编号	项目	灭火系统	火灾探测器类型	报警控制方式
一	主控制室			
1	电缆夹层（活动地板下）	化学灭火器	线形感温型或感烟型	自动报警，人工确认后手动灭火
2	电气设备间	化学灭火器	感烟型	自动报警，人工确认后手动灭火
3	主控制室	化学灭火器	感烟型	自动报警，人工确认后手动灭火
二	配电室			
1	10kV 配电室	化学灭火器	感烟和感温型	自动报警，人工确认后手动灭火
2	电缆沟	化学灭火器	线型感温型	自动报警，人工确认后手动灭火
3	逆变升压配电室	化学灭火器	感烟和感温型	自动报警，人工确认后手动灭火
三	变压器			
1	主变压器	化学灭火器	线型感温型	自动报警，人工确认后手动灭火

3.7.8 闭路电视

本工程拟在升压站、光伏方阵、逆变器场地等重要部位设置闭路电视监视点，根据不同监视对象的范围或特点选用定焦或变焦监视镜头。各闭路电视监视点的视频信号通过图像宽带网，将视频信号处理、分配、传送至主控室内的监视器终端，并联网组成一个统一的覆盖本工程范围的闭路电视监视系统。

本工程拟设40个闭路电视监视点。

3.8 接入系统原则性设计

3.8.1 敦煌10MWp太阳能光伏电站的送电范围

敦煌10MWp太阳能光伏电站建成后，主要满足敦煌市的负荷需求。

3.8.2 敦煌10MWp太阳能光伏电站接入系统技术方案

（1）接入系统的电压等级

本期工程总装机容量10.044MWp，预选的七里镇场址位于敦煌市七里镇西南，距市区13km，距110kV杨家桥变电站（51.5MVA）11km。从电站装机容量和地理位置角度考虑，该电站适宜采用35kV电压等级接入电网。

注：由于特许权招标文件未提供完整的敦煌市电网资料，系统接入暂假定为杨家桥变电站，具体接入点、接入方案以特许权招标后电网部门审定的接入系统方案为准。

（2）电气主接线方案

项目共20个500kWp光伏发电单元系统，每2台500kW逆变器输出的交流电由1台1250kVA升压变压器将电压从270V升至10kV，并汇至一组10kV母线后经一台容量为12500kVA升压并网变压器升压至35kV并入敦煌市35kV电网。

3.8.3 接入系统导线截面选择

敦煌10MWp太阳能光伏电站等效最大负荷利用小时数为1805h，按照最大负荷利用小时数为2000h进行导线截面的比选。表7-11列出了不同导线截面在35kV 电压等级下的经济输送功率和持续输送功率。

表 7-11 35kV 电压等级下导线截面与输送能力比较表

导线截面（mm^2）	经济输送容量（MW）	持续极限输送容量（MW）	备注
70	7.4	15.77	经济电流密度 J=1.84A/mm^2 $\cos\phi = 0.95$
95	10.07	19.28	
120	12.72	21.85	
150	15.89	25.65	

敦煌 10MWp 太阳能光伏电站至电网 35kV 线路需要满足敦煌 10MWp 太阳能光伏电站 10MWp 电力的送出需求。截面为 95 的导线在利用小时为 2000h 的情况下经济输送功率为 10.07MWp，因此建议敦煌 10MWp 太阳能光伏电站至电网 35kV 线路导线截面选择为 $95mm^2$。

3.8.4 对主要电气设备参数的建议

（1）敦煌 10MWp 太阳能光伏电站 35kV 升压变

光伏电站主变压器参数如下：

三相双绕组油浸风冷有载调压电力变压器 SFZ□-12500/35

12500 kVA 35 ± 3x2.5%/10.5kV Ud＝7.5%

备注：变压器分级调压抽头及阻抗电压最终由审定的电站接入系统确定。

（2）敦煌 10MWp 太阳能光伏电站 35kV 升压变无功补偿

一般情况下，并网逆变器的功率因数都调整为 1.0（或是接近 1.0），也就是光伏组件本体在运行过程中不与电网进行无功交换。无功消耗主要来源于光伏电站单元升压变以及光伏电站升压变的无功损耗。目前，暂不考虑安装无功补偿装置，待进行该电站并网计算分析后确定是否需要无功补偿。

3.8.5 电能质量分析

光伏电站并网运行对其所接入电网电能质量的影响，是光伏电站接入电网研究中的重要内容之一。光伏电站对电网电能质量的影响程度，与所采用逆变器的类型、控制方式、光伏电站布置、所接入节点的短路容量以及线路参数等诸多因素有关。光伏电站接入电网后，电能质量分析主要包括电压偏差、电压变动和谐波三个部分。

（1）电压偏差

GB12325-1990《电能质量 供电电压允许偏差》第 3.1 条规定“35kV 及以

上供电电压正、负偏差的绝对值之和不超过额定电压的 10%”;《电力系统电压和无功电力技术导则》(SD 325-1989)规定“发电厂和 220(330)kV 变电所的 110～35kV 母线正常运行时电压允许偏差为相应系统额定电压的-3%～+7%”。对本项目光伏电站并网后电网电压的要求同样遵循上述规定。

(2)电压变动

对于光伏电站出力变化引起的电压变动，其频度可以按照 $r \leqslant 1$(每小时变动的次数小于 1 次)考虑。由于光伏电站接入点的电压受光电波动的影响最大，因此只需分析光伏电站接入点的电压变动。

GB12326-2000《电能质量 电压波动和闪变》中规定了由波动性负荷产生的电压变动限值与变动频度、电压等级的关系，见表 7-12。

表 7-12 电压变动限值

r, h^{-1}	d.%		r, h^{-1}	d.%	
	LV、MV	HV		LV、MV	HV
r≤1	4	3	10<r≤100	2*	1.5*
1<r≤10	3	2.5	100<r≤1000	1.25	1

注：1 很少的变动频度 r(每日少于 1 次)，电压变动限值 d 还可以放宽，但不在本标准中规定

2 对于随机性不规则的电压波动，依 95%概率大值衡量，表中标有“*”的值为其限值

3 本标准中系统标称电压 U_N 等级按以下划分

低压(LV) $U_N \leqslant 1kV$

中压(MV) $1kV < U_N \leqslant 35kV$

高压(HV) $35kV < U_N \leqslant 200kV$

根据表中要求，接入点的电压变动最大不得超过 3%。

(3)谐波

建议在光伏电站投运初期进行电能质量测试，以对光伏电站对电网电能质量的影响进行准确评估并确定是否需要安装滤波装置。

以上三个部分，需在电站接入系统中进一步分析论证。

3.8.6 系统继电保护及安全自动装置

(1)线路保护

35kV 光伏电站到对侧变电站线路，建议光伏电站侧配置一套光纤电流差动保护装置。

（2）母线保护：

光伏电站 35kV 侧为单母线接线，配置 1 套母线保护装置。该装置应允许接入元件有不同的 CT 变比，出口回路可经低电压或复合电压闭锁。

（3）对相关专业的要求：

1）对电气专业的要求：35kV 线路保护需独立使用 1 组电流互感器线圈，母线保护需独立使用 1 组电流互感器线圈。

2）对监控系统的要求：监控系统应能实现与各种微机线路保护及微机母线保护装置接口。

3.8.7 调度自动化

（1）调度关系

根据甘肃省现行调度体制，甘肃敦煌 10MW 光伏电站以 35kV 线路接入系统后由嘉峪关地调直接调度，因此电站的远动信息、调度电话、电能量计量信息等需传送至嘉峪关地调。

（2）远动系统

远动系统是电网调度自动化系统的重要组成部分，通过远动系统电网调度中心能够及时获取厂站的实时远动信息，并把遥控、遥调命令及时传送至厂站。因此远动系统是电网调度自动化系统的基础。

1）数据采集监测系统

数据采集监测系统主要对下列数据进行采集：

①电站中各光伏子方阵的直流电流、电压、功率，交流电流、电压、功率，日发电量，累计发电量，累计发电时数等数据；

②各种类型光伏阵列的结温、环境温度，太阳辐射强度，风速；

③逆变器功率、输出电压及电流等。

根据《光伏发电站接入电力系统技术规定》，在正常运行情况下，光伏电站向电力系统调度部门提供的信号至少应当包括：光伏电站的公共连接点处各相电压、注入电力系统的电流、有功功率、功率因数、频率和电量。

2）远动信息传输方案：远动信息可通过光纤电路的 RS232 口传输至嘉峪关地调，速率为 0.6～19.2kbit/s，通信规约为 DL/T634 5101-2002。

（3）电能量信息采集

发电企业上网计量点按 I 类关口设置电能计量表，即在线路两侧均按主、备表方式设置 0.2S 级关口表。因此本期关口点设置如下：

在敦煌光伏电站对侧变电站 35kV 线路出线处。电站每个计量关口点的电能表按主备表配置，精度为 0.2S 级，有功正反向，无功四象限、串口输出。电能表具有脉冲和 RS-485 串口两种输出方式。为了实现电能量信息的采集及传输，光伏电站需配置一套电能量采集装置。

3.8.8 系统通信

（1）系统通信方案

1）通信方案确定：根据敦煌地区通信现状以及一次系统接线规划，本工程推荐采用光纤通信作为光伏电站接入系统的通信方式。

2）光纤通信方案：沿敦煌 10MWp 光伏电站至对侧变电站的新建线路上组织一条光纤通道，从而将语音、远动等信息传输至嘉峪关地调。

①光缆路由及敷设方式：

沿敦煌 10MW 光伏电站至对侧变电站新建的 35kV 线路上架设一条 12 芯 OPGW 光缆。

②光纤通信电路容量

建议敦煌 10MWp 光伏电站配置一套 155Mbit/s 光传输设备，对侧变电站的光传输设备上增加一块光接口板。在嘉峪关地调、敦煌 10MWp 光伏电站各配置 1 套 PCM 设备，实现点对点上下话路。光传输系统配置如图 7-22 所示。

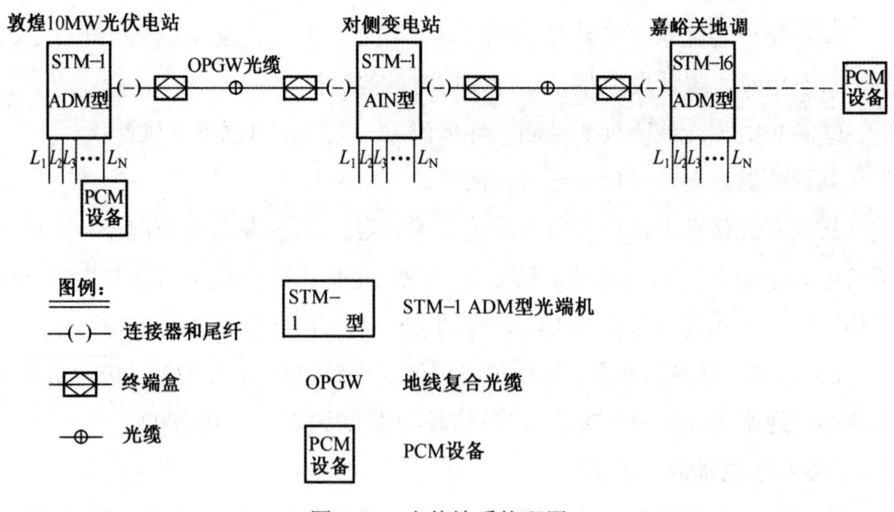

图 7-22 光传输系统配置

（2）厂内通信

为了满足敦煌光伏电站生产调度及系统汇接的需要，应配置一套48线的调度交换机，配置2个调度台，布置在主控室内。

（3）通信电源

由于本期敦煌10MWp光伏电站增加光端机等通信设备，因此建议本工程中配置一套48V/60A 高频开关电源，100AH 蓄电池一组，交直流分配屏一个。

高频开关电源输入两回不同母线段的交流380V，且两回交流自动切换。正常时，交流经开关电源转变为直流-48V 对通信设备供电，并同时对蓄电池组进行浮充。事故停电时，蓄电池组由浮充状态转为对负荷供电，保证通信设备不间断供电。

（4）配线及电缆网络

为了便于光伏电站内部通信电缆配线，配置一套100 回的音频配线箱。

（5）通信机房及接地要求

光伏电站内设置一间通信设备机房，放置通信设备。所有通信设备及供电电源系统均应可靠接地。机房应设不小于120mm^{2}的铜质环形接地母线，各设备应采用不小于 35mm^2 多股铜绞线与环形接地母线直接可靠连接。环形接地母线应采用不少于2根，规格不小于40×4 的扁钢，与全厂总接地网焊接。

（6）对外通信

为了便于光伏电站与外界联系，电站的调度交换机应与当地电信局采用中继线连接，接口方式与当地电信局协商。

（7）调度录音系统

为了纪录光伏电站接受电网调度的指令或重要通话，设置一套调度录音系统以备事后查证。

3.9 电量测算

3.9.1 测算所采用的气象数据

敦煌示范项目的电量测算，采用的气象数据是甘肃气象局提供的 1977～2007年30年总辐射平均值进行电量测算，所采用辐射数据及总辐射值详细计算见原报告有关章节（第 2.3.3 节和表 2-6、表 2-7）。为方便查看，将相关数据表中1977～2007年计30年的年平均总辐射见表7-13，并计算出日平均值。

表7-13 电量测算所采用辐射数据

	月平均值（MJ/m^2）	日平均值（kWh/m^2）
1月	296.59	2.66
2月	360.71	3.58
3月	519.76	4.66
4月	632.38	5.86
5月	758.63	6.80
6月	751.35	6.96
7月	748.94	6.71
8月	694.06	6.22
9月	580.00	5.37
10月	464.92	4.17
11月	317.11	2.94
12月	257.28	2.31
年总值	6381.74	

3.9.2 电量测算

（1）并网光伏发电系统的总效率

进行发电量的估算首先要算出并网光伏发电系统的总效率，并网光伏发电系统的总效率由光伏阵列的效率、逆变器的效率、交流并网效率三部分组成。

1）光伏阵列效率η_1：光伏阵列在1000W/m^2太阳辐射强度下，实际的直流输出功率与标称功率之比。光伏阵列在能量转换与传输过程中的损失包括：组件匹配损失、表面尘埃遮挡损失、不可利用的太阳辐射损失、温度的影响以及直流线路损失等。综合各项以上各因素，取$\eta_1=84\%$。

2）逆变器的转换效率η_2：逆变器输出的交流电功率与直流输入功率之比。包括逆变器转换的损失、最大功率点跟踪（MPPT）精度损失等。对于大型并网逆变器，取$\eta_2=96\%$。

3）交流并网效率η_3：即从逆变器输出至高压电网的传输效率，其中最主要的是升压变压器的效率和交流电气连接的线路损耗。一般情况下取$\eta_3=94\%\sim96\%$，本次测算采用95%。

系统的总效率等于上述各部分效率的乘积，即：

$$\eta = \eta_1 \times \eta_2 \times \eta_3 = 84\% \times 96\% \times 95\% = 77\%$$

（2）系统发电量的衰减

单晶硅光伏组件在光照及常规大气环境中使用会有衰减，根据本项目所使用的光伏电池组件性能，最大极限按系统25年输出衰减20%计算。

（3）并网光伏电站发电量的测算

根据太阳辐射量、系统组件总功率、系统总效率等数据，太阳电池组件采用单轴跟踪系统，水平布置。

本工程共采用 180Wp 单晶硅太阳电池组件 55800 块，系统总容量为10.044MWp，据此计算并网光伏发电系统的年总发电量和各月的发电量。

计算软件采用联合国环境规划署（UNEP）和加拿大自然资源部联合编写的可再生能源技术规划设计软件 RETScreen。

依据表 7-13 中 1977～2007 年 30 年逐月总辐射平均值计算得本项目发电量见表 7-14。

表 7-14　1977～2007 年 30 年平均辐射值测算系统发电量

	1月	2月	3月	4月	5月	6月	7月	8月	9月	10月	11月	12月	全年
水平辐射（kWh/m^2）	82.40	100.18	144.37	175.65	210.74	208.71	208.04	192.79	161.10	129.15	88.08	71.46	1772.67
单轴跟踪系统（kWh/m^2）	144.02	152.01	205.34	245.36	277.79	266.08	267.38	262.48	224.87	183.78	143.46	128.06	2500.63
测算发电量（MWh）	1262.03	1303.61	1704.78	1965.04	2162.93	2033.57	2024.33	2004.31	1764.07	1496.88	1213.52	1115.73	20050.80
考虑系统25年最大输出衰减20%，可算出光伏发电系统25年的总发电量为451143MWh，由此计算得年平均发电量为18045.72 MWh													

3.10　项目社会效益分析

太阳能是可再生能源，是一种清洁无污染的能源，利用可再生能源是世界各国可持续发展战略的重要组成部分。太阳能光伏发电受到世界各国的极大关注，许多发达国家在太阳能的利用上已经初见规模，技术水平较高，发展很快。

中国作为一个发展中国家，面临着经济增长和环境保护的双重压力。为了在不牺牲环境质量的条件下实现经济的持续增长，改变能源的生产和消费方式，开发利用可再生能源成为我国的必然选择。发达国家可再生能源建设富有成效，很多经验和做法对中国有很好的借鉴和参考价值。随着我国经济突飞猛进的发展，能源供应紧张问题日益突出，发展石化能源，势必造成对环境的破坏。充分利用可再生能源，是保证我国经济可持续发展的需要。

甘肃省开发太阳能兆瓦级发电项目，将改变能源结构，有利于增加可再生能源的比例，同时太阳能发电不受地域限制，所发电力稳定，可与水电互补，优化系统电源结构，没有任何污染减轻环保压力。该项目的建设，不仅可为世界闻名的敦煌石窟旅游区提供充足的电力，而且给古丝绸之路增添了新的旅游景点。

3.10.1 项目节能减排效益分析

目前，我国的二氧化硫排放居世界第一，二氧化碳排放居世界第二，并且发展速度远高于美国。据估计最迟 2009 年，我国的二氧化碳排放将超过美国居世界第一。中国以煤为主的能源结构导致了我国二氧化碳排放的减排任重道远，中国将面临国际社会施加的更大的压力，本项目的减排也可直接产生一定的经济效应。

计算太阳能光伏并网发电站的减排量，需要有一个比较的基准，这个基准在 CDM 执行理事会批准的方法学中称为基准线。

所谓基准线，是指在没有该清洁发展机制项目的情况下，为了提供同样的服务，最可能建设的其他项目（即基准线项目）所带来的温室气体的排放。该项目的基准线背景是与项目相连的电网提供相同的电量，而作为项目电网要求没有或者只有很少的电力调入或调出。

本项目以西北电网作为项目电网。在没有太阳能光伏发电项目活动的情况下，同等数量的电量要由火力发电厂提供给电网。本项目建成后，由于其不排放任何温室气体，对于同一个项目电网而言，可减少 CO_2 的排放量，其减排量等于基准线排放量减去项目排放量。该项目本身不排放温室气体，即项目排放量为零，项目的减排量就等于基准线的排放量。基准线排放量的计算见下式：

$$BE = EG \times EF$$

式中：BE 为基准线排放量，t CO_2/年；

EG 为该项目活动每年提供给电网的净电量，MWh；

EF 为该项目活动替代电网电量的基准线排放因子，tCO_2/MWh。

本项目 25 年年平均发电量约为 18045.72MWh，电站自耗电量约为发电量的 4%，即电厂自耗电量为 721.83MWh/年。因此，本项目活动每年提供给电网的净电量为 17323.44MWh。

基准线排放因子（EF）由组合边际排放因子（CM）表示，即电量边际排放因子（OM）和容积边际排放因子（BM）的加权平均。

2008 年，国家发改委公布：西北电网 OM 为 1.1225 t CO_2/MWh、权重为 0.75，BM 为 0.6315 t CO_2/MWh、权重为 0.25。

即：$CM = 0.75\ OM + 0.25\ BM$。

按此计算，本项目的基准线排放因子为 0.99975 tCO_2/MWh，每年预计减排量为 0.99975×17323.44=17279.52tCO_2/年。

另外，与同等规模火电厂相比，每年可节约标煤 6316 吨（按照火电供电标煤耗平均 350g/kW.h），减少烟尘排放量约 84.12 吨，减少二氧化碳约 1.632 吨、二氧化硫约 69.64 吨。

3.10.2 环境影响可行性研究结论

本项目对环境影响较小，可采取一般控制和缓解措施。项目建设施工期，只要坚持文明施工、注重做好安全环保工作，对环境影响不大。项目进入运营期后，对环境的影响主要是生活污水污染源，排放的生活污水经生活污水处理站处理达标后在场内绿化使用。因此，本工程从环境保护分析是可行的。

评析：从本节关于示范项目技术设计的论述可以看出，云南院虽然是第一次接触光伏发电项目，但无论是从整个光伏电站分层、分系统及分单元的总体把握，还是对于细节如光伏组件的组串与安装支架的设计安排，无不体现出设计单位对光伏发电系统的深入了解和设计构思的巧妙。现在国内各设计单位对并网光伏电站的设计思路基本上未出其右，可见敦煌示范项目的设计方案堪称经典。

此外，在敦煌示范项目的技术设计中，对于发电单元主要设备的技术性能了解和把握也是比较透彻的，如关于各类太阳能电池组件等设备设施的性能分析和发展趋势判断都比较客观和公允。尽管时间过了好几年，但这些观点与分析得出的结论现在还基本管用。这也说明设计单位能站在行业的高度，对太阳能光伏发电未来发展的趋势能给予比较全面的把握。可见，敦煌示范项目的技术设计本身也起到了很好的示范引领作用。

敦煌示范项目的设计中，对一些可供选择的相关技术方案都进行了技术经济比较，如对于四类组件安装支架的技术经济比较、逆变器容量的选用以及交流系统升压送出方案的比选等等，设计单位都做了许多认真而有效的方案比较工作。这些专门针对拟选设计方案的比选工作对降低工程造价、提高光伏电站的发电效率都是很有必要和颇为有益的。比如说，光伏电站的交流系统送出是选择一级升压还是二级升压再并网的问题，只有通过方案比较才能做出正确选择。方案二从交流 270V 直接升到 35kV 看似简约，但投资反而比方案一高出 205 万元，同时方案二还要用到高低压侧电压变比大、容量小的有载调压变压器，而这类产品目前在国内从制造工艺、使用经验直至维护措施等方面都不成熟。因此，经过两方案的对比可知，方案一不但系统运作更加灵活、可靠，而且节约投资。方案二的不足在敦煌其他光伏发电项目的应用中也得到了印证。示范项目周边就有采用一级升压到 35kV 后直接并网的其他光伏发电项目，但电站投产初期就发现并网变压器会产生谐振以及温度偏高等异常现象。

关于送出工程，敦煌示范项目最终采用的方案与本设计方案有所不同。原设计方案是示范项目单独建一条 35kV 线路送出。后来由于种种原因，最后确定在邻近的国投敦煌跟标项目场址内共建一个开关站，并将敦煌示范项目的送出先引入开关站后，再与国投项目一起并入 35kV 线路送出。该方案的变更对两家的工程投资并没有节约，而且在运行管理上还显得复杂和麻烦，但对地方来说可能会省出一条线路走廊而已。

第八章　光伏可以驱动中国

能源是人类经济社会发展的动力。但过多使用化石能源给环境带来一系列问题，却让人们感到困惑与迷茫。于是大家把眼光聚焦到了可再生能源上。然而，可再生能源看上去又娇弱细嫩、难堪重任。太阳能就是这样。不过，那是就可再生能源在世界各地的一般水平而言，以中国的特殊地理位置和气候条件来说，太阳能绝不只是充当“胡椒面”的调味品，而是能够真正扮演挑大梁的关键角色。

第一节　中国太阳能资源分布情况

中国幅员辽阔，太阳能资源非常丰富。据测算，我国陆地表面每年接受的太阳辐射能约为 50×10（18）kJ，全国各地太阳年辐射总量达 335～837kJ/cm^2·a，中值为 586kJ/cm^2·a。从全国太阳年辐射总量的分布来看，西藏、青海、甘肃、新疆、内蒙古、宁夏、陕西、山西、河北、山东、辽宁、吉林西部、云南西部和中南部、广东东南部、福建南部、海南岛东部和西部以及台湾的西南部等广大地区太阳辐射总量很大。如图 8-1 所示。理论上通常又将全国各地的太阳辐射情况分成五类区域。

一类地区：全年日照时数在 3200～3500 小时，辐射总量 670～837×104kJ/cm^2·a。相当于 225～285kg 标煤燃烧所发出的热量。此类地区主要有青藏高原、甘肃北部、内蒙南部、宁夏北部、新疆南部等地。这是我国太阳能资源最丰富的地区。

二类地区：全年日照时数在 3000～3200 小时，辐射总量 586～670×104kJ/cm^2·a。相当于 200～225kg 标煤燃烧所发出的热量。该类地区包括河北西北部、宁夏南部、甘肃南部、青海东部、西藏东南部、陕西北部等地。这是我国太阳能资源较丰富的地区。

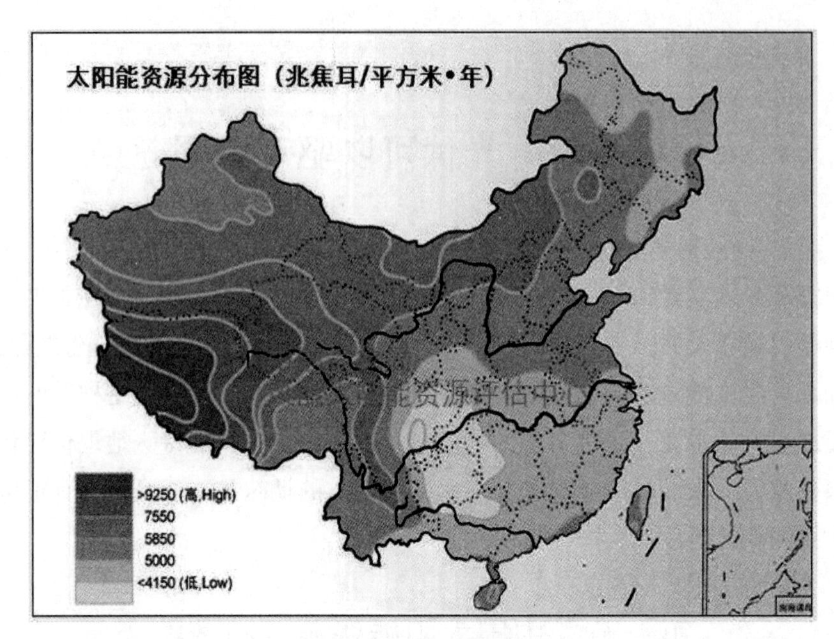

图 8-1　全国太阳能资源分布图

三类地区：全年日照时数在 2200～3000 小时，辐射总量 502～586×104kJ/cm^2·a。相当于 170～200kg 标煤燃烧所发出的热量。此类地区包括山东、河南、河北东南部、山西南部、新疆北部、吉林、辽宁、甘肃东南部、云南、广东南部、福建南部、江苏北部、安徽北部等地。

四类地区：全年日照时数在 1400～2200 小时，辐射总量 419～502×104kJ/cm^2·a。相当于 140～170kg 标煤燃烧所发出的热量。此类地区主要有长江中下游、福建、浙江、台湾、广东等地区。

五类地区：全年日照时数在 1000～1400 小时，辐射总量 335～419×104kJ/cm^2·a。相当于 115～140kg 标煤燃烧所发出的热量。这类地区只有四川、贵州两省。

一二三类地区，年日照时数大于 2000 小时，辐射总量高于 586×104kJ/cm^2·a。是我国资源丰富或较丰富地区，面积较大，约占全国总面积的 2/3 以上，具有利用太阳能的良好条件。四五类地区虽然太阳能资源条件较差，但仍有一定的利用价值。

以上对我国太阳年辐射总量的分布及分类，与 2013 年 8 月份国家发改委出台《关于发挥价格杠杆作用，促进光伏产业健康发展的通知》中，将全国光资源分为三类资源区的类别是不一样的。后者是把全国各地的光资源划分为三种情况，但类别的区域界线比前者更清楚、更具体。假如投资光伏发电业者在文件规定的我国光资源条件最好的地区和县市开发建设地面光伏发电站，他所享受的光伏电价只有每千瓦时 0.9 元。依此类推。

作为光伏发电行业，我们平时使用更多的则是“发电年利用小时”。发电年利用小时就是单位光伏发电装机容量所在指定区域的年光照总量，折算为能够让其满发的一年中的小时数。比如，我们前面说到敦煌光伏发电示范项目可研预测的年利用小时数为 1700 小时就是这个概念。发电年利用小时一般不是从上述光辐射分布图上直接转化而来，它是以预选厂址上收集不少于一年的光资源实测数据为主，再适当参考当地气象的历史数据以及美国 NASA 所测光照数据综合而来。

各地的光资源情况以发电年利用小时表示，会更加简洁明了。通过这几年的光伏发电工程实践，业内对全国各地的光照发电年利用小时，心中都有一张大致的对应表。如光照资源最好的青藏高原地区，发电年利用小时一般会达到 1700 小时甚至更高；甘肃北部地区发电年利用小时会在 1650～1700 小时左右；新疆中南部、甘肃中部、内蒙南部、宁夏中北部、陕西北部、河北北部部分地区，光照资源的发电年利用小时大约都在 1550～1650 上下；而我国南部沿海各地，如广东、福建、浙江等地近海地区，光资源发电年利用小时通常都在 1100～1200 小时之间。因此，在我国目前的光伏发电工程造价及电价政策条件下，哪些地方可以优先开发太阳能资源，就一目了然了。

第二节　中国太阳能资源几大特点

从以上对光资源分布情况的分析可知，中国太阳能资源具有以下几个特点：

（1）北强南弱。从青海和甘肃北部开始，到内蒙南部一路往南，直到东南沿海地区，光照资源从发电年利用小时 1700 小时降到 1100 小时左右。这是由南部天气湿润、北部天气干燥的气候条件所决定的。因此，我国北方的太阳能资源利用条件比南方的要好得多。

（2）西高东低。从青藏高原开始，沿黄河流域一路向东，光照资源从发电年利用小时 1700 小时以上，逐步降到山东、江苏东部的 1300～1400 小时左右。这是由于我国的东部地区海拔较低，西部高原海拔较高所致。同时与中东部地区人口密度大、工业较发达也有很大关系。

（3）长江流域及以南地区，光照资源大致差不多。长江中上游由于多山植被好、湿度大、阴雨天多，所以四川、贵州一带的光照条件更弱些。长江中下游及沿海地区，也是因为人口密度大，工业较发达，雾霾天气多，所以光资源较全国其他大部分地方更弱些。

（4）光资源好的地方，大多是平地荒漠，闲置地多。从利用光资源的角度而言，条件可谓良好。对于开发地面大型并网光伏电站来说，条件尤其适合。不但四通一平的工程简单、造价低，而且不与粮争地。好多戈壁荒漠鸟无人烟，发展光伏发电又不需要水，所以也不与民争地、与民争水。

（5）光资源弱的地方，耕地、乡村、城镇居多。即便有一部分是山地，但因天气湿润，植被长势良好。从光资源利用角度来看，这些地方要发展地面光伏电站，成本太高，条件不是太好。但是，随着光伏发电成本的不断降低，开发建筑屋顶包括厂房屋顶的分布式光伏发电，还是有着较好的发展前景。这几年“金太阳”工程能得以大力推广，就足以证明在光资源较弱的地方发展屋面光伏发电是有一定价值的。

（6）光资源较好的地方，大致都落在北纬 40° 附近范围内，而且东西跨度很大，从东经 75° 到东经 125° 之间。就日落日出的时间来说，东部与西部地区间最大时差可达 3 个小时左右。这些有利的地理位置条件，是我们国家大面积开发地面光伏电站的优势所在。

第三节　中国太阳能资源的可开发潜力

中国太阳能资源的可开发潜力大得惊人。有理论研究表明，只要我们拿出百分之几的国土荒漠地，以现有的技术水平来发展光伏发电，其电力电量足可以满足我国当前的全社会用电需求。这是理论上的计算，一点儿都没错。但是，如何相对具体地评估我国太阳能资源的可开发潜力，以及如何相对清晰地给出我国太阳能资源的开发思路才是关键。

鉴于光伏发电的特殊性，也不是所有的荒漠地都能建造光伏电站的，因为光伏组件需要最大限度地接受太阳光照。比如，荒漠山坡地的背阴面以及密布大块乱石的荒漠地（山地）等就不适宜建设光伏电站。因此，要精确给出我国太阳能资源的可开发潜力不是一件容易的事情，而且也没有太大的意义。一种较为实际的做法应该是：计算出太阳能资源较好的适合建设光伏电站的，而且也是我们最需要整治并利用的非农非牧用的大片荒漠地，如沙漠、沙地等，以及乡村城镇附近的零星荒漠地。

两种比较切合实际的做法是：对于可开发的乡村城镇附近的零星荒漠地，可开发为中小型光伏电站作为所在地省区市的自用电或补充用电；而大片荒漠地即沙漠、沙地、戈壁滩等，则可开发为大型或特大型的光伏电站，继而以北电南送到我国中东部和南部地区使用。因此相对于后者，第一种装机容量我们都可以将其忽略不计。这里我们就着重说说后者可开发的装机容量的大致情况。

第一、毛乌素沙漠：位于内蒙西南部、陕西北部、宁夏东部。毛乌素沙漠总面积 4.22 万平方千米，估计可开发光伏电站的有效面积在 4 万平方千米以上。以我们目前最保守的光伏发电设计用地来说，1 平方千米至少安装 3 万千瓦装机容量，以此推算得出毛乌素沙漠可开发的光伏发电装机容量在 12 亿千瓦左右！这相当于我国 2013 年的全国发电总装机容量水平。考虑到毛乌素地区的光照发电年利用小时在 1600 小时左右，大约只有火电厂年设计利用小时的 1/3，那也抵得上我国 2013 年全国发电总装机容量的 1/3 水平了！

当然，我们不可能把整个沙漠 100%都开发成光伏电站，但只要能将其中的大部分面积开发出来，也就相当有价值了！况且在开发光伏电站的同时，也是我们在治理沙漠的过程。一举两得，何乐而不为？

第二、腾格里沙漠：位于内蒙西南部，在甘肃与宁夏之间，面积 4.27 万平方千米。该沙漠边缘地带的甘肃和宁夏境内个别地方已零零星星建起了小规模光伏电站。腾格里沙漠的光照发电年利用小时与毛乌素沙漠差不多，大约在 1600 小时左右。由此可见，该沙漠若能得到有效开发，光伏发电装机容量至少也在 12 亿千瓦以上。

第三、巴丹吉林沙漠：位于内蒙西部、甘肃北部，总面积 4.77 万平方千米。由于该区域接近敦煌，估计其光照发电年利用小时也在 1700 小时左右。根据上述设计布置原则，巴丹吉林沙漠可开发的光伏发电装机容量不少于 14 亿千瓦。

第四、塔克拉玛干沙漠：位于新疆南部，总面积33万平方千米。它是我国四大沙漠中最大的一个，也是最靠西部国土面积的沙漠。该区域虽然离敦煌地区不远，但因其海拔低，空气透明度不高，估计其光照发电年利用小时数在 1600 小时左右。按上述设计布置原则，可开发光伏发电装机容量在 99 亿千瓦以上！

以上是我国四大沙漠可开发光伏发电装机的大致情况。实际上，内蒙东部还有浑善达克沙地和科尔沁沙地，两个沙地的面积都不小于毛乌素沙漠面积。但因其中有一大部分是牧用草地，只有流动沙漠部分可用作光伏电站开发，所以可开发的装机容量就不会太大。不过，在青海、甘肃、新疆还有许多小沙漠和大片戈壁滩等荒漠地，这些地方加上前述四大沙漠与两大沙地，总的可开发光伏发电装机容量至少在200亿千瓦以上！

由此可见，我国可开发的太阳能资源真可谓是“取之不尽、用之不竭”的！

第四节　甘肃省太阳能资源

由于我国的第一个地面并网光伏发电项目发端于甘肃敦煌，所以有必要先了解一下甘肃及其敦煌的太阳能资源情况。通过这几年的工程实践表明，从目前太阳能光伏发电可经济开发的综合条件来讲，甘肃尤其是敦煌与周边地区可谓是数一数二的好地方。因此，我们先来看看甘肃和敦煌的太阳能资源情况。

甘肃省具有丰富的太阳能资源，年日照时数在1700～3320小时之间，年太阳能总辐射量在4800～6400MJ/m^2，年资源理论储量67万亿kWh，每年地表吸收的太阳能约相当于824亿吨标准煤的能量，开发利用前景广阔。

（1）甘肃省日照时数分布

甘肃具有丰富的太阳能资源，全省各地年日照时数在1700～3320小时之间，自西北向东南逐渐减少。河西走廊西部年日照时数在3200小时以上，陇南南部在1800小时以下，其余地区在2000～3000小时之间。

（2）甘肃省太阳总辐射量

甘肃全省年太阳能总辐射量在4800～6400MJ/m^2，年资源理论储量67万亿 kWh，每年地表吸收的太阳能约相当于 824 亿吨标准煤，开发利用前景广阔。河西走廊、甘南高原为甘肃省太阳辐射丰富区，年太阳总辐射量分别为

6400MJ/m^2 和 5800MJ/m^2，陇南地区相对较低、年太阳总辐射量仅 4800～5200MJ/m^2，其余地区为 5200～5800MJ/m^2。

除陇南地区外，甘肃省年太阳总辐射量比同纬度的华北、东北地区都大。

甘肃省以夏季太阳总辐射最多，冬季最少，春季大于秋季。7 月各地太阳总辐射量为 560～740MJ/m^2；1 月为 260～380MJ/m^2；4 月为 480～630MJ/m^2；10 月为 300～480MJ/m^2，最大月与最小月的太阳总辐射量相差约 2 倍。

（3）敦煌地区太阳辐射资源情况

根据敦煌气象局（国家基准气候站）提供的 1990～2000 年 10 年间的平均气象资料显示，敦煌全年日照小时数 3362h，年日照辐射量为 6682.05MJ/m^2，总辐射量最大值出现在 5、6、7 三月。从季节的变化量看，以夏季最大，冬季最小。日照时数的年际变化是夏秋季最大，冬季最小。一年中日照时数从 2 月份开始逐月增多，6 月份达到最高值，伏期和秋季维持次高状况，直到冬季的 12 月至 2 月降到最低值。

由敦煌气象局（国家基准气候站）提供的 1990～2000 年 10 年平均的敦煌地区各月气象资料见表 8-1～8-4。

表 8-1 敦煌地区气象资料信息表

月份	月辐射量 MJ/m^2	月均日照时间	日出时（北京）	日落时（北京）	夜间最低温度（℃）	昼间最低温度（℃）	平均降雨量（mm）
1	344.08	241.3	9.03	18.35	-18.0	5.5	0.7
2	390.51	215.1	8.38	19.12	-16.0	14.1	0.3
3	582.79	289.8	7.58	19.44	-11.8	24.8	3.5
4	595.01	246.4	7.07	20.16	-5.8	27.5	1.8
5	857.34	360.8	6.28	20.46	5.6	35.5	1.5
6	856.88	360.9	6.13	21.09	9.9	36.5	4.9
7	805.45	321.4	6.24	21.09	13.6	39.7	16.1
8	744.45	314.9	6.52	20.41	10.3	37.9	2.6
9	587.63	280.5	7.21	19.52	3.2	31.6	1.7
10	481.11	275.0	7.51	19.03	-1.4	25.1	1.5
11	341.20	240.1	8.26	18.25	-8.3	14.3	0.8
12	293.6	215.8	8.57	18.15	-26.4	17	1.1
合计	6882.05	3362					36.5

表 8-2 敦煌地区平均 10 年（1990～2000 年）气象资料信息

月份	太阳总辐射 MJ/m^2	日照时数（小时）	晴天日数（天）	阴天日数（天）	平均最高温度（℃）	平均最低温度（℃）	平均降雨量（mm）
1	344.08	241.3	10.8	2.1	-0.9	-14.2	0.7
2	390.51	215.1	9.3	2.7	5.9	-9.4	0.3
3	582.79	289.8	6.4	5.4	13.0	-2.3	3.5
4	595.01	246.4	5.6	4.5	21.7	4.6	1.8
5	857.34	360.8	6.9	4.9	24.7	9.9	1.5
6	856.88	360.9	5.8	5.3	31.4	14.5	4.9
7	805.45	321.4	7.2	6.0	33.1	17.2	16.1
8	744.45	314.9	11.4	4.5	31.8	14.8	2.6
9	587.63	280.5	12.0	2.8	27.2	8.7	1.7
10	481.11	275.0	14.4	1.9	18.6	0.7	1.5
11	341.20	240.1	12.5	1.1	8.7	-5.5	0.8
12	293.60	215.8	10.7	2.6	1.0	-10	1.1
全年	6882.05	3362	113	43.8	216.2	29	36.5

表 8-3 敦煌地区其他气象数据

平均风速	19m/s	最大风速	140m/s	
连续大风天数		最长连续无日照天数		发生月份
恶劣天气	雷	6 次/年	发生月份	5、6
	强风	4 次/年	发生月份	3、6、7
	沙尘	7 次/年	发生月份	2、3、4、6
	暴风雨（雪）		发生月份	

表 8-4 敦煌地区月辐射总量、日平均辐射量和天文辐射

辐射月份	月辐射总量（MJ/m^2）	日平均辐射量（kWh/m^2）	天文辐射（kWh/m^2）
1 月	344.08	3.083	4.218
2 月	390.51	3.874	5.699
3 月	582.79	5.222	7.617
4 月	595.01	5.509	9.615

续表

辐射 月份	月辐射总量 （MJ/m²）	日平均辐射量 （kWh/m²）	天文辐射 （kWh/m²）
5 月	857.34	7.682	11.025
6 月	856.88	7.934	11.599
7 月	805.45	7.217	11.296
8 月	744.45	6.675	10.146
9 月	587.63	5.441	8.327
10 月	481.11	4.311	6.253
11 月	341.20	3.159	4.560
12 月	295.60	2.649	3.815
合计	6882.05		

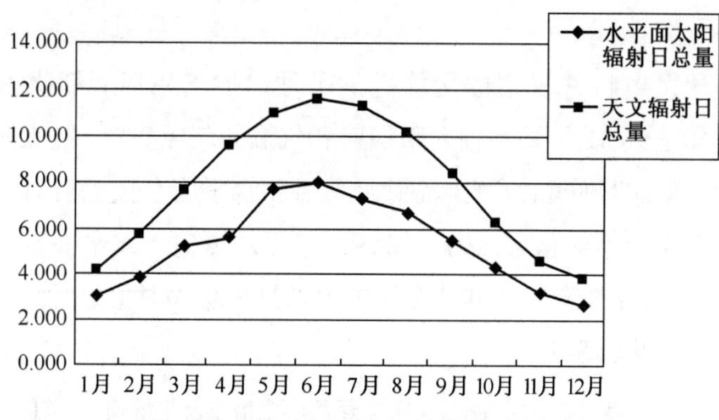

图 8-2　敦煌水平面日辐射量和天文辐射

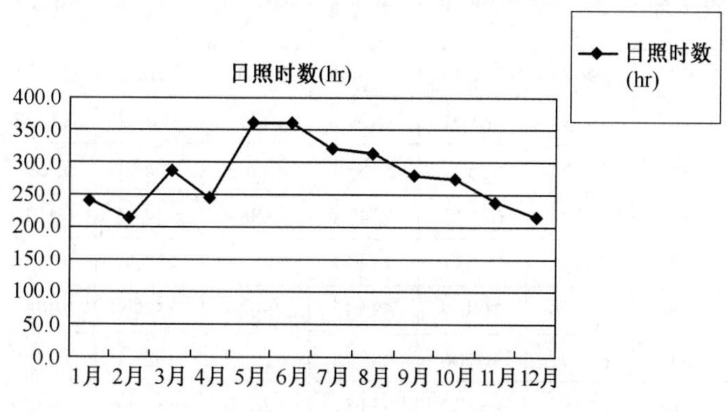

图 8-3　敦煌年平均逐月平均日照时数

由图 8-2 可见，敦煌地区到达地面的太阳辐射与天文辐射具有一致的变化规律，特别是在敦煌多雨的 5～8 月，当天文辐射达到最大值时，同期到达地面的太阳辐射也达到最大值。从图 8-3 也可以看出，在 5～8 月其日照时数也达到最大。说明敦煌整个太阳辐射的接受条件较好，雨季对其影响很小，这有利于太阳辐射能的充分接收。

值得说明的是，地方气象部门提供的光照幅度对光伏发电项目而言有些偏大，比如敦煌气象局（国家基准气候站）提供的 1990～2000 年 10 年间的平均气象资料显示，敦煌地区全年日照辐射量为 6682.05MJ/m^2，根据 1kWh=3.6MJ 换算，敦煌示范项目发电年利用小时高达 1856.125 小时。而 NASA 给出的敦煌地区全年光照幅度是 6145.31MJ/m^2。两者的差距还不小。

第五节　敦煌示范项目对太阳辐射数据的选取

敦煌光伏发电特许权招标文件提供了甘肃省气象局所提供的敦煌地区 1977～2007 年连续 31 年长系列太阳辐射和气温的气象资料。在太阳辐射资料中，提供了总辐射月总量、净全辐射月总量和水平面直接辐射月总量三个辐射数据。由于净全辐射总量 1977～1992 年无观测值，水平面直接辐射总量 1993～2007 年无观测值，且电量测算中可以只用总辐射值进行计算，故将总辐射月总量整理见表 8-5。

表 8-5　1978～2007 年逐月总辐射值及平均值　　单位：0.01MJ/m^2

月份＼年度	1978 年	1979 年	1980 年	1981 年	1982 年	1983 年	1984 年	1985 年
1 月	31022	29499	28099	28588	28407	27065	29881	29918
2 月	36168	35733	36801	35295	34715	36457	34623	34841
3 月	48856	49264	52327	55573	49333	50423	52697	50896
4 月	67852	53309	63512	62428	61889	62477	60136	60725
5 月	75827	70905	73831	75457	72877	70574	75348	68022
6 月	76142	71595	70467	68752	76947	75225	70930	71544
7 月	76812	67291	70706	68298	81973	69224	80337	78396
8 月	69566	62456	65332	63151	62610	68109	70729	71987

续表

年度/月份	1978年	1979年	1980年	1981年	1982年	1983年	1984年	1985年
9月	53158	49816	56200	55655	59578	57750	58570	58905
10月	44531	44063	48586	44748	45114	46151	48311	45549
11月	30931	33782	33145	32215	29468	32721	28988	30206
12月	24901	27436	28201	26507	25658	26497	24320	25097
年总值	635766	595149	627207	616667	628509	622673	634870	626059

年度/月份	1986年	1987年	1988年	1989年	1990年	1991年	1992年	1993年
1月	30623	28798	28897	33493	30755	29552	28850	30322
2月	34501	35089	36033	40547	38868	35693	38022	32973
3月	48823	47992	53472	59612	51127	50488	49612	48683
4月	66438	58455	64288	63340	69946	66189	69143	66111
5月	67602	74378	70274	81840	86986	80947	75334	71678
6月	72418	72033	70208	77605	86958	76242	77276	74521
7月	75195	79050	88878	75591	79356	83277	68362	63995
8月	72867	76178	84857	74196	76755	65079	71436	60761
9月	59757	59741	73055	60448	63083	62586	60952	54382
10月	45550	43193	57095	50607	47064	48024	47196	41580
11月	28515	30140	40212	34791	33011	29407	31001	24620
12月	24349	23935	28790	29039	26511	24677	25348	22981
年总值	626638	628982	696059	681109	690420	652161	642532	592609

年度/月份	1994年	1995年	1996年	1997年	1998年	1999年	2000年	2001年
1月	25629	29853	28172	27583	31642	32728	28547	31908
2月	29662	37077	35178	38712	35169	36260	38111	36551
3月	50486	51079	47695	54979	48750	54212	56767	55779
4月	59381	65680	63310	69055	63550	61353	64300	57001
5月	77720	80375	82221	74294	73884	73803	73536	83234
6月	71986	79585	缺	75094	83182	75624	69751	82688
7月	77702	73980	68586	75592	75936	72462	72671	77545
8月	70987	70171	66482	63232	72705	65948	69437	71497

续表

月份\年度	1994年	1995年	1996年	1997年	1998年	1999年	2000年	2001年
9月	56366	53188	57143	61293	58692	53959	57254	56263
10月	45592	43754	43834	47614	50249	45258	43403	45611
11月	30448	32812	30430	30135	35021	30868	32466	31620
12月	23603	26276	26425	26684	24666	25154	22929	27061
年总值	619562	643830	549476	644267	653446	627629	629172	656758

月份\年度	2002年	2003年	2004年	2005年	2006年	2007年	10年平均值	30年平均值
1月	29867	32270	29326	29326	27683	31527	29546	29659
2月	37278	35268	36076	34580	34104	37576	36055	36071
3月	55558	54987	50220	51522	52886	52421	51618	51976
4月	61352	56512	65010	70200	62940	63120	65471	63238
5月	77644	78739	77934	79050	70711	85126	76856	75863
6月	76024	74200	77160	79230	72510	74520	77022	75135
7月	73984	77953	76322	73377	65410	74989	74333	74894
8月	69648	70291	70091	66402	66185	69564	68651	69406
9月	52052	58842	58590	58860	60960	56760	58176	58000
10月	47679	47825	45384	48019	48267	45539	45973	46492
11月	33579	28698	31920	32430	32820	34050	30979	31711
12月	25047	27960	25017	26815	26288	25916	24883	25728
年总值	639712	643545	643050	609811	620764	651108	639563	638174

注：表中10年平均值指1991年～2000年均值；30年平均值指1978年～2007年均值。

在所有的总辐射月总量数据中，1996年6月的数据缺测，按气象数据的处理规范，剔除1996年的数据，分别计算整理出1977～2007年30年和1990～2000年10年的平均总辐射值见表8-5。

根据招标文件提供的1977～2007年敦煌市月平均温度及极限温度表选取电量测算所需的平均温度整理如表8-6。为与总辐射值对应，剔除1996年的数据后，其相应的1977～2007年30年和1990～2000年10年平均温度计算整理填入表8-6中。由表8-5中可见，根据招标文件所提供的1977～2007年太阳辐射值所得出的辐射数据与《敦煌 10MWp 太阳能光伏发电工程预可行性研究报告》中所采用的辐射数据（见本报告表 8-1 和表 8-2）有出入，为便于计算比较，将表 8-5 中多年辐射平均值和预可所采用的辐射值列入表 8-7 中。

表 8-6　1977～2007 年逐月平均温度及年平均值　　单位：摄氏度℃

月份 年度	1月	2月	3月	4月	5月	6月	7月	8月	9月	10月	11月	12月
1977	-11.3	-4.0	4.1	10.9	17.5	22.4	23.7	24.4	18.1	9.6	2.0	-4.4
1978	-11.4	-6.0	4.3	13.7	19.6	23.4	25.4	23.5	16.6	8.6	0.8	-4.5
1979	-9.8	-1.9	2.1	11.8	17.2	22.7	21.9	22.1	16.6	10.0	-1.0	-5.1
1980	-8.2	-4.9	3.5	12.6	18.7	22.4	24.5	23.3	16.8	9.4	4.0	-4.6
1981	-8.3	-3.7	5.9	14.2	18.3	23.1	24.8	21.9	16.8	6.3	-1.2	-9.0
1982	-5.7	-2.4	5.1	11.4	18.7	22.5	24.2	23.0	16.3	10.5	-0.4	-7.3
1983	-8.4	-4.0	4.2	11.0	18.4	22.2	23.4	22.4	17.2	8.3	1.5	-7.1
1984	-10.3	-6.9	4.1	12.2	18.9	21.6	23.7	22.1	16.6	7.6	0.8	-10.3
1985	-8.6	-3.8	2.4	13.5	18.3	22.3	24.9	24.1	15.2	8.8	0.3	-6.4
1986	-6.9	-3.5	2.9	10.9	19.7	21.8	25.9	23.6	16.3	8.5	-1.6	-6.6
1987	-6.4	-0.9	4.6	13.1	18.0	21.7	25.5	23.7	18.0	8.2	0.4	-4.5
1988	-6.8	-4.7	2.4	12.6	17.4	22.7	25.0	24.3	18.2	7.9	1.2	-5.6
1989	-9.5	-4.2	4.1	11.6	19.7	22.3	24.5	23.0	17.2	10.5	-0.2	-3.5
1990	-6.8	-2.7	5.6	11.4	18.7	23.7	24.3	23.0	17.8	9.4	1.3	-6.2
1991	-6.5	-2.9	5.2	12.3	18.1	23.6	26.2	22.4	17.0	8.9	0.6	-6.5
1992	-9.7	-3.0	4.2	13.7	18.0	23.2	23.5	22.6	15.8	7.4	-1.0	-5.0
1993	-7.9	0.2	6.2	12.7	16.0	21.8	23.8	21.8	16.8	7.3	-0.7	-6.6
1994	-7.2	-1.8	3.3	13.5	19.0	23.2	25.8	23.3	16.2	6.8	3.6	-4.7
1995	-9.8	-1.8	3.5	11.2	19.0	23.0	23.8	23.2	17.8	9.0	1.4	-7.3
1996	-9.1	-4.3	4.1	11.9	19.0	22.5	24.4	22.9	17.2	9.0	0.4	-6.6
1997	-5.7	-3.5	7.6	13.9	20.7	23.5	25.9	27.2	16.9	9.2	-1.8	-7.5
1998	-9.1	-0.5	4.9	15.1	18.0	24.8	25.2	23.6	18.5	9.7	2.8	-3.9
1999	-8.0	-1.5	4.8	13.6	19.6	24.0	26.2	24.3	18.4	9.7	0.8	-4.5
2000	-7.5	-4.1	4.8	12.7	21.1	22.7	26.7	23.7	17.6	8.2	0.2	-5.0
2001	-6.9	-1.3	6.3	12.1	19.9	24.9	26.4	24.0	18.3	10.1	2.3	-10.6

续表

年度＼月份	1月	2月	3月	4月	5月	6月	7月	8月	9月	10月	11月	12月
2002	-5.5	-0.4	6.6	12.9	19.2	24.5	26.3	25.1	16.0	10.2	2.6	-0.3
2003	-7.6	-1.3	5.7	11.4	19.1	24.4	25.0	23.3	18.1	8.7	0.3	-7.1
2004	-7.5	-1.1	6.2	16.0	19.8	24.0	25.8	22.7	17.5	8.2	1.6	-5.4
2005	-8.2	-3.8	5.7	13.9	19.8	24.8	25.7	23.6	18.6	8.8	1.4	-8.4
2006	-10.4	-0.6	5.5	14.5	19.0	24.4	25.9	24.9	18.1	11.8	3.5	-5.2
2007	-7.4	1.7	5.8	14.1	20.8	24.5	25.1	23.8	18.2	8.7	2.2	-5.6
10年均值	-7.9	-2.1	4.9	13.2	18.8	23.3	25.2	23.1	17.2	8.5	0.7	-5.7
30年均值	-8.1	-2.6	4.7	12.8	18.9	23.2	25.0	23.3	17.3	8.9	0.9	-6.2

注：表中10年均值指1990～2000年平均值；30年均值指1977～2007平均值。

表8-7　逐月总辐射平均值与预可报告总辐射值　　单位：MJ/m^2

	1990年～2000年10年总辐射平均值	1977年～2007年30年总辐射平均值	预可报告1990～2000年10年总辐射平均值
1月	295.46	296.59	344.08
2月	360.55	360.71	390.51
3月	516.18	519.76	582.79
4月	654.71	632.38	595.01
5月	768.56	758.63	857.34
6月	770.22	751.35	856.88
7月	743.33	748.94	805.45
8月	686.51	694.06	744.45
9月	581.76	580.00	587.63
10月	459.73	464.92	481.11
11月	309.79	317.11	341.20
12月	248.83	257.28	295.60
全年总值	6395.63	6381.74	6882.05

由表8-7可见，采用1977～2007年30年总辐射平均值计算所得的年平均总辐射值为 6381.74MJ/m^2，与本次项目特许权招标文件提供的预可报告中所

采用的 6882.05MJ/m^2 有较大的差距。而且，即使是在 1977～2007 年中取 1990～2000 年的数据与预可报告的数据进行同口径比较，其总辐射年平均值为 6395.63MJ/m^2，这与 6882.05MJ/m^2 仍有较大差距，而与 6381.74MJ/m^2 很接近。此外，如果我们分析表 8-5 中所列 30 年（剔除 1996 年数据）总辐射数据，年总辐射值达到 6800MJ/m^2 的年份只有 3 年，分别是 6960.59MJ/m^2（1988 年）、6811.03MJ/m^2（1989 年）和 6904.20MJ/m^2（1990 年），其他 27 年的数据均在 6567.58MJ/m^2（2001 年）至 5926.07MJ/m^2（1993 年）范围之间波动。

为了进行更好的比较，我们还查证了国际上的一些权威机构所给出的数据予以比对，如美国航空航天局 NASA 的有关数据。经查 NASA 的 NASA's Earth Science Enterprise Program 的 Surfacemeteorology and Solar Energy 数据库所提供的 22 年平均总辐射值，得到表 8-8。

表 8-8 NASA 年平均辐射值

	日平均值（kWh/m^2）	月平均值（kWh/m^2）	月平均值（MJ/m^2）
1 月	2.78	86.18	310.25
2 月	3.79	106.12	382.03
3 月	4.86	150.66	542.38
4 月	5.90	177.00	637.20
5 月	6.53	202.43	728.75
6 月	6.35	190.50	685.80
7 月	5.99	185.69	668.48
8 月	5.66	175.46	631.66
9 月	4.91	147.30	530.28
10 月	4.08	126.48	455.33
11 月	2.92	87.60	315.36
12 月	2.31	71.61	257.80
全年总值			6145.31

由上表数据可见，NASA 给出的敦煌项目地区 22 年的平均总辐射量为 6145.31MJ/m^2，与 6882.05MJ/m^2 相比差距更大。

综上所述，鉴于以往没有光伏发电方面的工程实践经验，对同一地区出现一组差异较大的太阳辐照值时，我们只能采取就低不就高的原则，为示范项目选取相对保守的工程方案，即对敦煌地区的光照幅度最终是以参考 NASA 数据为主来预测年度发电量的。几年来，对示范项目发电量的跟踪比较（甚至对更多的光伏发电项目进行了比较），敦煌地区光照幅度按 NASA 数据给出的年发电利用小时为 1700 小时，和年平均温度为 9.8℃来进行计算是比较准确的。

第六节 中国光伏发电能挑大梁

大家可能都知道，欧洲有一个非常宏伟的绿色能源计划——“沙科计划”。说的是欧洲准备在非洲的撒哈拉大沙漠建设太阳能电站，然后将其所发电力送到欧洲使用。其间输电线路进入欧洲大陆西班牙之前，还得利用电力电缆穿过十几公里的直布罗陀海峡。由此可知“沙科计划”的昂贵与工程难度之大。如果把我们前面介绍的光伏发电开发思路当作“中国沙科计划”的话，那我们的“沙科计划”较之欧洲版的“沙科计划”，优势大得多。

首先，我们拟选的荒漠地光伏电站站址都在国内，近在咫尺。而且周边基本都有电力网架，交通便捷，基础设施良好。因此工程启动快，成本投入低，尤其是前期少量建站阶段，北电南送可以借用现有超高压或特高压网架通道，节约资金和时间。

其次，欧洲的“沙科计划”不管是发电侧还是用电侧都牵涉到许多国家和地区，而我们的光伏发电方案只牵涉到自己一个国家，因此其间的协调工作就比欧洲的“沙科计划”简单得多。从这里也可知晓为何欧洲的“沙科计划”谈论了许多年却未见行动的部分原因。

再次，欧洲的“沙科计划”纯粹是为了获取能源，而我们的上述光伏发电开发思路除了可以为国家获取清洁可再生能源外，还可以达到为国家治理沙漠、保护环境、有效利用国土资源的目的。因此，两者实施起来的内生动力和效果是不一样的。

当然，我们的“沙科计划”是否可行，不是取决于能否比得过欧洲的“沙科计划”，而关键还取决于在上述地区建设大规模光伏发电站是否必要？且光伏发电在我国是否可以独挡一面？对此，我们说说以下几点看法：

第一，低碳绿色发展的压力，迫使我们不得不努力寻找清洁发展方式。

同样，能源危机的不断逼近，以及能源安全面临的威胁，也促使我们不得不加快开发清洁可再生能源的步伐。而在众多清洁可再生能源中，太阳能是最受推崇的能源之一，既可大量开发，又安全可靠。

第二，中国大部分地区面临缺水的严峻现实，提醒我们必须发展光伏发电。我国西北部地区太阳能资源好，但严重缺水。相对于发展火电而言，发展光伏发电不但节约了宝贵的水资源，而且还能有效地保护和催生一些植被。这在以往建设的光伏电站中都得到了印证。人们对此现象的解释是：大面积建设光伏电站后，降低了地面暴晒强度，减少了地表水分蒸发，所以对植被恢复和生长有利。

第三，沙尘暴的频繁来袭，也让我们想到必须发展光伏发电。沙漠化不断外延，沙进人退，不但压缩了我们的生存空间，恶化了周边的人居环境，也给全国许多地方带来沙暴灾害。而发展光伏发电，相当于给荒漠地加以一定程度的遮挡，保护了地面，并使地面风速减缓，同时让沙尘暴产生、发展和漫延的动能降低。

第四，光伏发电出力相对稳定并可预测。由于光资源好（发电年利用小时大于 1500 小时以上）的地区，气候都比较干旱，云淡天青的天气多，所以光伏发电也相对稳定。另外，现在的气象科学比较先进，近期 3～5 天内的天气准确预报根本不是问题，这就为电力调度提供了有效预测的手段，给并网运行带来了安全稳定的保障。

第五，光伏发电技术已经成熟。晶硅组件运行稳定可靠，转化效率较高，尤其是近来组件价格的快速下降，使得光伏发电正在与传统火力发电接近同价并网的电价水平。除外，我国还是光伏组件的生产大国，有丰富的光伏发电工程实践，也有世界上少有的大型光伏电站运行与并网经验。同时，我们还有一系列从电力电气设备制造、输电线路工程建设到超高压、特高压电网调度运行的技术与经验。鉴于这些有利条件，足以让我们大胆实施沙漠光伏发电计划。

第六，近几年来光伏发电的迅猛发展，造就了一大批从民营企业到国营央企的光伏发电设计、工程建设以及运营维护的专业队伍。2013 年，我国仅太阳能发电（实际就是光伏）当年就新增装机容量 1044 万千瓦。这是个什么概念？这是 2010 年底我国太阳能发电装机总容量的 38.4 倍。同时也相当于

1996年全国电力系统新增发电装机总容量的水平（千瓦数）!

当然，太阳能光伏发电也有不尽如人意的地方，比如太阳能能量密度低，没有太阳时不能发电，等等。但就荒漠地建设光伏电站而言，太阳能能量密度低，不外乎加大了些我们建设光伏电站的用地面积而已。至于没有太阳时尤其是夜间不能发电的问题，我们觉得也不是什么大问题。因为在目前情况下，我国的光伏发电在全国发电总装机中所占比重并不高，可以暂且把它当作“调峰电源”，让担纲主角的火电、核电机组在一天24小时里出力相对均衡些，这样还可以提高它们的安全系数和运营效益。

风好扬帆正当时。光伏发电现在不仅被人们所接受，而且的确可堪大任了!

第九章 “光伏+”发展前景美好

光伏在中国发展没几年，但已被国人因地制宜地做出了特色，干出了水平。独立光伏发电、并网光伏发电、分布式光伏发电，这些国外有的，我们都有。同时，架上发电，架下种养；光伏扶贫，光伏扶农，等等“光伏+”新概念，也让国人将光伏发电在中国的拓展空间发挥到了极致。图 9-1 就是渔光互补——“光伏+养殖”的一幅美丽图景。

图 9-1 “光伏+养殖”图景

第一节 “光伏+种植”提高土地利用效率

最近看到有关报道，说是太行山——燕山连片特困地区某地，县域面积 80%为山地，由于土地贫瘠，山上草木都不怎么生长。改革开放 30 多年，全县仍有 31%人口约 13.98 万人处于贫困状态。近几年，一家央企进山，以每亩每年 150 元的标准对集体荒山实行 25 年一次性补偿；以每亩每年 880 元的标准租赁村民垦荒地，并将适于开发建设光伏发电项目的土地建成光伏电站，让荒山变成了“金山”。在快速提高土地利用效率的同时，还为村民提供了在家门口打工的机会。

在南方，这方面的例子也很多。比如东南沿海地区，地少人多，许多从事蔬菜、花卉或中草药大棚种植的菜农、花农或药农，为了节约用地、降低地租，摊薄项目投资成本，就在大棚上动起了脑筋：实施一地两用、一棚多用，实现棚顶光伏发电、棚内种菜养花种草药，走出了一条创新发展农业之路，也为光伏发电开辟了广阔空间。

地处中原的河南省，是我国太阳能资源较为丰富的地区之一，省内各地太阳全年日照时数为2000～2550小时，年均日照率达45%～57%，太阳年辐射总值在4300～5500MJ/（m^2.a）之间，开发利用太阳能的条件相当优越。同时，河南省属于典型的暖温带半湿润大陆性季风气候，气候温和，日照充足、雨量集中、四季分明，具有开发高效农业的有利条件。因此，如能将二者的开发在有限的土地上结合起来，既解决了光伏电站的场地问题，又同时解决了高效生态农业的投资成本高的问题。河南省内黄县近年大举兴建的生态农业大棚就是实现这一设想的典型之作。它为地方新型城镇化建设提供了产业支撑，找到一个促进“三农”可持续发展方向；它为社会提供清洁优质的可再生能源，促进人与自然的和谐共存。

内黄县生态农业大棚一期工程占地面积2846亩，规划生态农业大棚棚顶面积约70万平方米，棚顶光伏装机100MWp。生态农业大棚将太阳能光伏发电和高效农业种植相结合，在大棚内部设有植物补光灯、地源热泵、加温和散热设备，实现农业种植的绿色、高产、高效。生态农业大棚的运作模式是，光伏发电项目公司委托高效农业种植公司开发建设生态农业大棚，一家负责大棚棚顶发展光伏发电产业，另一家则负责大棚棚内的高效农业生产经营，两家联合牵手，实现绿色电力生产和绿色高效种植的双赢。

随着国家“中东部地区率先发展”战略的实施，为我国中东部地区的经济和社会发展创造了非常难得的机遇和条件，充分利用这些地区丰富的太阳能资源，把太阳能资源的开发建设作为促进本地区经济发展的产业之一，以电力发展带动工业和农业生产，同时以电力发展带动资源开发，提高人民群众的物质文化生活水平，已成为中东部地区各级政府大力推进的扶助“三农”

工作的重点。

近年来，河南省内黄县地方政府针对内黄的农业优势，立足县情，发挥特色，大力发展三大高效农业，全面加快农业结构优化升级。温棚（大棚，下同）高效农业就是其中之一。目前，全县建有温室大棚 26 万栋，面积 13 万亩，总产值 17.4 亿元，农民来自温棚产业的收入人均 2676 元，占农民人均纯收入的 48%。形成了大棚“西瓜+西红柿”、大棚“甜瓜+菜椒”、温室“黄瓜+苦瓜”等特色农业生产模式，在全国素有“东有寿光，西有内黄”之美誉。现在，全县温棚高效农业的面积、品种和输出量位居中部五省第一，被农业部确定为全国设施蔬菜重点区域基地县、全国果菜标准化建设十强县。相信在“光伏+”的概念推动下，像内黄县这样的高效农业种植大县将会越来越多，经济和社会发展前景将更加令人瞩目。

据报道，地处内陆的宁夏中卫也建起了“沙漠大棚”——利用沙漠荒地架起一座光伏农业大棚。大棚园区面积 6.5 万亩，计划棚顶发电，棚内种菜，达到农光互补、绿色发展，而且可以吸收周边大量农村劳动力入棚打工。根据设计，农业大棚棚顶安装石英管采暖系统，冬季利用太阳能光伏发电，提升棚内温度。目前，该项目的一期 8 个大棚已经建设完成，每个棚顶每年可发电 4 万千瓦时电量。

第二节　“光伏+养殖”拓展产业发展空间

渔光互补是“光伏+”获得推广的又一典型案例。它不但提高了光伏发电工程对土地的开发利用价值，同时也产生了良好的绿色可持续发展的社会经济效益。江苏省连云港市太阳能资源较好，多年平均太阳总辐射量 5024.1MJ/m^2，从全国太阳辐射资源分布情况来看，连云港市太阳辐射属于资源较丰富区。此外，有“鱼米之乡”称呼的江浙地区，湖泊众多，水面资源量大。目前，江苏省已建成多个渔光互补光伏发电项目，光伏电站运行良好，对水产养殖无产生不利影响，电站环境优美，生态良好，受到了各方的关注和好评。

江苏省连云港市新浦区新近推出的水上光伏发电项目，是一个大型“光伏+养殖”——渔光互补项目。业主和设计单位通过精心布置，将水产养殖同光伏发电二者进行立体结合，做到水面上方光伏发电、水面以下继续水产养殖的目的。该项目用地面积达 4300 亩，规划光伏装机 118.8MW，工程静态投资 98999 万元，工程动态总投资 101576 万元。项目在 25 年服役期内，年平均发电小时数为 1107.85 h，年平均发电量约 13161.31 万千瓦时。由于该项目是一个大型的并网光伏发电项目，因此项目的实施对我国东部沿海地区的能源结构调整、地方经济提振以及当下着手可热的节能减排工作，都将是一大亮点。

前面提到的河南省安阳市内黄县生态农业大棚工程，是内黄县先期推出的一期高效农业大棚项目，即“光伏+种植”运作模式。最近，内黄县又推出了二期生态农业大棚项目。本期项目安装总面积约 700 亩，棚顶规划光伏装机 25MWp。整个园区规划有：蔬菜大棚 26 个、蘑菇大棚 167 个、养殖大棚 11 个。其中养殖大棚主要饲养兔子、鸡鸭以及山羊等。与一期项目一样，二期也是采取光伏发电项目公司与高效农业养殖或种植公司合作开发生态农业大棚的方式，双方互不干扰但共同依靠生态农业大棚经营着各自的产业。

还有一种规模不大但有可能形成“光伏+养殖”的运作模式值得一提。在我国西北部地区，荒山荒漠地广阔，由于气候干燥，雨量稀少，植被难长。但建设光伏电站后，有了光伏阵列的遮挡，降低了地表的暴晒和蒸发，减弱了风沙的强烈侵袭，一两年时间内植被就恢复得相当好。因此，有的光伏电站业主就试着放养一些山羊，一是可以控制光伏电站内的植被长势，减少人工除草投入；二是山羊个头小，也比较温顺，对光伏阵列不会带来不利影响；三是光伏电站周边有围栏，放养山羊不用人员看护，又可以额外增加收入。因此，这也是一个一举多得的“光伏+”运作案例。

实际上，这种“光伏+养殖”的运作模式在江苏各地已经很常见。如江苏常熟沙家浜镇芦苇荡村的现代渔业产业园里，于 2014 年 8 月份就建成了“渔光互补”光伏电站，年可输送清洁电力 1040 万千瓦时，实现了生态养殖和节能环保的有机结合；江苏盐城东台也上演了一出“风光鱼”大项目——湖泊最上层有风力发电，中间是太阳能光伏发电，最下层为水面养鱼，实现立体综合开发利用，光伏电站装机高达 55 万千瓦。最近，江苏又投运了一座水上光伏发电基地——江苏兴化李中镇水上光伏电站，装机也高达 50 万千瓦！

第三节　“光伏+沼气”促进农村能源绿色化

沼气，是指利用农业废弃物（主要是秸秆、养殖畜禽粪便）、工业废弃物（主要是有机废水、废液、食品加工剩余物）以及生活废弃物（餐厨垃圾、厨余垃圾、市政粪污）等富含有机质的各类废弃物，通过厌氧发酵工艺技术产生的生物质可燃气体。生物质天然气是指沼气经过脱硫、脱碳处理后使其达到或高于常规天然气的技术应用标准（注：1.75 立方米沼气约可提纯 1 立方米生物质天然气），从而实现可替代常规天然气的可再生的废弃物能源化转换的生物燃气。沼气与太阳能、风能等同属可再生能源，可实现能源的持续利用。

在欧洲，沼气的应用非常普及。如英国，沼气的利用已达到 170 万吨油当量/年，替代了英国 25%的煤气消费量。

2013 年 5 月，国务院常务会议通过的《“十二五”国家新兴产业发展规划》第一次将工业沼气与太阳能、风能及生物质能等新能源并列，凸显沼气已经成为新能源一个独立的品种。

截止 2013 年，我国生物质制沼气年产量约 150 亿立方米，但资源利用率仅为 10%左右，产业发展空间广阔。据统计，至 2014 年底，全国累计建成处理畜禽养殖废弃物的大型沼气工程 5000 余座，处理工业有机废水废渣的大型沼气工程 2000 余座，处理城市生活有机垃圾和污泥的沼气工程 630 座。沼气工程已逐步走上商业化、规模化发展道路。现在，不管是城市还是乡村，只要有条件的，都会积极推进沼气工程建设。如海南神州车用生物燃气项目，日产沼气 30000 立方米/天，每天处理有机垃圾 500 吨/天，生产提纯车用天然气 2 万立方米/天。在农村，沼气工程虽然“没有月亮，只有星星”，但应用面广，很普及。尤其是农村许多小型沼气工程都是结合养殖场建设的，这些沼气项目如果做的好，除了能净化生活环境、美化生态景观外，还带来了农村生活用能绿色化。

当然，目前农村沼气工程这种小而散的现状不太具有经济性，必须进行相对集中式的改进（下一章节会谈到）。但令人欣慰的是，在当前农村大力推进高效农业经营模式如高效种植、高效养殖的形势下，为“光伏+高效农业+

沼气”这一在时空上下游的产业发展提供了良好机会。因此，“光伏+高效农业+沼气”必将成为农村产业发展的一种重要模式，同时也将有效促进农村能源绿色化。

第四节　“光伏+热水器”实现家用太阳能最大化

最近10年来，太阳能热水器开始在我国得到了普遍应用。有趣的是，这项“绿色能源行动”并没有受到多大程度的行政推广和宣传，基本上是老百姓的一项自觉行为。据报道，南方地区有一个县到2010年就推广利用热水器2400台，每台热水器平均集热面积13.75平方米，总计太阳能热水器集热面积达3.3万平方米，太阳能热利用年替代标煤约0.33万吨。而且，该县的热水器应用预期都在以每年400台以上的速度增长。

太阳能热水器能够受到老百姓的喜欢，原因很简单：价格合理；使用方便；设备简单耐用；平时不用打理。的确，任何一项工业设施或系统，简约就意味着可靠，耐用就意味着运行安全与稳定。太阳能热水器不但好用，经济上也划算，自然会受到老百姓的喜爱。大家知道，光伏发电系统中，组件支架双向跟踪式与固定式相比，理论上双向跟踪式本来可以多发30%左右的电量，为什么却不受人们青睐，人们反而喜欢用固定式支架？原因也就在这里。所以，从这个角度看农村能源绿色化行动，我们不难得出，光伏发电应当是农村实现能源绿色化的重要角色之一，甚至要作为开展农村绿色能源行动的首选项目。

为什么说“光伏+热水器”是实现家用太阳能的最大化呢？

这个话题我们还得从农村说起。

首先，我国农村人口占一大半，目前国家正在推动农村能源绿色化。而“光伏+热水器”太阳能利用方式，简单易行，运行安全稳定，投资也不算太高，应是农村能源绿色化的重要推手。当然，农村的农作物废弃物或秸秆是不少，但在很多情况下这些“废弃物”却成为食之无味、弃之可惜的真正废弃物。以南方的农业秸秆而言，水稻秸秆倒是不少，但热值低，燃烧冒烟多，秸秆也不易晾晒。小麦、大豆之类热值高的，种植面积却有限，收集起来零散费事又达不到多少量。长江沿岸地区，小麦种植面积可能会多些，但麦收季节前后南方地区往往都要经历梅雨季节，秸秆难收难储，而且生物质电厂等收储价格低，农民因忙于下一茬农作物的续种，也没精力打理农作物秸秆了。再说，上半年多雨，利用秸秆的企业也不敢多收储，晾晒困难，不便储存，且占用资金。

这些现象，北方地区同样存在。所以，为什么在全国上下对秸秆焚烧的禁令年年屡禁不止，这是有其客观原因的。

总之，农业秸秆看似很有利用前景，其实要真正利用起来却很难很难！尤其是秸秆利用企业要在市场机制下运作时，它必须认真测算一番经济账后，才能决定投资与否。

纵观已投产在运的生物质发电企业的经营困难，主要原因也就在于此。因此，从利用农业秸秆的角度而言，现在有的地方往食用菌种植以及沼气制作等方面利用倒是一条好出路。

其次，从农村绿色能源的潜在体量看，农业秸秆不便使用的话，接下来就算得上小水电和风电了。但是这两个东西不是所有的农村都可能有，即便有的话，现在适于开发的也基本上都开发差不多了。所以，认真分析一下就知道，农村要实现能源绿色化，真正能发挥作用的，应该就是太阳能。因为不管哪个乡村，处处都有阳光，而且农村的房子大都是小房屋，屋顶既可以安装热水器，还可以安装光伏发电。因此，农村能源要绿色化，“光伏+热水器”是必须要选择的。从目前来看，农村包括小城镇的人口在全国仍占相当高的比例，而且也是家居能源绿色化最为薄弱的区域，因此这部分人口的居家若能普及“光伏+热水器”，也就自然实现了全国家用太阳能或家用能源绿色化的最大化了。

第五节 “光伏+困难户”达到快速有效扶贫

2014年11月，国家能源局、国务院扶贫办联合下文，组织开展光伏扶贫工程试点工作，2015年起在全国6省市实施。把扶贫工作纳入“光伏+”运作模式，除了近年来不少地方在这方面的摸索取得成功外，还因为以下几方面的原因：一是因为我国的贫困县，大多是在中西部、中北部地区，这些地区气候干燥少雨，日照资源丰富，光伏发电的条件优越；二是光伏发电资金、技术门槛低，运行维护不复杂，简单易学好打理；三是电力既是一种清洁能源，一种现代家庭不可或缺的居家用能，同时也是一种可以用来交易的商品，因此光伏发电生产者首先在解决自家用电的前提下，还可以将富余电力上网交易，取得收入；四是项目建设期短，一般个把月到半年就能进入利益回报期，扶贫快速见效。

2015 年 6 月 28 日《人民日报》以《板上发电，板下种养》一文报道说："邵旺远是国家扶贫开发工作重点县——河南省新乡市封丘县首批光伏扶贫受益者，家里屋顶免费装了个 3kW 的光伏电站。新乡供电公司赵军亮介绍，自 2014 年 5 月并网发电以来，邵旺远的光伏电站已累计卖给他们 1000 多度电。'现在不仅自家用电不花钱，剩下的电可以卖钱，一年相当于多养了两头猪，而且这个比养猪收入更稳定。'邵旺远说。"

"三峡新能源河北分公司副总经理韩树伟说，曲阳（全国特困地区河北省保定市曲阳县）光伏发电项目从 2013 年开工以来，累计用工近 20 万人次，人均支付劳务报酬 5000 多元，项目还辐射带动周边 6 个村 7000 余农民增收。项目所在的齐村乡书记门士敏告诉记者，全乡贫困发生率近 80%，项目扶贫惠及面很广。县长石志新介绍，全县目前已经签订了装机总量达 120 万千瓦的光伏发电项目，全部建成后能辐射带动 5 万人稳定脱贫。"

《板上发电，板下种养》一文还介绍说，在河南伊川县的一家名为"泊兴食品"的农产品加工公司，在企业厂房顶部安装了一个 600kW 光伏电站，除了供公司日常用电外，余电还可以上网外卖。泊兴公司不但就近吸收了 140 多名农民就业，还收购了周边 4800 余户农户生产的蔬菜、生猪进行深加工，其中每年可加工当地生猪达 15 万头。

鉴于光伏发电既可以满足自用，还可以将自用电以外电量上网交易、获取收入的便易性，现阶段把它列为快速、有效、精准扶贫的手段是非常合适的。因此，"光伏+困难户"或许正是当前快速改变山区贫困落后面貌的一条捷径。

第六节 "光伏+互联网"能源互联网的今天明天

《第三次工业革命》一书，是由享誉世界的社会批评家和畅销书作家杰里米·里夫金所作。里夫金把21世纪两种不同的技术——互联网和可再生能源（实际就是太阳能光伏发电）——联接在一起，为我们的未来描绘了一个全新的、充满活力的经济前景。按照他的设想，未来的每一处建筑都会转变成能就地收集可再生能源（太阳能）的迷你能量采集器；地球上的每一大洲都将通过建筑上的微型发电厂，分别收集可再生能源，在大洲与大洲之间还能实现电力电量的自动调节与平衡；建筑在充当微型发电厂的同时，还能将富余的电力转化为氢或其他可储存能源，并通过社会全部的基础设施来储藏这些储备能源；最后利用互联网技术将全球的电力网络转化为能源共享网络，其工作原理就像互联网一样；因此，未来的汽车、公交车、卡车、火车等构成的全球运输模式，将变成插电式和燃料电池型以可再生能源为动力的运输工具构成的交通运输网。

不能不说，这种构思是新颖的，但也是很大胆的。因为民用电力属于强电，而互联网则是弱电范畴，甚至只是一种数字化的信息流而已。强电流如何转变成数字化的信息流？这是我们这些从事电力行业的人们掩卷之后留下难得其解的思考。

实际上，从书里相关章节的描述中也可以看出，业内人士对这种能源互联网的理解与作家里夫金老先生的所思所想也不尽相同。里夫金在书中提到的这种能源互联网的概念时指出，它的工作原理是这样的：当阳光照射到太阳能电池板上时，会产生电能，其中大部分用于给建筑物供电。如果电能出现了盈余，便可以用做储备能源。如果太阳光不好，氢气便可以再提取出来用于发电。这种基于"光伏+互联网"式的智能型能源网络将与人们的日常生活息息相关。家庭、办公室、工厂、交通工具以及物流等无时无刻不相互影响，分享信息资源。智能公用网络系统还与天气的变化相关联，使得电流以及室内温度会随着天气状况和用户的需要而改变。此外，这种智能网络还能够根据家用电器用电量的多少来进行自我调节，如果整个电路达到峰值，软件就会进行相应的调节以避免出现电网超负荷的情况。举个例子，为节能省电，洗衣机每到一定的负荷量便会跳过一次清洗周期。

但是，他在书中也谈到："今天的分布式智能电网的概念已经不是大多数主要信息通信技术公司刚开始讨论智能公共事业网络时所设想的模样了。它们早先的观点是建立集中式的智能电网。这些公司预见到通过智能仪表和传感器的应用将现有的电网数字化，使公共事业公司能够实现包括实时电流量监控在内的远程收集信息。它的目的是提高电流在电网中的输送效率，降低维护费用，并且更精确地了解用户用电量。它们的计划是改良性的，而非根本性的创造。正如我所知道的，关于使用互联网技术革新电网使其成为相互连通的信息能源网的讨论寥寥无几，而这样做能够使数百万人自主创造可再生能源并与他人分享电能。”由此可见，这种“改良型”的智能电网完全不是里夫金老先生所设想的能源互联网。

有鉴于此，我们不妨把这种“改良型”的智能电网视作今天的能源互联网，而把里夫金老先生所设想的能源互联网看作明天的能源互联网。同时，认真揣摩里夫金老先生心中的能源互联网，有实现可能的，不外乎就是以下这么两种型式：

一是在现有电网自上而下输送电力、配网终端电流单向管理的基础上，改造成配网终端电流双向管理、各级电网电力电量能进能出的电力能源互联互通网络；

二是将传统的电网电能，完全以另外一种能源形式如微波能等所取代，把强电流转变成微波信息流，从而构建起能覆盖全球各地的微波能源互联网。

从专业的角度看，实现可能性较大的是第一种情况。而且在没有出现电力传输材料如超导材料等出现完全突破的情况下，目前还只能做到“改良型”的智能电网。所以，这不是电网公司不积极或不配合的问题，而是构建这种理想的能源互联网会涉及一系列极其复杂的技术和投资问题。大家知道，由于电力的特殊性，使用安全是第一位的。没有安全，一切都无从谈起。至于配网终端的电流单向还是双向管理都不是问题，现在国内外已经都在大力推动家用分布式光伏发电挂网运行了。在挂网方式下，家家户户安装的分布式光伏发电单元所发电力除了可以满足自家使用外，富余电量还可以销售给电网公司。

但是，这种能源互联网最难解决的技术问题不是其他方面，而是从配网到各级输送电网的正向和逆向（电力电量能进能出）供电问题。因为根据里夫金老先生的设想，电力电量不但要实现配网末端一级的用户与配网间能实施多卖少买（用户电力富余时卖给电网，电力不足时电网予以补给）的商业运营模式，而且各级电网以及各大小供用电区域甚至全球各大洲之间还要实现能源共享（相互支援与调配）。这且不说会导致无法估算的电力损耗等问题，而且显然已经触碰到了电网运行最关键的安全问题。因为电网建设时，它的每一条线路的电力输送能力大小都是要预先确定的，不可能将其盲目地设计成无限大。那样做，技术上将会无法实施，更不用说投资也无法把控了。

至于第二种能源互联网形式，是出于为克服第一种能源互联网难以逾越的安全障碍而提出的。我们不是经常讨论在月球上开发太阳能的设想么？设想的方案中就是利用微波把从月球上得到的太阳能电力传送到地球来的。当然，这种用微波传送电力的实际例子现在还没有看到。不过，现在好像有无线充电装置推向市场了，想必其原理也跟微波传输电能相类似。

因此说到这里，搞专业的最为关注的是输配电网的建设及其运行安全的可行性；而能源互联网的概念设计者最为关心的却是配网终端的分布式光伏电源的建设和运营模式。如《第三次工业革命》中提到，早在本世纪初，美国电力研究所在它的报告“未来展望”中评述道：“分散式能源生产的发展可能会采取与计算机产业发展极为相似的路线。大型主机性能已经让位于小型化、在地理上分散分布的台式和笔记本电脑，它们相互连接、充分整合，成为一个极富弹性的网络。在电力行业中，集中式电厂仍将发挥很重要的作用。但是我们更加需要更小、更清洁、分散化的发电厂，能源储存技术将支持它们的发展。”

“IBM 公司在智能电网的建设方面提出了两种设想，分别是针对美国的改良型模式和针对欧洲的创新型模式。正如前面所提到的那样，IBM 的初衷是要建设一种超级电网，这一想法很明显出自改良型思维，它的具体实施方案是将电网数字化从而提高其工作效率，为能源企业和公共事业公司提供及时的信息，以帮助这些企业优化其自身的运作和管理。”

“迄今为止，大部分美国能源与公共事业公司对于引进第三次工业革命商业模式持保留态度。美国能源与公共事业公司游说集团的重要人物、爱迪生电力研究院的埃德·莱格对这个问题直言不讳：“我们反对缩小我们商业规模的行为。所有投资人拥有的公司都是在集中管理模式下建成的。爱迪生曾说过，你有个大型发电厂……分散式发电会使此情此景一去不复返。”

“2007 年上半年，第三次工业革命所带来的商业运作新模式深深吸引了欧盟国家以及众多的商业团体，IBM 公司也开始着手对其运营模式进行调整和改革。IBM 公司决定为欧盟提供分布式智能效用网络的技术支持。曾经有一位商业分析人士向我透露，由于欧盟本身是一个区域一体化组织，分散式模式更适合欧盟的进一步发展。除欧盟以外，IBM 公司为美国和北美地区提供怎样的技术方案呢？答案不言而喻，是集中式超级电网系统。”

当然，《第三次工业革命》中提到的所谓欧洲的创新型模式，从原理上讲是合乎逻辑的，但实践中不一定行得通。因为任何一项民用工程的实施，最终都得落实到商业化运作上来。而商业化运作的动力，就得依靠工程项目自身的市场生存能力。没有投资回报的项目，任何企业都不会沾边的。何况这么大的工程项目，政府也不可能无限制的贴钱将其当作公益事业来做。

再说，分布式光伏发电，中国目前的工程投资水平已经相当的低了，预计下降的空间不会太大。即便这样，建筑物上的光伏发电，目前还得靠政策扶持才能生存。因为，太阳光照的能量密度毕竟是低了些，尤其是我国的中南部、中东部地区光伏发电年利用小时一般都在 1000～1200 小时左右，光靠投资水平的下降来实现这些分布式光伏发电与传统发电形式的同网同价是不现实的。何况建筑物上的光伏阵列安装往往受到建筑物本身朝向和周边建构筑物等相互遮挡，而使得年利用小时一般还得打点折扣。因此，为了获取一点点太阳能，甚至要重新规划和建设现有城镇，那更是不现实的一件事情。

还有，关于以氢作为储能方式的方案，从目前来看也很难做到。一是能源形式的转换过程，必然有个能源损耗的问题，即能源转换效率的问题，而且这种电－氢－电的转换效率目前都难以达到令人满意的水平；二是氢的储存和使用，材料和技术要求都很高，这就意味着投资大，而且安全的风险也大。关于这两大问题，在有关章节都有谈及，不再赘述。

总之，我们相信各国电网相关方面不是不思进取，不想创新，而是里老先生的能源互联网设想方案太过理想，至少在目前还难以做到。

第十章　光伏给微网运行提供正能量

微网，也称微电网，是一种小型发供电网络结构，即由一组小电源、负荷、储能系统和控制装置构成的电力系统单元。微网是一个能够实现自我控制、保护和管理的电力自治系统，它既可以与外部电网并网运行，也可以孤立运行。假如没有特别指明，本文所指微网概念，主要是指在无电村、无电镇施以小型电源供电，并配以小型电力网络予以联接的小微型电力系统；或者是由若干小型新能源或可再生能源如光伏发电、风力发电、小水电作电源支撑的与外部电网没有什么联系的“电力孤岛”的运行方式。目前，在我国沿海地区的近海小岛、内陆偏远地区，这种“电力孤岛”式的微网是很常见的。

微网是相对传统大电网的一个概念。有时它也可以指大电网覆盖区域由单个或多个分布式电源及其相关负载按照一定的拓扑结构组成的小型电力网络。根据设计，这种小型电力网络既可以与外部电网并网运行，也可以孤立运行。如现在有些区域范围内特设的分布式电源系统就是这个思路。

但是，仅靠分布式电源无法满足我国社会经济的持续快速发展。因此，我们需要开发远方大型的电源基地，建设以输送大型电源基地电力所需的坚强大电网，推动电力资源大范围的优化配置。同时，还要建设分布式电源具有清洁、就地平衡、效率高等优势，让分布式电源给大电源做一个有益补充，使整个电网以骨干电网和地方电网、微电网相结合的模式运转。因此，分布式电源“光伏+微网”，既可作为区域电网电力电量就地平衡的有益补充，还可以利用光伏夜间不发电的特点，减轻微网夜间的调峰难度，增强微网运行的安全可靠性。

第一节　只要有阳光的地方就能用上电

从清洁可再生能源的角度看，小微型发供电系统除了光伏，没有哪一种清洁可再生能源能独自做到稳定可靠供电。这类发供电系统可谓是微网中的微网。光伏发电不仅能做到这一点，而且发供电系统可以做的小到只给一家一户供电。据报道，内蒙古根河市北边布冬霞使鹿部落，由于是游猎生活习俗，该部落的猎户家中此前一直用不上电。为解决这个难题，国网蒙东电力呼伦贝尔根河供电公司专门为猎户们配备了小型、轻便、便于移动的单户式风光发电设备，从而解决了猎户们在艰苦迁徙途中的家里照明甚至取暖问题。

这就是独立光伏发电系统的独特优势所在。因为有此特色的光伏微网发供电系统，无论在多么偏远的山区、岗卡哨所等，只要有阳光的地方，以前难以解决的用电问题，现在都可以正常用上电了。

当然，这个话题的前提条件是使用清洁可再生能源，否则结论就不成立了。比如，拎一个柴油发电机，到哪都能用上电。所以，对于孤立运行的清洁能源微网而言，即便是一个具有自我控制、保护和管理功能的电力智能微网，没有光伏发电系统的参与，微网的运行效果都将大打折扣。因此可以说："有阳光的地方就能用上电！光伏给微网的安全可靠运行提供了正能量"！

第二节 光伏微网为海上孤岛解决供电难题

在我国的近海地区，有许多大小岛屿，岛上少的住有十几二十户人家，多的有百来户人家甚至为一个乡镇。由于这些个岛屿离大陆都有十几里开外，许多至今难以与大陆并网用上电。岛上居民多的，或富裕点的，前十年八年都试着安装上柴油发电机之类，甚至安上风力发电机给岛上供电。但柴油发电不环保，而且电价高到每千瓦时 2～3 元，岛上居民不堪重负。

有的岛屿后来增加了风力发电。清洁的风能电源虽好，但造价较高，维护不周运行就不太可靠，三天两头不是这出故障，就是那出问题，有的甚至长时间放在那，都成了陈列品。再说，一个岛屿一般最多安上一两台风力发电机组，因此，只要有一台趴了窝，岛上的孤网运行就撑不住了。

珠海东澳岛就是其中最具代表性的一个。从柴油发电做"单一"电源支撑模式，到"柴油+风电"发供电模式，再到最后的"柴油+风电+光伏"发供电模式，才最终解决了岛上整个乡镇的供电难题。别看这简单的几步优化与升级，其间却经过了好几个年头，同时也熬白了包括中科院在内的好几个科研单位专家的头发。现在，东澳岛彻底解决了长期以来的缺电现象，最大程度地利用岛上丰富的太阳能和风能资源，最低限度地采用柴油发电。岛上微网运行也比较可靠，所供电力中绿色电力达到70%以上。

类似的例子还有很多很多。如今，河北、天津、江苏、浙江、福建等地都在参考珠海东澳岛模式，进行海上“孤岛”微网示范项目的研究和建设。科学技术发展到了今天，有一点应该形成共识，那就是能源的绿色化。因此这些海上“孤岛”能源建设，应建议在东澳岛模式的基础上，即“燃油发电+风电+光伏发电”为电源支撑的微网建设中，适当加大光伏发电的成分或分量，尽量不用或少用燃油发电。实际上，如有条件，不管岛屿大小如何，只要做大光伏发电的份额，保持适当的风力发电所占比例，配置一定的储能容量，尽可能少用甚至不用燃油发电是可以做到的。

第三节　光伏微网给内陆无电村镇带来光明

我国西部特别是西北部地区地广人稀，基础设施薄弱。就在几年前，个别偏远乡镇还难以正常用上电。为此，地方政府近年来对于一些位处边远地区的村庄，有的利用扶贫办法强化了交通、电力等方面的基础设施建设；有的则动用搬迁手段，将这些贫困乡村的居民整个儿搬迁到谋生条件更好的地方安居。

在这些扶贫方面的工作中，光伏和风力发电做出了很大贡献。到西北部偏远地方走过的都会有这方面的经历和体会，在那些大漠荒野上的村庄，远远就能见到村庄边上树着一些钢结构小高塔，支撑着一个个单机容量只有十几二十千瓦的小风力发电机在高空旋转，同时在风力发电机群附近圈一块地建着光伏发电场。通过二者的相互配合，为就地乡村提供电力。笔者在前几年就从敦煌东北部方向沿着高速公路跑了 6 个小时到马鞍山乡镇，沿途就见过好几个这样的村庄。

很难想象，这些广大的西北部乡村，在风力发电和太阳能光伏到来前，村上的照明是这么解决的？村里一些必须的机械装置动力又是如何提供的？现在这些乡村通过建设新能源微网，都基本解决了村民的生活用电问题，而且还是绿色能源。这不能不说是时代的巨大进步。

青海湖边上有一个小村庄是几年前由地方政府实施扶贫计划时，从很偏远的山区整个儿搬迁来的。为了解决电力问题，青海省科技厅与中广核太阳能公司联手合作，实施了一个“光伏+风电”科研扶贫计划。由于小村庄只有十来户人家，项目资金投入有限，发供电系统方案做得比较小，只配了一台十千瓦的小风力发电机和二十千瓦的光伏发电装置，另外还设置了三小时左右的储能装置。项目实施还算顺利，但由于没有事先估计到牧民思想观念的变化之大和追赶现代时尚生活的步划之快。对户均装机容量考虑小很多，以致系统有点成了“小马拉大车”，因此微网的运行稳定受到了一定影响。

第四节　光伏微网强化“电力孤岛”供电模式

“电力孤岛”，是指远离大电网覆盖区域的边远地区，在国家大电网未予建立分支输配电网络前，由当地先行建设的以县或地级市区域运营的小电网。小电网内早期通常拥有若干小水电、小风电为支撑电源，基本满足当时当地的民生用电需求。后来，大电网有的通过 110kV 或 35kV 输电线路与这些“电力孤岛”相联，其中大部分联接线路可能并没有多大的电量交换，但很大程度上提高了“电力孤岛”的运行安全稳定水平。这种情况在我国的西北地区很常见，如甘肃省的玉树地区电网就是这样。

光伏发电到来后，由于这些地方的电力需求增大，太阳能资源也好，地方政府为了加强本地区的基础设施建设和经济社会建设，积极发展光伏发电项目。从此，这些“电力孤岛”——微网，增加了比较稳定的光伏电源支撑，并相应提高了系统的储能容量，使微网在满足电力需求加大的同时，大大加强了微网运行的安全可靠性。

微网独立运行需要配置一定容量的储能系统，但储能系统建设投资成本较高。储能系统容量配置越大，微网运行效果越好，成本投入也越高，需要找到一个较好的平衡点。这和微网的运行要求、供电电价政策等都有密切的关系。不过，像玉树微网那样，因网内具有小水电，这在一定程度上相当于具备了系统储能容量，太阳能光伏发电和电气储能装置进一步加入后，无疑加大了稳定的供电电源和储能能力，增强了微网运行的安全稳定性，改善和提高微网系统的供电品质。

2015 年 7 月 22 日，国家能源局发布了关于推进新能源微网示范项目建设的指导意见，指出新能源微网项目可以依托已有配电网建设，也可以结合新能源配电网建设，可以是单个新能源微网，也可以是某一区域内多个新能源微网构成的微电网群。国家能源局还鼓励在新能源微网建设中，按照能源互联网的理念，采用先进的互联网及信息技术，实现能源生产和使用的智能化匹配及协调运行，以新业态方式参与电力市场，形成高效清洁的能源利用新载体。实际上，这两者是分不开的共同体，你中有我，我中有你。完全由新能源一家独揽微网建设，投资方面难以承受，与公共电网也不好对接。因此双方必须密切配合，相互支持。

第五节　光伏微网优化区域电力系统资源配置

电力调度有一个基本原则，就是“分区调度，就地平衡。”当前，由于环境保护、节能减排的压力，迫使我们大力发展清洁可再生能源。然而，提高供电可靠性和供电质量的要求以及远距离输电带来的种种约束，又在推动着我们向负荷中心设立相应电源，因此分布式电源建设便应运而生。从微网的角度来看，出现了两方面的发展趋势：

一是以分布式光伏发电系统构成的微网发供电网络。分布式光伏发电我们很熟悉，从“金太阳”工程开始，我国就力推建筑物面及其屋顶的光伏发电应用，并鼓励以“自发自用”为基本存在方式。其实，这就是电力“分区调度，就地平衡”原则的具体体现。现在，国家为推动太阳能清洁可再生能源的开发和利用，规范和统一了以建构筑物为主的分布式光伏发电的电价补贴办法，积极支持在“自发自用”的基础上，将富余电量上网交易。这对以分布式光伏发电为电源支撑的光伏微网来说，微网区域范围内的电力电量平衡就被打破了。但从更大的区域范围而言，这种适当的电力电量平衡与流动也是正常的，而且也是实现区域间电网资源优化与配置的必要过程。

二是以能源综合利用为前提的所谓高效分布式能源工业——热电联供模式。这种能源微网建设模式在西方国家比较常见，在国内可能是广州大学城分布式能源建设堪为先行样本。其实建设方案很简单，首先由一个能源站建成 2×7.8 万千瓦燃气机组，负责向周边 18 平方公里的大学城内的 10 所大学及附近 20 万用户提供全部的电力、生活热水和空调制冷。能源站实现了能源的多次循环利用，达到了能源高效利用的目的。与普通燃煤热电厂 45%左右的能效相比，它能达到 78%以上的高能效。另外，由于靠近负荷中心并贴近用户，避免了远距离输送带来的损耗。

这种能源布局方式当然可行，但无法轻易拷贝。原因是：依靠天然气为燃料的能源站，不是到处都有条件建的。目前在我国天然气管网全覆盖的地区并不多，而且也很难找到供热需求量那么大而集中的热用户。另外，从供电的角度来讲，在没有实现与电网“挂网不上网”的情况下，这种相当于单电源的微网运行模式是很脆弱的。因此，要想让微网运行安全可靠，必须增加其他电源支持。在城区，要实现这个方案的可能性，无疑得靠分布式光伏发电才能解决。这在一个新的统一规划和建设的大学城内是完全可以做到的。以广州大学城为例，安装多少光伏装机合适，稍稍估算一下就知道了。

根据报道，广州大学城能源站安装了两台 7.8 万千瓦机组，由于看不到设计资料，只能通过推测这两台机组是互为备用的。因为在此之前，大学城区域是靠两台 1.5 万千瓦和一台 2.5 万千瓦燃煤小机组供电的，其总装机容量是 5.5 万千瓦，刚好等于现在一台 7.8 万千瓦燃气机组容量的 70%。一般情况下，电力系统对于热电联产机组的调度都是按照“以热定电”的原则进行的，通常差不多以机组带满 70%负荷时，能满足最基本热用户的需求为依据。可见，大学城新的电源配置方案是考虑在一台燃气机组带满 70%负荷情况下，既能满足热用户的需求，也能达到区域微网的供需平衡。所以说，能源站的设计原则应该是两台机组互为备用的。

按照这个推理，我们不难得出广州大学城微网必须配备的光伏发电装机的合适容量：7.8 万×30%=2.34 万千瓦。分布式光伏发电系统按照这个千瓦数或略高些进行建设，就会让能源站在满足最基本热用户需求的情况下，微网的发供电能力始终可以达到 7.8 万千瓦左右。而且当夜晚来临时能源站参与电网调峰的能力至少可以保持在 2.34 万千瓦水平的两倍以内。

也许有人要问，广州大学城配置光伏电源后，那电价扛得住吗？关于这个问题，我们也不妨算个账。

从报道材料中看到，能源站 2×7.8 万千瓦机组的成本电价大约是在 0.65 元/千瓦时，其上网电价是 0.7 元/千瓦时，而电网向大学城的供电价格为 0.83 元/千瓦时。国家目前对分布式光伏发电的电价补贴是 0.42 元/千瓦时。根据广州的太阳能资源水平和当下屋顶太阳能光伏发电系统的造价行情，光伏发电投资者将光伏所发电量以 0.65 元/千瓦时卖给大学城就能算得来账了。这对大学城来说是多好的一件事。当然，现在谈论这些，只是事后诸葛亮了。2009 年底广州大学城能源站就建成了，当时的光伏发电造价远比现在的高得多。但即便如此，10 所大学的教学楼等公共建筑完全可以预留安装光伏发电的屋顶进行设计的，否则将会留下多大的遗憾！

第十一章　光伏为农村绿色能源建设发挥大作用

2006年初，国务院提出绿色能源利用要加快推进，到2020年把绿色能源示范县普及到200个。实施绿色能源示范县的地区，生活能源有50%以上来自高效清洁的可再生能源，各种废弃物资源基本得到合理利用。国家能源局、农业部、财政部为贯彻落实国务院的指示精神，加快推进国家《可再生能源中长期发展规划》，积极促进农村可再生能源的开发利用，努力建设节约型、环境友好型全面小康社会，于2011年先后发布关于印发《绿色能源示范县建设管理办法》及《绿色能源示范县建设技术管理暂行办法》的通知。目前，这项活动正在全国各地展开。

第一节　“绿色能源示范县”建设应包括光伏发电

绿色能源示范县建设受中央财政支持。农业部、能源局、财政部关于印发《绿色能源示范县建设技术管理暂行办法》（以下简称《暂行办法》）的通知指出：“本办法适用于示范县内中央财政支持的沼气集中供气工程、生物质气化工程、生物质成型燃料工程、其他可再生能源开发利用工程和农村能源服务体系等项目建设。”并在该《暂行办法》第八条，即其他有关可再生能源开发利用工程中指出：“采用适合当地资源条件下的新技术、新产品，开发利用可再生能源工程（水能等传统能源、太阳能、地热能等可再生能源除外），具体技术要求另行制定。”

从上述第八条款的表述可以看出，水能等传统能源，太阳能、地热能等可再生能源，不在绿色能源示范县建设工程范围。但是，在《绿色能源示范县建设管理办法》第七条款中又提到：“示范县建设规划要全面分析全县各乡村的实际情况，包括乡村分布、人口数量、用能状况等，提出利用可再生能源解决农村生活用能的技术方案和项目布局，包括采用大中型沼气、集中式生物质气化、生物质成型燃料、太阳能热利用和光伏发电、小水电、小风电等技术解决农村用能问题的村户数和消费量，并汇总形成全县可再生能源开发利用。”

不知道这两通知两条款的表述不清还是有差异，导致后来在各地申报“绿色能源示范县建设方案”时，大家都没能把光伏发电以及风电等可再生能源的开发利用纳入绿色能源示范县工程项目中。

太阳能是一种公认的清洁可再生能源。农村开发利用太阳能，尤其是分布式光伏发电，完全符合“采取适合当地资源条件的新技术、新产品”的绿色能源。因此，绿色能源示范县的建设，应当包括开发当地便于转换、传输和利用的太阳能“新产品”——光伏电能。何况在当前城镇化建设正在轰轰烈烈进行的情况下，不把光伏发电及其他太阳能利用如太阳能热水器应用等考虑和规划进去，未来的乡村城镇将会失去一次很好的绿色能源建设机会。反过来说，不是哪个乡镇（县）都有那么大量可用的农作物废弃物用来生产绿色能源的，而太阳能恰恰在我们的各地乡镇普遍都有，且光伏发电在满足自用外，余电还可以上网交易，不受限制。这样的话，农村通过建设光伏发电项目，不但实现了生活用能绿色化问题，而且利用富余电量销售收入，一定程度上还可以提升农民的生活水平。所以，“绿色能源示范县”建设工程——农村能源绿色化应当明确把太阳能光伏发电纳入其中。

第二节　绿色能源建设宜化县为镇贴近乡村

目前，“绿色能源示范县”是以县为单位进行推进的，从生物质燃料的收集角度看，地理疆界还是大了些。这不是说现在地方的交通基础设施不行，而是农作物废弃物质量密度低、体积大，相比之下运输麻烦，收储成本偏高。此外，对于规模较大的生物质燃料利用企业来说，一次性将生物质燃料收多了，不仅收储工作量太大，占用资金太多，而且燃料堆积多了也不利保管。所以，为什么现有生物质发电企业经营都那么艰难，农民对秸秆回收利用也存在那么多困惑，其实都有很多不方便说的原因。

前两年，我国沿海地区有一个申报绿色能源示范县的单位，根据本县的农业生产特色，申报方案中选择利用当地盛产的香蕉茎叶、竹笋壳（衣）等农作物废弃物作为原料，要建设一个大型生物质气化集中供气项目和一个年产5万吨的生物质成型燃料项目。方案拟定大型生物质气化项目年供气量1.12亿立方米，即每小时16000立方米产气规模（8台固定床气化炉）。项目总投资8186万元，其中申请国家财政补助资金2300万元。

大型生物质气化项目设计年供应县城工业园区1.5万户居民的生活炊事用能共2190万立方米，占总供气量的19.56%，其余9010万立方米燃气供给工业园区企业的生产用能。项目建成后每年将消耗三个乡镇以上产出的香蕉茎叶、竹笋壳等农作物废弃物7万吨，年替代标煤量6.72万吨。

生物质成型燃料项目的设想是，采用生物质环模成型技术，将收集的香蕉茎叶、竹笋壳等废弃物运至成型站摊晒场进行晾晒，待原料的含水率符合要求后，将其进行粉碎、上机、成型加工。该项目计划年产生物质成型燃料5万吨，其中1万吨销售给5000户农户作为生活炊事用能，4万吨销售给当地工商企业，用于工业锅炉燃料。项目建成后，每年将消纳农作物废弃物5.75万吨，年替代标煤量2.5万吨。

该项目总投资1250万元，其中申请中央财政补助资金75万元。

首先，我们来分析一下这两个项目的燃料替代可行性。关于生物质气化项目，利用7万吨的农作物废弃物就可以替代6.72万吨的标煤，实现的可能性几乎没有。原因是，香蕉茎叶、竹笋壳之类的废弃物热值并不高，达不到6720大卡/公斤。大家知道，标煤的热值是7000大卡/公斤，我国的无烟煤热值也不过为3400大卡/公斤左右，而香蕉茎叶和笋壳之类的热值能达到7000×6.72/7=6720大卡/公斤吗？况且在生物质气化过程中还要产生较大的热损失。可以说，从专业的角度判断，这7万吨的农作物废弃物是替代不了6.72万吨标煤的。

其次，香蕉茎叶、竹笋壳之类的废弃物含水率是很高的，收集时的秸秆与晒干能用的秸秆比重，至少是三倍以上的关系。因此仅就气化项目所用的初期收集的秸秆而言，其重量就可能达到21万吨以上！若用4吨每辆的卡车拉运，这些秸秆就要拉上52500次（趟）！当然，这么多的农作物废弃物不可能用一辆车从头拉到底，但不管用上多少辆车，路上跑的车次是不会变的。同时，路上跑了这么多车次给交通添堵不说，还要花费多少运输车的油燃料？此外，还有另外一个生物质成型燃料项目。一个县域范围有这两个大项目，路上的交通肯定够繁忙。所以说，这与绿色能源创建行动很不搭调。

再次，香蕉茎叶、竹笋壳含水率高，将其晒干到可用，需要多长的时间？又需要多大的晾晒场地？还需要多少的人工？要知道在沿海地区农村，一天普通的人工工资都在200元左右。如此算来，这个项目的运营成本能扛得住么？

让我们看看该县的县情县貌：全县国土面积1961.8平方公里，其中耕地面积39.62万亩，林地204.28万亩。森林覆盖率达74%，绿化率96.5%。全县总人口35.8万，其中农业人口26.47万。下辖11个乡镇，1个省级高新技术产业园区，199个行政村。2010年全县生产总值（GDP）达105亿元（按可比价计算，下同），人均GDP达29172 万元。全县三次产业所占比重调整为29.9：39.9：30.2。全县农民人均纯收入达7481元，城镇居民人均可支配收入14950元。

对此，我们纳闷：农民生活水准相对较高，乡镇数量相对较少，乡镇人口也相对集中，经济上又这么强势的农业大县，为什么不把绿色能源示范县建设工程分散到乡镇去，反而不顾几十万吨农作物废弃物的运输量，把这么多的“农业垃圾”集中到县城周边的工业园区来？《绿色能源示范县建设管理办法》中明确提出，要规划做好利用可再生能源解决农村生活用能的技术方案和项目布局。对此，我们是否完全理解和吃透了？其次，我国目前的各个县城区，人们的生活用能和习惯跟地市、省会城市的居民都差不多，基本上都是用电和天然气或煤气的了，现在把乡下的农作物秸秆拉到县城区去解决居民和工业企业的生活生产用能，既解决不了他们多大的用能总量比例，还给他们带来了新的粉尘和烟尘污染，这个账算起来实在是有点划不来。而且这么一来，真正需要的农村乡镇的生活用能又让我们给“忘记了！”

第三节　绿色能源建设必须既能实施又可持续

开展农村绿色能源行动是非常正确的，规范与统一农村生活用能也是非常必要，否则农村目前既存在用电、用煤、用液化气，也存在烧柴火、烧秸秆的跨越几千年的生活用能方式不知何时才能优化与统一。但是，农村绿色能源建设既要讲因地制宜，也要讲经济效益，更要讲可持续性。我们再看看前述南方那个申报“绿色能源示范县”的能源生产与消费情况。

（1）能源生产情况：本县的常规能源均需外购。2010年，全县可再生能源生产总量约19.97万吨标准煤，县内已建成5万千瓦以下小水电站194座，总装机容量14.43万千瓦，年发电5.6亿千瓦时；户用沼气池9650口，沼气工程5280处，沼气年生产总量450万立方米；全县推广太阳能热水器2400台，总集热面积3.3万平方米。

（2）能源消费情况：2010年，全县能源消费总量44.42万吨标煤，其中全年消费煤炭15.54万吨，成品油0.21万吨，液化石油气1.34万吨，电力8.8亿千瓦时，商品能源消费总计24.45万吨标准煤，占能源消费总量的55.05%。

县内可再生能源消费主要包括小水电、沼气和太阳能热水器，消费总量约为19.97万吨标煤，占总消费量的44.95%。能源消费情况见表11-1。

表11-1 全县能源消费情况表

能源种类	单位	实物量	标煤量（万吨标煤）	占能源消费比例（%）
煤炭	万吨	15.54	11.10	24.98
成品油	万吨	0.21	0.24	0.54
液化石油气	万吨	1.34	2.30	5.17
电	亿千瓦时	8.8	10.82	24.36
商品能源小计			24.45	55.05
小水电	万千瓦时	56000	19.32	75.81
沼气	万立方米	450	0.32	1.26
太阳能	万平方米	3.3	0.33	1.29
可再生能源小计			19.97	44.95
全县用能总量			44.42	100.00

由上表可见，该县2010年的能源消费大头是电力，折合标煤30.14万吨，约占能源消费标煤总量的67.85%；其次是煤炭，折合标煤11.10万吨，约占能源消费标煤总量的25%；再次是液化石油气，折合标煤2.30万吨，约占能源消费标煤总量的5.2%。在此，我们可以发现：该县当年要实现能源绿色化的目标就是替代13.40万吨的标煤消费，即消费天然煤折合的11.10万吨标煤量和消费液化石油气折合的2.30万吨标煤量。解决了这块非绿色能源消费，就实现了该县的能源消费绿色化。至于以后年度需要增加的非绿色能源消费，那就是能源绿色化以后再增加的比例问题了。由此，我们可以找到这块非绿色能源消费绿色化的两个途径：

一是将 13.40 万吨标煤当量消费全部转换为清洁电力能源消费；

二是将 13.40 万吨标煤当量消费中，一部分转为清洁电力能源消费，另一部分则转为生物质燃气如沼气消费。

从当地的实际情况和农村普遍的生活用能习惯来看，第二种替代方式可能更符合老百姓的目前选择，因为我国农村现在还有使用液化石油气或液化煤气的习惯。该县的绿色能源建设好像基本上也是这么考虑的。在此，我们不妨顺着这个思路，把该县申报提出的不易操作也不太可能实现（项目到目前还未落实）的两个大型的生物质气化项目和生物质成型燃料项目设计建成时，年产 9.22 万吨标煤当量的能源，用光伏发电量来替代的可行性方案。

方案一

由该县的申报资料得知，当地的太阳能资源比较丰富。当地年太阳辐照为 5016～5852MJ/m^2，相当于年发电利用小时在 1393 小时/年～1626 小时/年之间，保守起见，取 1260 小时/年。同时，从申报方案看出，电煤当量转换按 345 克标煤/千瓦时计算，因此，9.22 万吨标煤也就相当于 2.67 亿千瓦时的电量。

该县下辖 11 个乡镇和一个高新工业园区，如将 2.67 亿千瓦时电量按 12 个乡镇分摊，则每个乡镇得接受 0.22 亿千瓦时替代电量。计及当地太阳能年发电利用小时为 1260 小时/年，则每个乡镇只需装设光伏装机 1.77 万千瓦即可满足替代电量要求。

另外，该县农业人口有 26.47 万，以 11 个乡镇均摊，且以 4 口之家为计算单位，即每个乡镇约有 6000 户人家。按上述替代电量分担，则每户人家只需装设光伏 2.95 千瓦左右。这里，11 个乡镇的公共设施还没考虑进来，县城区包括高新工业园区也未予以考虑。

这么算来，每户人家年产电量：2.95×1260=3717 千瓦时。假如按户用 200 千瓦时/月电量计算，每年户用电量在 2400 千瓦时左右，则户均年上网交易电量还有 1317 千瓦时。以现有光伏电价水平计算，户均年收入约在 1317 元。

工程造价方面，以每瓦 7 元计算，一个乡镇装机 1.77 万千瓦，需投资 1.239 亿元。而户均只需 20650 元一次性投资。

若组件规格选用 280Wp 的话，每户只需安装 10 片或 11 片晶硅组件就够用了；如选用 250Wp/片产品，安装 12 片就足够！

运作方式，可以由当地电网或专业服务机构帮助免费安装，无需申请中央财政基金支持。

方案二

如果方案一不靠谱，因为其间牵涉的人数的确太多，还要依靠老百姓自掏腰包，做起来可能有困难。我们可以考虑以下方案：

在 11 个乡镇各选 500 亩左右向阳开阔地，做高效农业种植或养殖大棚，棚顶委托一家企业投资建设光伏发电，棚内由另一家企业进行高效农业种植或养殖，就像前面介绍过的河南内黄县高效生态农业大棚一样。这种运作模式，煤电替代电量只由一家企业负责进行，而且也不需要中央财政资金支持。当然，一个条件就是，当地的太阳辐照折算成年发电利用小时要在 1200 小时以上。

由此可见，用光伏发电的替代方案实施起来简单易行，更何况现在老百姓生活用能也基本上都可以用电解决了。假如有个别还习惯于用燃气做饭炒菜的，可以使用生物质燃气即沼气解决。光伏电量替换方案还有一个好处是，不会像生物质燃料项目那样，会因不同年度种植不同农作物导致秸秆产生变化而受到影响。

实际上，方案一也是个好办法。虽然让每家每户自掏 2 万多元有点困难，但可以通过申请财政补助来减轻农民的负担。而且这种运作模式如能进行，就相当于我们在配网的末端，一步到位实现了光伏发电的“同网同价”（农民自用电部分）。这对推动光伏发电行业的发展，其意义是非常重大的。

再谈谈申报县原设想的两大生物质燃料项目不太可能实现的理由，再补充两句。接触过电力行业的人都知道，5 万千瓦等级的火电机组，按设计发电标煤耗大约为 345 克/千瓦时左右，年发电利用小时以 5000h 计算，则 9.22 万吨标煤相当于一台 5.4 万千瓦火电机组一整年的发电生产用煤！若折算为 3400 大卡/公斤的无烟煤，那就是 18.98 万吨的天然无烟煤。这么大量的燃料需求，靠一些低热值的香蕉茎叶之类的农作物废弃物，恐怕是支撑不了的。

至于沼气，前面已经谈过了，该项技术目前已趋于成熟，各级地方政府都在鼓励和推动这项工程，老百姓也比较乐于接受沼气这一可再生新能源。下一章节我们还会涉及这个话题，在此不做过多介绍。

第四节 绿色能源建设应与高效农业发展互为依托

我们先来了解一下那个南方申报示范县关于发展沼气和养殖业的自我陈述：

2010 年，全县存栏生猪 26.8 万头，年出栏商品猪 40 万头；家禽存栏量为 139 万羽。目前绝大多数农户养殖畜禽采用混合养殖。全县共有养殖场 5320 家，其中 5280 家大中型养殖场均建有沼气工程。县内的农村能源建设主要以养殖场沼气工程和户用沼气为主，项目建设规模均根据用户需求来确定，规模普遍较小。在县内的 5000 多家养殖场中，虽然绝大部分都建设沼气工程，但配备发电机组或提供多户供气的工程却较少。由于规模限制，沼气工程的建设、运营和管理成本过高，很难具有经济效益。

本县较大型的养殖场沼气工程有 7 处，其中 5 处沼气工程在 2012 年底建设完成，总池容量为 1.2 万立方米，2 处沼气工程在 2013 年底建设完成，总池容量为 0.4 万立方米。项目建成后，年替代标煤量达到 6854 吨（注：根据申报材料，沼气热值为 4998 大卡/立方米，约合 0.71 公斤标煤/立方米）。

7 处大中型养殖场沼气工程建成后，项目总池容量 1.6 万立方米，年产气量 960 万立方米，供应户数 1.2 万户，总投资 4247 万元。项目申请农业部沼气国债资金。项目详细内容见表 11-2。

表 11-2 大中型养殖场沼气工程清单

业主	池容（立方米）	年产气量（万立方米）	用户数量（户）	建设年限	投资（万元）
畜牧有限公司 1	2405	166	2045	2012	665.2
畜牧有限公司 2	2105	113	1428	2012	528
畜牧有限公司 3	2405	166	1982	2012	665
畜牧有限公司 4	2225	118	1617	2012	598
畜牧有限公司 5	2105	113	1405	2013	528
畜牧有限公司 6	2255	118	1612	2013	598
畜牧有限公司 7	2405	166	2004	2012	665
合计	15905	960	12093		4247.2

由此可见，该县的养殖规模太小、太分散，必须要走整合提质的路子。

关于沼气项目的投资方案分析，一家内行的国有企业给出了如下经验数据：

每吨原料产沼气量： 牛粪 猪粪 鸡粪

50 立方米/吨 60 立方米/吨 100 立方米/吨

禽畜产气能力换算：一头牛日产：一立方米沼气；

十头猪日产：一立方米沼气；

百只鸡日产：一立方米沼气；

而且该企业还特别提出：项目建设规模一般不要低于每天 3 万立方米沼气产量；原料运输半径不要超过 15 公里；项目产生的天然气（注：即生物质天然气，是经过提纯的沼气，一般 1.75 立方米沼气能提纯 1 立方米生物质天然气）运输半径不要超过 150 公里；项目周边要有沼液的消纳场所（有较大面积的耕地，如 100～120 亩）。为产气高，还需要混合发酵原料如各种酒糟、各类养殖粪污、食品厂废水、餐厨垃圾、厨余垃圾、玉米秸秆、甘蔗渣、木薯渣、各种果渣等等。

由上述经验数据可知，该县所谓大中型 7 个养殖场，一年的沼气产量也只不过 960 万立方米，折算一天的产气量仅为 26301 立方米。如果从养殖产量来看，该县最大的 7 家养殖场养殖数量加起来也只有那家国有企业给出的经济饲养量的 87%多一点。所以，如果以每个乡镇为单位进行相对集中养殖，其大小虽然难以达到经济规模水平，但每个乡镇都得到了发展，而且从沼气产量来看，全县现有 1410 万立方米，按申报材料户年均用沼气约 794 立方米，由此可得，如通过相对集中，暂不增加饲养量，11 个乡镇中每个乡镇目前就能保证 1614 户人家供气。这个户数与南方地区现有乡镇人口数量差不多，即各乡镇所产沼气会基本得到自产自销。因此，这是一项很值得做的事情。

关于这个统合方案实施的可行性，虽然我们很难对该县 5000 多家养殖场作详细了解和评估，但至少相信，通过创办 11 家（1 个乡镇 1 家）养殖企业去统筹这 5000 多家小养殖场（单养不混养），其集约数已经提高了将近 500 倍。有这样的养殖规模，相信每个乡镇就可以招揽到像模像样从事大棚养殖（猪、牛、羊、鸡、鸭等单养户）、光伏发电、沼气产业等国有企业或个体大户的分别投资了。否则，现在这种小而散的养殖经营模式，没有经济效益、没有企业抗风险能力不说，就是在国土的环保承受力方面也是难以为继的。

报上得知，最近南方地区的好多大中型城市，为了整治因小养殖场没有环保措施污染城市周边水系、土壤和空气，被环保部门一口气就关掉了不知有多少家养猪场。这就是小而散低效养殖带来的痛苦。

发展高效养殖业、高效种植业等高效农业，不仅丰富了国人的菜篮子、米袋子，同时也给农村绿色能源建设提供了发展空间。前面介绍的目前国内正在兴起的“光伏+种植”、“光伏+养殖”等“光伏+”运作模式，不仅提高了国土利用效率，而且为光伏发电提供了广大的发展空间。因此，从这个角度来看，发展高效集约式农业，是当下农民守家创业增收的需要，是农业转方式调结构的需要，是农村经济社会发展的需要，也是农村实现能源绿色化的需要。

第五节　绿色能源建设应与城镇化建设紧密结合

当前，我国农村正经历着前所未有的城镇化建设进程。为了让新型城镇化与传统城镇化相比：在空间布局上有根本性的变化；在人居舒适度方面有实质性的提升。应该从以人为本的角度出发，以现代科技为手段，注重绿色发展和可持续发展，努力推动新型城镇化与新型工业化、信息化、农业现代化、能源绿色化协调发展，努力提升新型城镇化的经济承载力、社会承载力和环境承载力。为此，应当做好以下几方面工作。

一是以人为本，着眼长远。新型城镇化要以人的因素为目标，着力推动人的城镇化。之所以推进新型城镇化，在本质上改变和提升传统城镇化的功能和定位，是因为传统城镇已不适合现代人的生活安居。新型城镇是农民进城的第一落脚点，是现代城乡的结合部。因此，新型城镇首先必须满足农民进城后这一居民群体的就业需要、子女求学以及生活便利等各方面需求。要让进城农民完全融入新型城镇，也要让新型城镇全面周到地服务于生活其中的新型居民。所以新型城镇化既要着眼于当下，还要着眼于长远，更要着眼于未来。

二是统筹规划，认真布局。要真正让新型城镇化不落俗套、宜业宜居，应当从城镇化规划入手，认真布局。高起点考虑新型工业化与新型城镇化的计划安排；超前谋划新时期信息化与新型城镇化的适配方案；全盘布局新能源与新型城镇绿色化的协调发展。关于新型城镇的绿色化，既要注重能源建设的绿色化，如统一推进光伏发电、太阳能热利用（热水器）、生物质天然气（沼气）等建设工程，还要注重能源使用的绿色化，如鼓励使用电动汽车、燃料电池新能源车，普及家居生活用能电气化等等。对于推广普及新能源汽车，还要周密考虑相应的配套设施如充电桩、加气站在新城镇周边的合理布局和建设。

三是精心设计，分步实施。太阳能利用应是新型城镇化建设的重要组成部分，也是建设进程的关键一环，务必通盘考虑，认真落实。方案要从整个新型城镇能最大限度利用太阳能的角度出发，谨慎地做好规划，布好项目，出好设计，搞好工程，让太阳能利用真正落到实处。这里值得一提的是，分布式光伏发电系统，以目前国家政策支持力度和市场造价行情计算，光照资源年发电利用在1200小时及以上的地区，项目推行商业化运作的条件都已经具备。所以，城镇化规划设计千万不要错过利用太阳能这个清洁可再生能源的好机会。而且达到光照条件的地区，在做好本期城镇化建设后，还要考虑新型城镇化建设的下一步扩张与可持续发展的需要；对于光照条件暂不满足的新城镇，目前也不应完全放弃对分布式光伏发电系统利用的规划工作，而要给未来留下一个可利用的城镇化绿色能源建设的条件。

四是抓好重点，推广普及。对于新型城镇来说，分布式光伏发电以家家户户而论，是既相互独立、又相互联接成一个新能源微网（微电网）的发供电网络系统。所以抓好新城镇的微网建设，是实现新型城镇化绿色能源建设的首要工作，也是重点工作。有了新城镇的良好新能源微网构架，才可以实现城镇新能源电力如光伏发电的并网可行性，以及分布式光伏发电系统的供电可靠性。在此基础上，进行家家户户分布式光伏发电系统接入，就是简单地拷贝工作了。也只有这样，才能引领和带动居民大众加入到城镇化光伏发电项目建设行动中，从而让绿色能源得到全面地推广和普及。

顺便提一下，由于太阳能在时间上的不连续性，给光伏发电系统供电带来一定程度上的不便。但是，当光伏发电系统在与电力系统并网情况下，这个问题就基本上就解决了。另外，前几年国家已经投入巨资对农村电网进行了彻底改造，这为新型城镇化利用新能源创造了有利条件。

第六节　绿色能源建设应坚持专业化开发市场化运作

国家能源局、农业部、财政部关于印发《绿色能源示范县建设管理办法（下称管理办法）》的通知中的第三条指出：绿色能源示范县建设必须按照“统筹规划、完善机制、管建并重、持续发展”的要求，建立健全农村能源管理体系，推动项目建设规模化、专业化、市场化发展，形成可持续发展机制和自我发展模式，确保示范县建设取得实效。

农村绿色能源建设是一项功在当代、利在千秋的事业。有关各地应该本着实事求是的科学态度，从当地的实际情况出发，根据潜在资源的特色特点，认真调研、分析和比较所选项目的立项前提条件、资源保障能力、技术路线把握，以及商业化运作能力等，综合大家意见，形成各地共识。按照《管理办法》第六条指出的，示范县建设要根据当地可再生能源资源特点、自然条件和农村生产生活方式等，结合县城经济社会发展规划，明确农村能源发展模式，确定农村能源建设的总体目标、主要任务和政策措施，进行绿色能源规划编制。

规划编制要符合农村当地的现实情况，科学合理地分析绿色能源资源的潜在发展能力、专业化开发思路、市场化运作方案以及统筹利用资源与产品自我消纳的可能性。潜在发展项目要广泛征求各方意见，认真听取专家建议，充分比较技术路线的可靠程度以及市场的变化趋势和发展前景。项目坚持专业化开发要努力做到：做成、做好、做精；项目坚持市场化运作要努力实现：做赢、做大、做强。

做成、做好、做精，就是专业开发公司要按照规划与设计思路，把项目建设真正落到实处。首先把项目做成了，并在项目做成的基础上，通过完善和提高使项目的建设质量和投运情况逐步变得更好，进而达到安全可靠、运转良好的水平。同时，项目建设单位应精益求精，不断摸索与追求将项目进一步做到精细化、精品化，使之成为行业方面的示范或样本。这是选择项目专业化开发的意图和目的，也是贯彻落实国务院关于开展农村绿色能源建设号召的最好实践。

将项目做赢、做大、做强，是坚持市场化运作的目标与追求。为避免因人为因素使项目管理不善、运营不良而导致项目运作难以为继或难以扩大再生产，项目必须能够得到可持续发展，或具有进一步自我滚动发展的能力，关键一点就是项目运营要能实实在在做赢。项目做赢了，才有可能实现项目运营不断向好的方向发展，之后将项目做大做强才能水到渠成。

《管理办法》第八条还特别指出：示范县规划要提出示范县建设管理体制和项目建设运营模式，按照“政府扶持、企业负责、市场运作、多方支持”的要求，提出专业化投资、建设、经营管理的要求和相应措施，鼓励县城内同类项目由同一项目法人投资建设和运营管理，形成规模效益，提高项目可持续发展能力。

这些规定和要求很重要。它首先要求有关各方要形成共识，明确相关责任。作为项目运作的责任主体，必须对项目本身的可行性负责，对示范项目产生的实际效果负责。有了这个责任要求，项目运作的责任主体，就会认真算好经济账，相关各方就会谨慎对待项目建设的可行性，而不至于盲目追求项目落地而已。

《管理办法》第九条指出：示范县实施方案的制定要本着“资源充足、资金落实、技术可行、条件成熟”的原则，选择经济效益较好、建设规模较大、示范带动作用明显的项目，以同类批量建设的方式，实现规模化示范，带动产业的发展。

这是要求示范项目要好中选优、保证建成的原则意见，也是对示范承接单位必须冷静思考、谨慎对待示范项目的进一步提醒。同时鼓励项目业主在示范项目成功的前提下，可以进行规模化运作，并带动产业发展。

当前，参与农村绿色能源示范县建设的相关方面，项目建设经验不多，专业知识有限，专业人才不足，《管理办法》做出如此详细的规定和指导是很有必要的，也是负责任的。

第十二章　光伏发电机会之窗已经开启

这几年，光伏发电在世界各地的发展势头迅猛，但由于它的投资成本较高以及发电的不连续性，使得光伏发电在各个国家的支持力度与受欢迎程度有所不同。尤其是前几年就曾出现光伏发电投资热的欧洲国家，一方面由于电价补贴较高形成一定负担；另一方面因为欧洲地区光照资源不算太好，而且大多是建于建构筑物上的分布式光伏发电，因此发电利用小时有限，对电网的电力电量贡献不如预期，所以这两年来投资热度有所减缓。

在南亚、中东等国家和地区对光伏发电热度不减。这是由于该地区经济发展对能源的需求使然，同时低碳绿色生活的外在压力和内在自我意识，也促使人们在这些缺水缺能但荒漠地颇多的艰苦环境下，把希望的目光投在了光伏发电。这是一项很自然的经济和社会发展方式选择，也是一个非常明智的现代社会的生存法则演绎。

我们也同样面对这些问题。但对此主动选择也好，被动应对也罢，中国通过这几年的艰苦努力，光伏产业链发展水平已位居世界高位；光伏发电装机已领先全球；电网远距离大容量输送能力已经具备；大力发展光伏发电的人才储备已经到位；光伏发电同价并网的前景已经清晰可见；所有这一切都表明了：光伏发电的机会之窗正实实在在向中国开启。

第一节　光伏发电成本已经处于煤电社会成本中位

国家发改委能源研究所于2009年底，发布了一项由世界银行资助的课题研究成果——《我国可再生能源发电经济总量目标评价研究》。课题利用世行开发的量化分析工具，即可再生能源发电经济性模型，在分省项目统计和分析的基础上，开展了可再生能源项目的经济性分析，导出了全国可再生能源“可开发发电总量”与“开发成本”之间的对应关系，并考虑燃煤（化石能源）发电的环境外部性成本因素，实际评估我国当前情况下可再生能源发电的经济与可开发的总量，以便为国家制定更加合理的国家（或省级）可再生能源发展目标提供参考依据。

所谓化石能源“外部性成本”，指的是化石能源应用过程中，如开采过程对环境所造成的不可逆转性损害，能源消耗过程所排放的二氧化硫、烟尘、氮氧化物等污染性气体对环境所造成的间接性损害，以及二氧化碳等温室气体排放所造成的环境影响等。由于以往对化石类能源项目的开发，并未计及上述“隐性成本”，这就影响了对可再生能源可开发性的正确评估。所以，该课题的研究将可再生能源经济发展目标的基准统一于化石能源发电的“社会成本”，也即燃煤发电的综合“社会成本”，或简称“社会成本”。它包括以下三个方面：

1．传统意义上的燃煤电厂的发电成本。

2．燃煤发电所产生的直接环境损害成本（主要指二氧化硫、氮氧化物和颗粒悬浮物排放的环境损害）。

3．温室气体排放环境损害成本（主要是二氧化碳排放）。

课题研究以燃煤发电“社会成本”作为比较标准，将可再生能源开发中所隐含的外部环境效益货币化，从而比较客观地反映了可再生能源发电的真实市场价值。

关于煤电成本，课题研究对于可再生能源的经济总量计算，是基于燃煤发电的成本进行的，即低于燃煤发电社会成本的可再生能源发电项目都称之为“可经济开发”。这其中，燃煤发电的经济成本是其真实社会成本的主要部分，可称之为“表观成本”。燃煤发电（包括可再生能源发电）的经济成本均按统一计算方法进行分省测算，以保证成本比较是在统一基础上进行。发电的经济成本主要包括发电的运行成本和投资成本，并通过发电利用小时数折算转化为每度电的电量成本（元/千瓦时）。各省典型燃煤发电厂的发电成本拟作为经济性评价的基准。

国家发改委能源研究所课题组按照国民经济评价方法测算发电成本（不含税收），并将投资成本按寿命期进行折现后，把煤电发电成本的测算基础数据归纳为以下三项：

1．投资成本。

2．非燃料运行成本。

3．燃料成本。

该课题研究以统一标准对全国当时燃煤电厂的投资进行测算，并选用典型的 2×600MW 超临界机组作为燃煤发电测算的基准，其单位千瓦的投资成本为 3643 元/千瓦，即

- 设备和安装成本：2444 元/千瓦
- 土建成本：743 元/千瓦
- 其他投资成本：456 元/千瓦

课题组根据火电厂的非燃料运行成本受地域的影响较小的特点，将各省的数据统一按全国标准进行计算，其中

- 固定运行成本为 117 元/千瓦
- 非燃料的可变运行成本为 0.0457 元/千瓦时
- 发电标准煤耗：2051 克/千瓦时～2973 克/千瓦时
- 电厂自用电率：4.72%～9.2%
- 发电利用小时数：6000 小时

对于电煤价格，各省的情况不同，而且影响煤价的因素也比较多，课题研究将全国的电煤价格从 255 元/吨～798 元/吨不等，以东部沿海省份和西部产煤省份的不同煤价分别进行统计。同时，对于电煤价格变化趋势的分析，又选取秦皇岛电煤价格作为参考开展分析，试图真实反映过去那段时间全国（省地）的电煤价格变化情况。该课题研究考虑的因素比较全面，方式方法正确，就是在今天看来，研究报告乃真实可信，具有很高的参考价值。

关于直接环境成本，因其量化计算所涉及的影响因素较多，有人口密度、植被、农业形式及收入等。鉴于国内外对这类环境损害的量化研究有一定成果，该研究报告直接采用了以下两类研究成果作为计算的基础。

1．国内研究成果

2005 年中国与世行合作开展我国地区大气排放环境损害的一项研究成果。该项研究主要对 2003 年中国的主要大气污染物所造成的环境损害成本进行了测算，并考虑到所选环境成本与此次计算采用的数据年份相符而进行必要的汇率现值转换。该项研究结果表明，从我国的东西部不同地区来看，直接环境成本相差较大，东部经济发达地区的直接环境成本较高，西部地区的直接环境成本较低，各类污染物环境成本的地区分布也较相似。全国三类污

染物（二氧化硫、氮氧化物和烟尘）的取值范围是：

- SO_2：29 美元/吨～2084 美元/吨
- NO_x：21 美元/吨～1480 美元/吨
- TSP：442 美元/吨～1897 美元/吨

这一结果视为国家发改委能源研究所课题研究的低环境成本方案的直接环境成本。

2. 欧盟地区研究成果

欧盟国家于 2006 年对欧盟地区大气排放所造成的环境损害开展了研究，并取得相关成果。国家发改委能源研究所进行课题研究时，通过欧盟与中国各省的人均 GDP、人口密度的对比，将欧盟直接环境成本调整为我国未来直接环境成本的一个高方案加以考虑。其中三种成本区间为：

- SO_2：826 美元/吨～61335 美元/吨
- NO_x：556 美元/吨～41312 美元/吨
- TSP：4518 美元/吨～335533 美元/吨

这一结果作为能源研究所课题研究的高环境方案考虑。

3. 温室气体排放成本

该研究报告按照《京都议定书》的要求，以 2012 年之前发达国家和发展中国家对气候变化承担共同但有区别的责任区分，纳入课题研究。为确定 2012 年后的减排方案，2009 年底将进行“后京都”时代应对全球气候变化问题的新一轮减排方案的考虑，即发展中国家自《京都议定书》生效后，可以通过清洁发展机制（CDM），与发达国家进行碳排放交易。

该研究报告根据国际市场上前几年的实际交易情况，并按照我国可再生能源项目碳交易当时最低价一般在 10 欧元/吨，确定温室气体排放的碳交易参考价格为 15 美元/吨。这作为当时的碳交易价格参考可能还比较合适，但与现在行情相比已经偏高了。

4. 低环境成本方案（低环境方案）

根据以上所述，课题组给出低环境成本方案的内涵如下：

- 直接环境成本取值：选用国内环保部的研究成果
- 温室气体排放成本取值：碳价 15 美元/吨 CO_2

而根据欧盟对污染物排放环境损害的研究结果，得出以下高环境方案，即以下的"高环境成本方案"。

5. 高环境成本方案（高环境方案）

- 直接环境成本取值：选用欧盟的研究成果
- 温室气体排放成本取值：碳价 30 美元/吨 CO_2

国家发改委能源研究所在《我国可再生能源发电经济总量目标评价研究》报告中指出，对于燃煤电厂单位发电量的环境外部性成本（元/千瓦时），在低环境方案中，人口密度较大和经济发展水平较高的地区，其单位环境损害成本较高，比如浙江、江苏和安徽等省份的单位环境损害成本最高，达到 0.25～0.28 元/千瓦时之间；其余省份大约在 0.1～0.2 元/千瓦时之间。

在高环境方案中，体现各省的单位环境外部性成本的次序虽然没有发生变化，但具体的数值却随着环境标准的提高，大约都提高了 10 倍左右。该报告还以可再生能源供应（替代）曲线为例子，用可再生能源的生产成本为纵轴（元/千瓦时），以可再生能源的发电总量（GWh）为横轴，给出了内蒙古自治区在可再生能源经济可开发总量为 1434 亿千瓦时（含小水电、风电、生物质发电、光伏发电）的情况下，计算出自治区煤电的发电成本为 0.348 元/千瓦时，而其真实的"社会成本"为 1.081 元/千瓦时。

由于各省的环境外部成本有着较大的差异，而全国的煤电替代环境效益是一个平均值。经加权平均统计，在两个环境方案中，外部性成本分别为 0.156 元/千瓦时、0.873 元/千瓦时；类似的，全国燃煤发电的平均发电成本则为 0.354 元/千瓦时。燃煤发电的外部性成本与表观发电成本之和，就是其真实的社会成本。因而，两个方案下燃煤发电的真实社会成本分别为 0.511 元/千瓦时和 1.23 元/千瓦时。另外，若将两个方案中的真实社会成本加权平均，我们还将得到我国当下燃煤发电的真实社会成本的中位值为 0.8705 元/千瓦时。

关于燃煤发电的真实社会成本的中位值，我们可以假设它既是低环境方案的上限值，也是高环境方案的下限值。由此可见，目前我国可再生能源包括光伏的发电成本，已经处在了两个环境方案下燃煤发电的真实社会成本的中位值及以下，或者说已处于低环境方案下的真实社会成本范围了。这是我国可再生能源发展的一个巨大进步！也是我们迎来可再生能源发展的大好机会！

第二节 光伏等可再生能源发电成本解读

上一节，我们通过国家发改委能源研究所做的《我国可再生能源发电经济总量目标评价研究》报告一文，详细了解了化石能源发电的外部环境成本的内涵与构成，并就中欧各自对地区大气排放所造成的环境损害开展的研究成果，对高低环境方案下的燃煤（化石能源）发电的社会成本有了新认识。但就地区或全国而言，可再生能源可开发的“经济总量”与燃煤发电的社会成本之间有何关系，以及如何开发可再生能源，还需要我们做一番解读。

《我国可再生能源发电经济总量目标评价研究》报告一文，是借用可再生能源经济评价模型，在分省可再生能源项目统计和预测的基础上，基于化石能源主要是燃煤发电对环境损害的程度即社会成本，考虑了高低环境方案下，得出未来我国可再生能源发电的“经济总量”和可再生能源增量成本之间的相互关系。但是，如果从“能源替代”的角度看，虽然可再生能源利用过程对环境没有造成损害，可是正常情况下它的发电成本都远高于燃煤发电成本。因此，从简单判断某一种或某些种类的可再生能源是否具有经济可开发性，也可以从课题研究中论述的燃煤发电的社会成本与可再生能源发电成本进行比较，只要得出可再生能源的发电成本比煤电的社会成本低，说明某一种（类）可再生能源就具有经济可开发性。当然，这期间还得考虑可再生能源的年发电利用小时修正问题。前一节，我们就是根据这种直观比较进行判断的，即在考虑煤电社会成本的前提下，确定光伏发电与燃煤发电相比，已经具有经济可开发性了。

由于科学技术的发展和人们对可再生能源需求量的不断提升，使得可再生能源发展迅速，开发成本也逐步走低。最典型的莫过于光伏发电，其发电成本近几年可以说是在快速下降。在《我国可再生能源发电经济总量目标评价研究》报告中，当时对于太阳能光伏发电，一是因为没有通过国家层面的正式批准电价，二是没有上规模的并网光伏发电项目例子，所以在当时能否对其实施规模开发和参与新能源经济总量的平衡，报告编写时都几乎无法予以讨论。但时至今日，光伏发电的单位千瓦投资成本已经接近甚至低于风力发电的投资水平了，全国可再生能源投资板块也发生了很大变化。为此，结合报告一文，就可理解与认识，可再生能源的经济开发与替代，以及对可再生能源的发电成本等问题做进一步分析。

1. 全国可再生能源供应曲线

以可再生能源增量成本——可再生能源发电经济成本与燃煤发电经济成本的差值作为纵坐标(元/千瓦时)，而以可再生能源发电量作为横坐标(TWh)，将全国各省项目按增量成本大小排序的可再生能源供应曲线如图 12-1 所示。

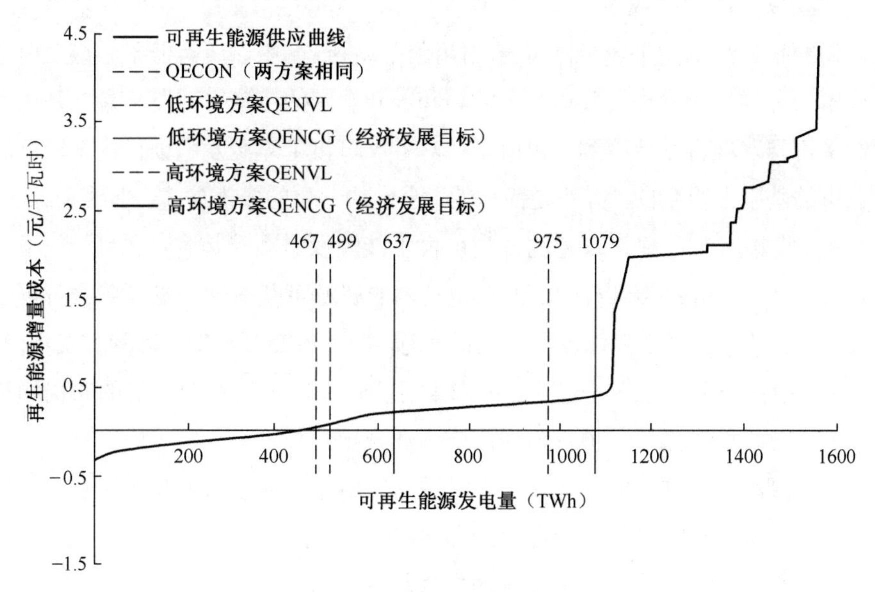

图 12-1 全国可再生能源发电经济总量分析（1TWh=10 亿 kWh）

如果就某一个地区而言，如在绘制某一省的可再生能源供应曲线图时，燃煤发电的社会成本是均一的，但对于全国可再生能源供应曲线来说，每个省的燃煤发电社会成本都不相同，很难按同一基准来反映“可再生能源经济总量”的概念。为了解决这个问题，在绘制以上全国可再生能源供应曲线时，报告一文用可再生能源增量成本——可再生能源发电经济成本与燃煤发电经济成本的差值，代替生产成本作为纵坐标，这样就统一了不同省份之间进行比较的基础。

图中，X 轴下方的可再生能源供应曲线，代表所有低于煤电经济成本的可再生能源项目，这些项目主要由小水电、少量风电项目和生物质发电项目组成。X 轴上方的可再生能源供应曲线主要有风电、生物质发电和光伏发电项目点汇集而成；曲线末端主要是高成本的光伏发电和一些风能资源较差地区的风电项目。越是处于曲线后端的项目，其经济性越差。当然，如果不是单纯以“经济性”为原则开发可再生能源，如暂不开发低成本的小水电资源。以需要推动国产风电装备和光伏设备制造业的发展，必须开发更加昂贵的可再生能源资源，那么整个社会需要暂时为此承担额外的经济成本。因此，增量成本的概念实际上就是指与煤电的经济成本相比，开发同等规模的可再生能源需要额外增加的成本。

研究报告给出的上述全国可再生能源供应曲线图中，所有低于燃煤发电社会成本的可再生能源项目装机容量的总和，即全国的经济可开发总量，是由各省经济可开发项目累计得到。也就是在对各省可再生能源发电项目逐个进行成本分析的基础上得到的，并不是简单的、全国均一化的成本曲线。曲线来源于：

- 收集所有已建、在建的各类可再生能源发电项目信息；
- 通过分析各类可再生能源发电技术的资源可获得性，参考各级可再生能源的发展规划以及在建项目信息，确定各类可再生能源的开发规模；
- 根据资源的地区分布，分析未来可能建成可再生能源项目的布局和规模，并计算每一项目的经济成本和发电总量；
- 将各类项目按成本排序，同时进行发电量（或装机容量）累加，最终形成各省的可再生能源供应曲线；全国可再生能源供应曲线是在省级供应曲线的基础上重新排序生成。

2. 可再生能源发电经济总量与燃煤发电成本关系

- 图中可再生能源供应曲线与X轴的交点QECON，表示低于燃煤发电成本的可再生能源发电总开发量，与环境成本没有关系，且两个环境方案下QECON相同，为4669亿千瓦时；
- QENVL虚线与X轴的交点，表示低于“燃煤发电成本+直接环境损害成本”时的可再生能源发电总开发量。此模式下低环境方案QENVL为4988亿千瓦时，高环境方案QENVL为9746亿千瓦时；
- QENVG线与X轴的交点，表示低于“燃煤发电成本+直接环境损害成本+温室气体排放成本”时的可再生能源发电总开发量，即课题研究所论述的发电经济总量。两个环境方案下，QENVG分别为6369亿千瓦时和10791亿千瓦时。

QENVG 在高低两种环境方案下的取值，构成了我国在此情况下可再生能源发电经济总量的范围。研究报告还利用“能源替代量”的方案进行了分析，此时低环境方案下相当于 2.12 亿吨标煤，而高环境方案则相当于 3.58 亿吨标煤。由此可见，高低环境方案的标准区别以及可再生能源贡献的潜力。

3. 全国各省两方案可再生能源发电经济总量目标比较

全国各省之间各类可再生能源技术的开发总量一般不同，同时各省之间在不同环境方案下所得到的可再生能源发电经济总量，也有很大差异。具体见表 12-1。

表 12-1 全国各省可再生能源发展目标比较

省级可再生能源发展目标（GWh）	低环境方案	高环境方案	增量
新疆	25613	47985	22372
宁夏	679	2197	1518
青海	10658	10843	185
甘肃	20053	74654	54691
陕西	8450	14525	6075
西藏	35345	35387	42
云南	84961	88624	3663
贵州	32210	35221	3011
四川	98252	106991	8739
重庆	17944	18247	303
海南	2832	3202	370
广西	20403	23922	3519
广东	25005	29524	4519
湖南	32844	41030	8186
湖北	26647	33164	6517
河南	21723	22235	512
山东	15118	17133	2015
江西	14284	19809	5525
福建	37862	41452	3590
安徽	12080	12604	524
浙江	17580	20292	2712

续表

省级可再生能源发展目标（GWh）	低环境方案	高环境方案	增量
江苏	10518	36869	26351
上海	99	4052	3953
黑龙江	8568	34971	26403
吉林	7913	65240	57327
辽宁	5067	15646	10579
内蒙古	36866	143426	106560
山西	2938	7697	4759
河北	4120	70651	66531
天津	0	761	761
北京	219	699	480

表 12-1 是报告一文给出的，各省级地区基于当时当地煤电的发电成本及其真实的社会成本所作出的可再生能源发电经济总量的分析与统计。由于看不到它们具体的可再生能源种类构成，所以没能表明各省级地区的可再生能源资源与度电电量成本的情况。但课题报告中给出了以下信息：

- 低环境方案中，四川、云南、福建、内蒙古和湖南分列全国可再生能源发电经济总量的前五位；其中，四川、云南、福建以及湖南都是小水电的开发大省，内蒙古以风电开发为主。不难看出，低环境情况下，按照经济性比较的原则，小水电资源是可再生能源开发的主力。
- 高环境方案中，可再生能源发电经济总量的前五位有了一定变化，内蒙古排名首位，其次是四川、云南、甘肃和河北；除四川、云南外，其他三个省份主要都是以风电资源为主。因而在考虑高环境成本时，风电已经具备了经济开发的可能性。
- 两方案的差值，反映了各省区可再生能源开发的潜力大小。差值越大，说明可再生能源开发的潜力越大。
- 两环境方案可再生能源发电经济总量都小的各省级区，说明它们的可再生能源资源匮乏或不具可经济开发，如天津、北京、上海、海南和宁夏等。但有一点今天看来情况可能有点例外。由于太阳能光伏发电的成本在当时不具市场竞争力，所以其资源大小情况体现不出来。如宁夏地区，表中所列的可再生能源发电经济总量高低两个环境方案合起来才 2876GWh，即 28.76 亿千瓦时。这个电量在宁夏地区来说还不到 200 万千瓦的光伏发电装机年发电量水平，而现在的宁夏地区光伏发电装机都已经大大超过这个数了。当然，就光伏发电而言，其他各省级地区也都或多或少存在这个现象。

4. 全国可再生能源发电经济总量的技术构成

前面已经提过，报告一文中全国的可再生能源供应曲线图，是在各省项目按增量成本大小排序基础上做出的。所有低于燃煤发电社会成本的可再生能源项目装机容量的总和，即为全国的经济总量，由各省经济可开发项目累加得到。其中，各类可再生能源在高低环境方案下的构成情况见表 12-2。

表 12-2 全国可再生能源构成情况表

全国可再生能源的构成情况	低环境方案装机容量（MW）	低环境方案发电总量（GWh）	高环境方案装机容量（MW）	高环境方案发电总量（GWh）
光伏发电	0	0	520	830
生物质发电	8587	52956	25364	156421
小水电改造	5243	21837	5243	21837
小水电（50MW 以下）	123838	501327	128045	513577
风电	22269	60729	154618	386386
合计	159937	636849	313790	1079051

表中，高低环境方案下的可再生能源装机容量和发电总量，是由各省级地区分类统计出来的。虽然在表 12-1 中，我们没能看出它们的具体构成，但汇集成全国可再生能源情况表 12-2 时，就有按光伏发电等可再生能源构成进行分列，而且表 12-2 合计栏的有关总数与表 12-1 的相关总数是相同的。同时，从表 12-2 还可以看出：

- 低环境方案中，可再生能源发电技术以小水电为主，总量达到了 5010 亿千瓦时，占总量的 79%，小水电也已接近其资源可开发总量；在高环境方案中，由于资源可开发总量的限制，小水电增长幅度不大，风能等其他可再生能源的比例上升至 52.4%。
- 低环境方案中，风电和生物质发电的开发量较小，二者之和仅占总发电量的 18%；在高环境方案中，风电的供电总量有了明显上升，增长至 3864 亿千瓦时，在总量中的比例也上升到 36%，这说明在环境外部成本加大时，风电具有较强的经济性优势。

- 同样的，由于太阳能光伏发电在课题研究时还不具备市场竞争力，所以体现不出太阳能可开发的潜力，这个现象尤其对于西北部光照资源较好的地区而言，无疑造成在现阶段煤电社会成本情况下，可再生能源可经济开发资源统计的“失真”。

5. 电煤价格对可再生能源经济开发总量的影响

燃煤是煤电的主要运行成本。前几年，国家逐步推动煤炭市场化后，价格波动较大，市场的高低价位有时相差一倍以上。这种变化在市场经济体制下，将成为一种新常态。作为供应曲线中可再生能源开发总量（QECON）的确定基准，煤炭价格的变动将决定煤电的发电成本，进而影响可再生能源的经济可开发总量。研究报告中是以秦皇岛煤炭价格作煤价变动的基础，由基础方案中 500 元/tce 上升到 1000 元/tce，其他各省煤价同比例上调，以分析电煤价格变化对可再生能源发电总量和结构产生的影响。见表 12-3。

表 12-3　电煤价格变化对可再生能源开发量影响

电煤价格	低环境方案（500 元/吨）	低环境方案（1000 元/吨）	高环境方案（500 元/吨）	高环境方案（1000 元/吨）
风电（TWh）	60.7	309.1	386.4	427.4
小水电（TWh）	501.3	513.3	513.6	513.6
小水电改造（TWh）	21.8	21.8	21.8	21.8
生物质发电（TWh）	53.0	151.4	156.4	156.4
光伏发电（TWh）	0	0	0.8	1.8
合计（TWh）	636.8	995.6	1079.1	1121.1
风电（GW）	22.3	120.9	154.6	173.4
小水电（GW）	123.8	127.9	128.0	128.0
小水电改造（GW）	5.2	5.2	5.2	5.2
生物质发电（GW）	8.6	24.6	25.4	25.4
光伏发电（GW）	0	0	0.5	1.2
合计（GW）	159.9	278.6	313.8	333.2

表 12-3 显示了两环境方案下可再生能源发电经济总量及其结构受电煤价格的影响情况。低环境方案下，如电煤价格上升一倍，可再生能源发电经济

总量就显著增加了 56%，高环境下也上升了 4%。

就两个方案自身相比，高环境方案比低环境方案的经济开发总量同样高了 69%。这表明，提高煤炭价格或环境成本，同样可以使得可再生能源发电经济总量得到大幅度提升。但在高环境方案下，经济总量受煤炭价格的影响敏感度有所降低。

另外，从表中可以看出，尽管燃煤价格上升了一倍，但在高低两个环境方案下，对太阳能光伏可经济开发的影响几乎可以忽略。这说明在当时情况下，光伏发电的开发成本与其他可再生能源的经济可开发成本相比相距甚远，以至于在高环境方案下都无缘参与开发。由此可见，由于光伏发电开发成本在短时间内的骤降，极大地影响了我国可再生能源发电经济总量及其结构的规划和布局。这真因应了一句老话——计划赶不上变化！

6. 可再生能源成本下降对经济开发总量的影响

课题研究报告指出，除小水电外，其他风电、光伏发电和生物质发电等可再生能源发电技术，大都处于产业发展初期。随着未来规模的不断扩大和技术进步，这些技术的成本都有进一步下降的空间，从而直接影响它们各自的经济开发总量。具体情况见表 12-4。

表 12-4 可再生能源成本下降对其经济开发总量的影响

可再生能源成本下降	低环境方案	低环境方案	高环境方案	高环境方案
	基础方案	风电 20%+生物质 10%+光伏 40%	基础方案	风电 20%+生物质 10%+光伏 40%
风电（TWh）	60.7	177.4	386.4	427.4
小水电（TWh）	501.3	501.3	513.6	513.6
小水电改造（TWh）	21.8	21.8	21.8	21.8
生物质发电（TWh）	53.0	63.4	156.4	156.4
光伏发电（TWh）	-	-	0.8	4.0
合计（TWh）	636.8	763.9	1079.1	1123.2
风电（GW）	22.3	65.6	154.6	173.4
小水电（GW）	123.8	123.8	128.0	128.0
小水电改造（GW）	5.2	5.2	5.2	5.2
生物质发电（GW）	8.6	10.3	25.4	25.4
光伏发电（GW）	-	-	0.5	2.8
合计（GW）	159.9	204.9	313.8	334.9

由于小水电在两环境方案中已接近资源可开发总量，所以课题研究只针对风电、光伏发电以及生物质发电三类技术的设备成本下降影响其经济开发总量进行分析。

- 报告一文指出，根据 2009 年对 70 多家风电制造商的调查统计，由于国内风电设备制造业发展迅速，2008 年到 2009 年间，风电设备价格从 6500 元/千瓦降至 5500 元/千瓦，下降率超过 15%，2009 年下半年更是降低至 5000 元/千瓦的水平。所以预测，未来风电成本继续下降 20%是完全可能实现的。
- 关于生物质发电，研究论文指出，随着国产设备逐步进入生物质发电装备市场，大部分项目的投资在逐步下降，直燃发电的最初投资有可能降到 9000 元/千瓦以下，所以预估生物质发电成本仍有继续下降 10%以内的可能。
- 对于光伏发电，研究论文是这样表述的：从 2008 年底至 2009 年，受金融危机的影响，光伏市场的价格波动较大，目前国内的光伏组件价格已降到了 15～18 元/瓦（2～2.5 美元/瓦），比 2008 年的价格下降了 50%以上。而根据光伏市场“学习曲线”的理论，即光伏发电电池组件的制造规模每扩大一倍，组件价格可下降 20%。考虑到目前国内光伏发电市场已经启动，所以对未来光伏发电成本的下降区间设为 0～40%。基于上述假设，得出表 12-4。由此可见：

在低环境方案中，风电成本的下降对经济开发总量的影响最大，如果未来成本可以下降 20%，则经济开发规模将可以增加 200%，表明风电对成本变动较为敏感。同样，生物质发电对成本变动也相对较为敏感，其成本下降 10%，就可以增加 20%的经济开发总量。不过，由于光伏发电成本太高，即使下降 40%，也并没有增加可经济开发资源。

在高环境方案中，除光伏发电外，其他可再生能源发电在成本下降时总量上升的空间并不大，风电仅上升了 10%，而生物质发电总量并没有增长，这主要是由于二者已接近 2020 年的资源开发潜力。光伏发电的总量从 8 亿千瓦时增长到 40 亿千瓦时，增加了 4 倍。显示出高环境方案下，光伏发电的成本下降开始可以影响其经济开发规模。但即使涨幅巨大，对总目标的实现仍然贡献有限。

从这里，我们可以更加明显地看到，可再生能源的发电成本只有在进入某一合理利用区间后，其成本的继续较大幅度下降，才会快速影响其经济开发规模，如风电。而光伏发电的成本在当时离这一合理利用区间实在太远了，所以即便其成本下降了 40%，仍难以大幅度影响它的经济开发规模。反过来说，如果对某一类比较具有开发潜力的可再生能源，在我们做研究或计划时假如没能充分估计到，则最终因其带来的变化将会打乱了我们研究的计划结果。

7. 环境外部成本变化对可再生能源发电经济总量的影响

两个环境方案分别基于国内和国外的相关量化研究成果确定煤电直接环境成本的数值；而碳交易价格，分别选取 15 美元/吨和 30 美元/吨来考虑温室气体排放的成本。这两个方案的差异，已经体现了煤电外部环境成本变化，以及对可再生能源发电经济总量的影响效果。

为了进一步分析这些外部的影响程度，课题研究以这两方案的环境成本为基准，分析了环境成本大幅变化情况下，对可再生能源发电经济总量的影响程度。见表 12-5。

表 12-5　外部成本变化对发电经济总量影响情况

直接环境损害成本波动影响分析	低环境方案	低环境方案	高环境方案	高环境方案
	基础方案	减少成本 50%	基础方案	成本增加一倍
风电（TWh）	60.7	50.7	386.4	400.8
小水电（TWh）	501.3	500.9	513.6	513.6
小水电改造（TWh）	21.8	21.8	21.8	21.8
生物质发电（TWh）	53.0	11.7	156.4	156.4
光伏发电（TWh）	-	0	0.8	4.4
合计（TWh）	636.8	585.1	1079.1	1097.10
风电（GW）	22.3	19	154.6	161.2
小水电（GW）	123.8	123.7	128.0	128.0
小水电改造（GW）	5.2	5.2	5.2	5.2
生物质发电（GW）	8.6	1.9	25.4	25.4
光伏发电（GW）	-	0	0.5	3.2
合计（GW）	159.9	149.8	313.8	323

续表

温室气体排放成本波动影响分析	低环境方案	低环境方案	高环境方案	高环境方案
	基础方案	减少成本 50%	其中方案	成本扩大一倍
风电（TWh）	233.7	33.6	386.4	427.4
小水电（TWh）	513.1	483.7	513.6	513.6
小水电改造（TWh）	21.8	21.8	21.8	21.8
生物质发电（TWh）	147.1	18.4	156.4	156.4
光伏发电（TWh）	-	0	0.8	1.8
合计（TWh）	915.8	557.5	1079.10	1121.10
风电（GW）	88.6	13.6	154.6	173.4
小水电（GW）	127.8	119	128	128
小水电改造（GW）	5.2	5.2	5.2	5.2
生物质发电（GW）	23.9	3	25.4	25.4
光伏发电（GW）	-	0	0.5	1.2
合计（GW）	245.4	140.8	313.8	333.2

表 12-5 显示了环境外部成本的影响分析结果，注意到研究报告提示说，表中都是以单目标发生变动情况下的结果。如果是这样的话，表中低环境方案下的上下两个基础方案的可再生能源各类技术构成的发电量（包括装机）应是一致的，为何不同？有点疑问；而高环境方案下的“基础方案”与“其中方案”是一样的，这就对了。有鉴于此，该项下的影响结果就难以讨论。

对于高环境方案，煤电环境成本和温室气体排放成本的扩大并没有对可再生能源发电经济总量结果产生太大的影响，仅仅变化了不到 2%和 4%。这说明在现有资源总量估算的基础上，高环境方案所确定的可再生能源发电经济总量已接近资源的上限，至少可以说该项目开发技术是相对成熟的可再生能源，在高环境方案之上的可开发潜力不大。当然，像太阳能光伏发电之类的可再生能源，此时的开发成本还不足以让人们看到它的发展前景。

以上我们利用较大篇幅对国家发改委能源研究所进行的课题研究论文（有时简称报告一文），即《我国可再生能源发电经济总量目标评价研究》一文从全国可再生能源供应曲线、各省级地区可再生能源发电经济总量发展目标、全国可再生能源发电经济总量的技术构成以及在电煤价格变动、可再生能源开发成本下降和煤电外部环境成本变化的情况下，对可再生能源发电经济的总量与技术构成的影响进行了分析和解读。从中可以看出，对于可再生能源中的风电、小水电、小水电改造以及生物质发电而言，各省级地区所做的项目测算与安排，国家层面进行的统筹规划与布局，以及能源局课题组所作理论研究与分析，都是非常客观、合理和严谨的。这些认真、细致而又带有很强的专业性分析，为我国及各省级地区描绘并指明了在燃煤发电社会成本的经济比较下，对可再生能源的开发方向和进程。此外也明白了我国上述四类可再生能源的资源储量与实际的分布情况。

但是，由于在当时进行的可再生能源的规划与分析工作时，一种资源储量巨大、开发空间无限的可再生能源——太阳能光伏发电方才亮相，但离经济可开发目标又看似遥远，因而错过了对它的真实与合理评估。这不能不说是一大遗憾。当然，对于太阳能光伏发电当时我们也缺乏实践经验。实际上，前面在讨论可再生能源成本下降对其经济发电总量影响时，提到2008年底到2009年光伏组件的价格已经降到15～18元/瓦，在预估组件价格继续下降40%时，其价位已经就是敦煌并网光伏发电示范项目的组件价格水平了。按照敦煌示范项目的单位投资水平，当时的工程项目总预算也就是20333万元（项目总装机为10MW），招标电价为1.09元/千瓦时。而根据能源局课题组在论文中对各省的可再生能源环境外部效益分析时，在两个环境方案中，外部性成本已分别为0.156元/千瓦时、0.873元/千瓦时，此时全国燃煤发电的平均发电成本为0.354元/千瓦时。也就是说，在当时情况下，燃煤发电的社会成本——低环境方案是0.511元/千瓦时，而高方案是1.23元/千瓦时。可见，敦煌示范项目的光伏电价当时就已经介于二者之间。这也再一次说明，我国的光伏发电成本确实已经处于燃煤发电社会成本的中位值水平。

值得说明的是，按照敦煌示范项目的投资模型原版本测算，总投资每降低1000万元，光伏电价还可以下调0.076元/千瓦时。当时各方如果能了解这些情况，想必会对太阳能光伏发电的发展目标作一个合理评估。

第三节　光伏产业链成龙配套占据高位

提起中国的光伏产业，人们的第一个反应就是：中国是光伏产业大国。没错，中国获得光伏产业大国的地位已经好多年了。早在2007年，我国的太阳能电池产能就达到 2900MW，产量约为 1180MW，而同期欧洲、日本和美国的产量却只有 1062MW、920MW 和 266MW。时至今日，中国的光伏产业虽然历尽艰辛，但依然朝气蓬勃，竞争能力强劲。

光伏产业大国，不但意味着光伏产能大、产量高、产品质量也不错，同时也意味着产业产品齐全、成龙配套、占据高位。以前，业内经常挂在嘴边的一句老话是：我国的晶体硅电池企业长期处于“两头在外”的局面，即 90%的太阳能级高纯度多晶硅原料依赖国外市场供应，而生产的太阳能电池及组件产品 98%又出口到国外。企业生存和行业发展面临风险。因此，2008 年国际金融危机来临之际，国家为了扶持国内光伏企业的生存发展，启动了以敦煌光伏发电特许权招标项目为标志的一批光伏发电项目，一定程度上及时缓解了因国际金融危机和经济形势恶化对我国光伏行业所产生的影响。

现在，我国的多晶硅企业也起来了。其中以江苏中能为代表的中国硅原料生产企业的发展和壮大，不仅迫使当年多晶硅进口价格急速下降，也使得国内光伏生产企业“两头在外”面貌的其中“一头”逐渐得以转变。与此同时，江苏中能还曾一举凭借 6.5 万吨的产能坐上了全球多晶硅行业的头把交椅。但是，江苏中能成长和发展的过程，在这个竞争异常惨烈的光伏产业来说，也许算得上是一些幸运和成功企业的典型代表。

在经过前几年的光伏产业漫长寒冬之后，2013 年初，有当时国内光伏行业领头羊之称的无锡尚德公司轰然倒下。多少国人为之扼腕叹息。其实，在过去一波又一波的欧美对中国光伏产品进行“双反”的冲击波下，中国光伏行业倒下的企业又何止是一家两家！但是，经过这些大风大浪之后，留给人们的不是唱衰行业的发展前景，而是对行业理性发展的思考；留给业界的也不是行业的穷途末路，而是浴火重生的希望与追求。在 21 世纪初展开的世界新能源竞赛中，中国光伏行业不但没有被击垮，而是通过自身默默的苦练内功和拼搏奋斗，成为了一支更加精干、坚强、敢同国外业界强手竞争的行业新军。

中国光伏企业经过多年的艰苦努力，将国内的晶硅组件价格从 2009 年底的 12 元/瓦以上，一路打压到了 2014 年底的 4.7 元/瓦左右。这不能不说是我国光伏行业对世界可再生能源发展做出的巨大贡献。光伏上游企业如此，我国光伏发电行业的下游企业也一样精彩。2008 年，当国家能源局推出敦煌光伏发电特许权招标项目时，国内拿得出手的大型并网逆变器厂家除了合肥阳光公司外，似乎就数不上几家了，而且产品价格奇贵。时间辗转不到 5 个春秋，大概就是 2013 年初，国内能够参与国外竞争的逆变器厂家，也许不下 20 家了。论产品的质量与价格，至少在同样标准下，单位价格下降了一半以上。在此，为何提到“至少同样的标准”？原因是国内后来对产品的技术性能要求更高了，比如：逆变器必须要有防孤岛效应功能，要有更宽的光伏发电系统的功率因数连续可调范围等等。但是，对于这些后来增加的技术性能更高的要求，逆变器的价格并未因此而提高，而是作为行业的门槛标准。

中国光伏发电的上下游企业像这样的故事太多了，讲也讲不完……

第四节　光伏发电设计、施工、运营、维护人才齐备

中国光伏发电装机，到 2015 年上半年已经达到 3900 万千瓦，这样的发展速度可能都超出大家的想象。从 2009 年底开始起算，不过 5 年半的时间，若从光伏电站的个数算，按照地方政府对单个站址分期建设的批文看，全国 3900 万千瓦装机，可能有 1500 个以上光伏电站。试想想，5 年半的时间内建成这么多光伏电站，期间需要多少设计、施工和调试验收的单位！这不是任何一个国家都能完成的工作。一个光伏电站在紧凑安排建设进度的情况下，一般也需要半年左右的时间才能完成建设任务。我们就算一年有 300 座光伏电站要完成建设计划，那么施工队伍就得有 150 支左右了。设计单位就算一年能完成 10 个光伏电站的设计任务，这一算也得有 30 家左右。

由此可见，这几年中国培养了大量的光伏发电的设计和施工人员。同时，也培养了大量的光伏电站的运行、维护和基建调试人员。大家知道，开展任何一项工作，没有人不行；而要成功一项事业，没有人才同样不行。光伏发电是一门新兴产业，没有方方面面的专业人才更是寸步难行。

实际上，我们的光伏发电事业是从敦煌示范项目开始的。最初，在项目发展的设计方面，主要依靠的力量是各省市的一些大型国有电力设计院，后来不断加入了民营专业设计单位，队伍才发展壮大了。施工方面也是如此。由此可以看出我国光伏发电行业的发展速度与后劲。也可以说，这是我们经过 5 年多时间的工程实践，才培养出来的一批光伏发电的建设力量。同时，

他们也是中国未来可以依靠的从事大规模发展光伏发电的一支有生力量。

因此，中国发展大规模光伏发电的人才齐备。

第五节　光伏发电远距离大容量输送能力已经具备

近几年的雾霾频发，使国人更多地认识到推进绿色发展、低碳发展的必要性和重要性。这就要求我们必须在全国范围内大规模优化配置能源资源。但是，要实现这一目标，必须依靠大电网、特高压才能做到。据业内专家介绍，特高压电网具备大范围、大规模、大容量、高效率优化配置能源资源的基本功能，能够显著提高电力输送容量，增加经济输送距离，提升大电网安全稳定水平。比如，一个1000千伏交流特高压输电线路的输电功率和距离分别是500千伏线路的5倍和4倍。

专家说：建设特高压输电线路，对西电东送，实现输电与输煤并举，能够有效缓解煤电运输紧张状况，构建科学合理的现代能源综合运输体系。比如，2012年底正式投运的±800千伏四川锦屏至江苏的特高压直流输电线路，每年将四川360亿千瓦时清洁水电（相当于年发电利用5000小时左右的7台100万千瓦火电机组的年发电量）送到江苏，占到当年江苏用电量的1/12。由此可减少江苏每年1680万吨原煤消耗，减少二氧化碳、二氧化硫和氮氧化物排放分别达到3240万吨、25万吨和16万吨。可见特高压输电线路的能力和作用。

中国电网的电压等级与技术水准，以及电网建设与运营方面的能力与水平是当今举世公认的。中国国内500千伏超高压主干电网早已建设完成，现在正在朝着建设特高压电网的目标前进。而且不但在国内能完全依靠自己的力量完成电网的各项建设和运营任务，同时还走出国门，大力承接了印尼、巴西等国电网的建设和运行分包合作合同。据报道，5年前，国家电网公司在巴西就注册成立了国家电网巴西分公司，两次收购12家输电特许权公司100%股权，特许经营权期限30年。近年来，国网巴西公司正在为巴西打造“电力高速公路”，其中之一，就有从巴西北部亚马逊河流域的美丽山水库到巴西东南部2084公里的“美丽山水电站特高压直流输电项目”。项目建成后，巴西将成为拉美第一个拥有世界上最先进的特高压直流输电线路的国家。巴西电力监管部门之所以选择中国来承接这样重要的国家级工程，也是因其看重了中国的电力电网发展水平，因为当今世界最先进的特高压输电设备和工程技术，目前只有中国拥有。

从2006年我国首条特高压示范工程开工建设至今，我国的特高压交直流输电技术已取得全面突破，2013年国家电网公司“特高压交流输电关键技术、成套设备及工程应用”项目获得了国家科学技术进步特等奖。如今，我国可以而且能够加快特高压电网的建设发展，也就是中国已经具备大规模建设特高压电网的各方面条件。

第六节　光伏发电电网系统储能方式有望突破

新能源发电出力平稳性和连续性的不足，是人们对它情有独钟但又心存一丝遗憾的原因所在。虽然电网对新能源尤其像光伏发电这样有规律的发电形式，调节的预案和措施不难落实，但随着并网光伏发电装机容量和电站个数的不断加大，电网应付的手段难免也将会陷于捉襟见肘。因此，业内外都期盼着有更佳的大容量工业级电储能装置的出现，以助力电网对新能源包括光伏发电的调度和调节。

实际上，目前技术已趋于成熟的抽水蓄能电站在应对新能源发电的生产调度方面，是电网可以采取的既有力又灵活的调节手段之一。但是，抽水蓄能电站也有美中不足的地方，虽然建设成本不高（大约是现在小水电造价的一半），也很环保，可是它的电—电转换效率不是太高，一般只有75%左右。其次，由于抽水蓄能电站的建设有一定地质地形条件的要求，也不是到处都有条件建设的，因为经济较发达的地区往往都处于平原或沿海地带，所以好事有时真的难以周全。这样，寻找较现有电气储能装置更佳的电网系统级的电储能方式就成为必要了。

一直以来，科学家和工程师都相信电池能够改变世界。如今，更大容量、性能更好的电能存储终于让这一梦想成为现实。先进的电池开始走出实验室，进入到各行各业中。它们已从智能手机拓展到智能电网，从小众市场逐渐进入主流市场。而这标志着电动汽车及并网光伏发电等低碳生活方式的选择拐点已经到来。

最近在报上看到一则报道，说是美国有一个研究团队聚集了美国国家实验室和各大学在能源研究方面的精英，联合对此感兴趣的能源公司花巨资准备在几年时间内，将蓄电池的能量提高 4 倍，而价格却降到目前的 1/5。这是一个什么概念呢？以目前的车用锂电池为例，市面上一公斤汽油的能量相当于同等重量车用电池可储存的 6 倍，如果美国研究团队的目标能够实现，那对绿色经济和绿色发展将是一个多么大的进步！

工业级电池包括车用电池有五个方面比较关键：一是电池可储存的能力；二是电池本身的重量（与能量比重）；三是电池的充电速率；四是电池的使用寿命（充放电次数）；五是电池的价位（性能价格比）。为了解决这几个关键问题，世界各国都在努力攻关。最近报道，新加坡南洋理工大学研发出一种以二氧化钛为材料的新型电池，将彻底解决电动车用电池的充电时间和使用寿命问题，使电动汽车有望很快成为理想的交通运输工具。

结合上述美国研究团队的课题目标，工业级电池的五个关键问题，已经有四个即电池的可储存能力、充电速度、使用寿命以及价格都较目前的电池产品有大幅度的进步，相信最后一个问题也许很快将不成其为问题了。虽然我们暂时还见不到这种理想中的电池产品，但凭科学家的严谨务实的工作作风和态度，应该指日可待。

第七节　光伏发电能够满足电力安全生产要求

由于可再生能源包括光伏发电自身的属性，行业对此是否冲击电网安全始终有所顾虑。2012 年中，在国家发展分布式光伏发电计划日趋明确之际，中国能源报对此专门组织了一批相关专家进行专业探讨，并将研讨意见予以综合后刊出，以期与大家共同学习参考。本节将摘出其中与我们平时较为关心的部分技术问题和观点，希望能够从中得以释疑解惑。

1. 光伏非正常孤岛发生率为零

随着在配电网络中有越来越多的分布式电源接入，出现非正常孤岛的可能性也越来越大，IEC 在 1998 年曾用“故障树理论”分析光伏电源的非正常孤岛发生后发生触电的可能性。2002 年，IEA-PVPS-Task-5（国际能源署中的光伏技术工作组）曾用“故障树理论”分析光伏电源的非正常孤岛。在考虑光伏电源渗透率达 6 倍夜间负荷的极端情形下，发现非正常孤岛导致触电的可能性很小，概率小于 10～9 次/年。因此，只要管理得当，加上光伏电源逆变器自身带有防孤岛功能，大量光伏电源的接入并不会给系统增加实质性的触电风险。同时，对荷兰地区一个典型低电压住宅区的配电网络就光伏电源系统发生孤岛的可能性进行研究，发现该区光伏电源发生非正常孤岛运行的可能性每年低于百万分之一到十万分之一次，几乎为零。因此，认为在住宅区大量接入光伏电源导致发生非正常孤岛的可能性很小。2006 年，DISPOWER 对在德国使用的带检测电网阻抗变化的反孤岛策略及电网电压和频率监控的光伏电源逆变器进行了测试，结果表明当电网在一般低阻抗情况下运行时，效果理想；当电网在高阻抗不理想的情况下运行时，光伏电源逆变器 检测电网阻抗变化精确度比较差，目前还没有很好的解决方案来满足德国对光伏电源反孤岛策略的标准要求。近年来，大量研究结论表明：即使将来有大量分布式电源接入到配电网中，只要措施得当，发生非正常孤岛的分析可控在合理的范围内，并不会使系统发生非正常孤岛风险的可能性有实质性增加，因而发生非正常孤岛不会成为妨碍光伏电源等分布式电源接入的一个技术壁垒。

2. 隔离变压器可抑制直流分量注入

直流分量主要对配电网中的变压器、电流式漏电断路器（RCD）、电流型变压器、计量仪表等造成不利影响，其中对电流式漏电断路器和变压器的影响最为不利，如造成电流式漏电断路器误动作和造成变压器磁通饱和发热、产生谐波和噪音等。现在，许多并网光伏电源逆变器都采用隔离变压器来抑制直流分量的注入。有些国家明确规定要以带隔离变压器的方式接入，而有的国家并无此项强制性规定。但近十几年来，由于技术的进步，去除隔离变压器可带来更高的效率并减少生产成本，不带隔离变压器的光伏电源逆变器应用越来越广泛。采用脉宽调制（Pulse Width Modulation，PWM）技术的光伏电源逆变器可以抑制直流分量输出，但是当配电网电压含不平衡的正序和负序分量时，会对采用 PWM 技术的光伏电源逆变器的性能造成不利影响。关于直流分量对配电网变压器的影响，国际上目前对直流分量上限还没有统一的规定。英国的研究建议是每相不超过等同于 5%的谐波畸变值，或者是每个光伏电源注入到典型的 500kVA 配电网变压器的直流分量不能超过 40 mA。美国的规定是不超过每相电流有名值的 0.5%。

3. 光伏发电注入电流谐波能力有限

电流谐波对配电网络和用户的影响范围很大，通常包含改变电压平均值、造成电压闪变、导致旋转电机及发电机发热、变压器发热和磁通饱和、造成保护系统误动作、对通信系统产生电磁干扰和系统噪音等。光伏电源逆变器产生的谐波来源主要有两个：50 赫兹参考基波波形不好产生的谐波和高频开关产生的谐波。谐波之间的相位差、配电网的线路阻抗以及负荷都能消除部分谐波。当光伏电源逆变器生成正弦基波时，可以部分补偿配电网的电压波形畸变，但会使逆变器输出更多的电流谐波，把光伏电源逆变器接到弱电网时就会明显出现上述现象。当光伏电源逆变器检测配电网电压来生成参考基波时，光伏电源逆变器可以输出很好的正弦波电流，但是无法补偿配电网的电压波形畸变。1998 年，IEA-PVPS-Task-5 曾经对丹麦的一个 80%家庭都安装有光伏电源的住宅区进行测试，发现光伏电源对当地的谐波贡献有限，还不如家用电器造成的谐波多。因此，研究者认为：对于具有相对较高短路容量的馈电线路和局部高渗透率的光伏电源接入的情况，均有此普遍现象。1999 年，IEA-PVPS-Task-5 曾在日本对光伏电源接入到同一配电变压器（住宅区柱式变压器）中的谐波进行测试，使用了多个厂家和多个型号的逆变器。测试结果表明，同类型的逆变器（内在电路和控制策略一致）会造成特定次数的谐波叠加，不同类型的逆变器能够相互抵消谐波的注入。英国也在 1999 年做过类似的测试，测试结果表明：高次谐波衰减很快，低次谐波的变化情况比较复杂。在强网中谐波畸变一般是个常值，而弱网中的谐波畸变一般随接入的光伏电源逆变器个数增加而加重。当馈电线路阻抗值较大时，可使谐波衰减明显。为了防止特定次数的谐波产生谐振，有必要限制光伏电源逆变器的容量。在实际运行中，光伏电源注入的谐波电流一般都能符合相关标准的要求。

4. 光伏发电对短路电流的贡献小

通常认为，在配电网络侧发生短路时，接入到配电网络中的光伏电源对短路电流贡献不大，稳态短路电流一般只比光伏电源额定输出电流大 10%～20%，短路瞬间的电流峰值跟光伏电源逆变器自身的储能元件和输出控制性能有关。在配电网络中，短路保护一般采用过流保护加熔断保护。对于高渗透率的光伏电源，馈电线路上发生短路故障时，可能由于光伏电源提供的绝大部分短路电流而导致馈电线路无法检测出短路故障。1999 年，IEA-PVPS-Task-5 在日本曾用 4 个不同厂家控制电流注入的逆变器连接到一个配电网上的柱式变压器，然后在变压器另一侧进行短路试验。试验表明，短路电流上升不超过故障前的 2 倍，1～2 个周波就隔离了故障。此外，日本还对一个 200kWp 的光伏电源系统进行短路试验，研究发现：短路电流经过变压器后，电流变小，变压器过流保护不动作。2003 年，美国的 NERL（美国可再生能源国家实验室）曾做过关于分布式发电与配电网络之间的交互影响的研究。采用以逆变器方式接入的分布式电源，仿真原型建立在 13.2kV 的中压配电网络上，分布式的容量是 5 MW，研究重点是熔断保护特性。结果表明，当发生单相和三相故障时，以逆变器方式接入的分布式电源对短路电流的贡献很小，短路电流主要来自主网，甚至比 5MW 感应电机提供的短路电流还要小得多。因此，可以得出以控制电流注入的光伏电源逆变器对短路电流贡献不大的结论。

5. 光伏发电对电压的影响可控

集中供电的配电网一般呈辐射状。稳定运行状态下，电压沿馈线潮流方向逐渐降低。接入光伏电源后，由于馈线上的传输功率减少，使沿馈线各负荷节点处的电压被抬高，可能导致一些负荷节点的电压偏移超标，其电压被抬高多少与接入光伏电源的位置及容量大小密切相关。通常情况下，可通过在中低压配电网络中设置有载调压变压器和电压调节器等调压设备，将负荷节点的电压偏移控制在符合规定的范围内。对于配电网的电压调整，合理设置光伏电源的运行方式很重要。在午间阳光充足时，光伏电源通常出力较大，若线路轻载，光伏电源将明显抬高接入点的电压。如果接入点是在馈电线路的末端，接入点的电压可能会越过上限，这时必须合理设置光伏电源的运行方式，如规定光伏电源必须参与调压，吸收线路中多余的无功。在夜间重负荷时间段，光伏电源通常无出力，但仍可提供无功出力，改善线路的电压质量。光伏电源对电压的影响还体现在可能造成电压的波动和闪变。由于光伏电源的出力随入射的太阳辐照度而变，可能会造成局部配电线路的电压波动和闪变，若跟负荷改变叠加在一起，将会引起更大的波动和闪变。虽然目前实际运行的光伏电源 并没引起显著的电压波动和闪变，但当大量并网光伏电源接入时，对接入位置和容量进行合理的规划依然很重要。

6. 主动应对配电网络设计、规划和运营

随着越来越多的分布式电源接入到配电网络中，集中式发电所占比例将有所下降，电力网络的结构和控制方式可能会发生很大的改变，这种改变带来的挑战和机遇将要求电力网络从设计、规划、营运和控制等方面进行升级换代。在可以预见的未来，大量被消费的电能将来自于低压配电网络，提起对配电网络的结构进行升级换代和优化显得尤为重要，例如如何使配电网络的结构适应网络电流的逆向和正向的流动。另外，大量分布式光伏电源接入到配电网络中后，用户侧可以主动参与能量管理和运营，使传统配电网运营费用模型不再适用。因此，一方面面临电力市场自由化和解除管制的压力，一方面可再生能源诸如光伏电源却得到保护和补贴，使得配电网在保证供电质量和可靠性方面 面临越来越大的压力。近些年，一些专家学者提出了模拟电站和微网概念，可运用到分布式光伏电源管理中，把有功出力具有随机性的光伏电源和具有保证出力的电源以及储能装置集成在一起，作为整体的模拟电站或者微网，整合到当今的电力生产和传输框架内。

7. 光伏发电带来其他有益的辅助功能

现代光伏电源逆变器可提供多种功能，如将光伏阵列出力馈送到电网以及作为有源滤波器改善电网电能质量等。光伏电源和储能装置有效结合后，可以参与到配电网的电压调节、频率调节和稳定性调节，为重要负荷提供USP功能。如在光伏电源逆变器的直流侧配备储能装置（如蓄电池和双层电容等），当光伏电源逆变器馈送有功出力到电网时，还可以参与配电网的电压和频率调节，在配电网电压和频率跌落时，增加有功出力；当配电网三相电压不平衡时，光伏电源逆变器可针对性地送出三相不平衡电流，部分补偿配电网三相电压不平衡，吸收馈电线路多余的部分无功或者输送馈电线路缺乏的部分无功。另外，光伏电源还可以驱动水泵进行抽水蓄能，为电网提供黑启动电源等。

分布式发电技术作为新一代发电技术，其发展上升的势头不可阻挡，配电网的设计、规划、营运和控制都要升级换代来适应分布式发电的发展。光伏发电将是分布式发电技术中发展最迅速的部分，相信近中期会有越来越多的分布式光伏电源接入到配电网络中。因此，有必要深入开展其对配电网影响的研究。根据研究结果，应用新的技术，制定相应的管理措施，才能使大量分布式电源接入配电网后能够安全稳定运行。

以上这些专家和学者对分布式光伏电源在配电网络中的作用和影响，分析得非常专业，谈得也很客观到位。应该说，从分布式电源对配电网的影响而言，适度发展的光伏电源对配电网基本没有什么影响，至少可以说没有什么较大的负面影响。由此我们会很自然地联想到大型地面并网光伏电站对输配电网的影响大概也不过如此。

实际上，地面并网光伏发电跟分布式光伏发电一样，在国内外几乎都是同步发展而且有好多年的历史了。从技术上来说，与分布式光伏发电一样，有关方面对它已有相当程度的研究，各种情况下对电网影响的分析以及预防方案和防范措施，该有的都有了。从国内的光伏发电发展情况来看，光伏电站装机现在已成为世界第一大国，不但装机容量达到3900万千瓦，而且单个电站的装机也屡创世界纪录，100MWp、200MWp甚至更高装机容量的光伏电站都在规划建设中。其中，中广核青海锡铁山100MWp光伏电站、中电投青海格尔木200MWp光伏电站等都投运三年以上了，而且自投产以来电站运行一切正常，电站与电网的相互配合、调度也很顺畅。

由于地面并网光伏电站装机容量通常都较大，基建投资也大，因此在设计时对保证电站安全生产以及电站对电网的安全稳定运行影响等，都考虑得更加周全，也舍得在这方面进行必要的投入。所以，我国现在建了这么多光伏电站，但安全生产方面的记录始终保持良好，这从侧面也反映了，我们目前在光伏发电方面执行的设计、施工、运营等技术规范和安全标准是基本符合国家电力安全生产要求的。

第十三章　掘金荒漠不是梦

前面各章的讨论分析使我们确信，在中国大举开发光伏发电的各方面条件基本具备。现在的问题是，要选择在哪儿开发？如何开发？以及先期开发多少？特别声明一下，我们在这里讨论这个问题，是试着从行业发展的角度去分析光伏发电发展的潜力与可能性，而不是替国家下达光伏发电的发展计划。

光伏发电这几年能得到如此迅速的发展，除了与国家的大力推动和支持有关外，也跟行业内外一片看好光伏发电的发展前景有很大关系。他们有此看法不是没有道理的，因为中国有很大发展光伏发电的空间。前景太诱人了！西北部广袤的荒漠地就是一个取之不尽、用之不竭的清洁能源库。对有志于开发这些清洁能源的人士来说，真可谓是掘金荒漠不是梦了！

第一节　荒漠地开发光伏电站的经济价值分析

太阳能的密度虽然不高，但从开发荒漠光伏电站的经济价值角度来看还是不低的。前已述及，我们一般考虑 1 平方公里装机 3 万千瓦，这是比较充裕的一种安排，若按固定式安装支架，实际差不多可以安装到 4 万千瓦/平方公里。但宽松点安排可以留出一定空地搞绿化防风隔离带。因此，即便按照 3 万千瓦/平方公里计算，如光照年发电利用小时以 1600 小时/年来考虑，则每平方公里荒漠地的年发电量是 4800 万千瓦时，换算到以亩为单位的话，就是每亩年发电量为 3.2 万千瓦时。假设上网电价是 0.45 元/千瓦时，则荒漠地的年产值为 1.44 万元/亩。这是传统种植粮食作物所达不到的产值。

最近看到一则新闻报道，说的是我国杂交水稻之父袁隆平院士培养出一种“超级水稻”，亩产达到了 1026.7 公斤/亩，其产量之高可谓震撼了世人。然而，如果从当前南方农村稻谷自由交易的市场价格 3600 元/吨干谷来算，这种超级稻的产值也不会超过 3700 元/亩。就算是南方最好的良田一年能种上两茬超级稻（可能性不大），其产值也不过 7400 元/亩左右。因此，从农耕地的角度来看，荒漠地开发建设光伏电站的经济价值是很高的。当然，粮食是民生不可缺少的生存物资，有时是不能简单地利用市场价格去衡量的，但以此为参照做个计算，也无大错。

我们再从煤炭能源的当量对比分析，来看荒漠地开发光伏电站的经济价值情况。前面提到，按 1 平方公里装机 3 万千瓦设计布局，平均 500 亩装机 1 万千瓦，年产电量 1600 万千瓦时，即 3.2 万千瓦时/亩。如度电标煤耗是 320 克/千瓦时，天然煤热值为 4700 大卡/公斤，则每亩荒漠地相当于年产天然煤 15.25 吨/亩。也就是说，从能源热当量的角度来看，荒漠地开发成光伏电站后，相当于每亩荒漠地每年可以“产出”15.25 吨天然煤！

现在，鉴于西北内陆煤炭的外运困难，好多企业考虑就地建火电厂，改煤外运为电外送。这种煤电联营模式固然不错，但无疑加重了本就缺水的我国西北部地区的严峻缺水局面。如果以上述可开发荒漠光伏电站装机容量建同样规模的火电厂，恐怕西北部广大地区的所有淡水用于发电都不够。因此从发电节水的角度而言，光伏发电也为我们创造了巨大的经济价值。此外，开发建设荒漠光伏电站，相当于对沙漠和荒漠地进行一次彻底治理，这不仅节约了为此而投入的一笔巨额的专门治理费用，同时也是一次性为防治土地沙漠化和保护环境做一件实实在在的大好事。

第二节　荒漠太阳能电站的近期开发设想

大家知道，2013 年，我国发电装机总容量是 12.47 亿千瓦，同比增长 9.3%。其中，水电装机 2.8 亿千瓦，同比增长 12.3%；火电装机 8.6 亿千瓦，同比增长 5.7%；核电装机 1461 万千瓦，同比增长 16.2%；并网风电装机 7548 万千瓦，同比增长 24.5%；并网太阳能装机容量 1479 万千瓦，增长 3.4 倍。新能源和可再生能源发电装机占比 31%，较上年提高 5.76 个百分点。鉴于我国目前的装机容量水平，以及 2013 年并网太阳能装机容量的增长强度，可以判断今后的太阳能装机发展速度不会太小。但是，继续目前的太阳能发电补贴政策，其负担将会是雨天挑稻草——越挑越重！因此，必须创造条件让太阳能发电补贴尽快下降，以便早日迎来同价并网的那一天。

为做到这一点，我们必须知道我国太阳能发电的发展目标。根据国家能源局正在编制的“十三五”计划初步意见，我国到2020年太阳能发电装机目标是1亿千瓦。若从2014年起算，2020年之前平均每年需要增加1217.3万千瓦太阳能装机才能实现既定目标。假如我们每年从中拿出1000万千瓦指标，均分给10家企业集中在某一块沙漠，比如毛乌素或腾格里沙漠去开发，我想很快就能够见到光伏发电同价并网的日子。

当然，为了能够顺利实现这个目标，国家还得提供一些特殊政策。比如，严格执行光伏电站升压站出线门型杆以外输电线路及系统不在电站投资之列；税收执行类似风电的政策；土地租金优惠（目前各地光伏电站使用的荒漠地租金价格比南方的农地租金高，企业难以承受）；输电线路建设必须在光伏电站并网条件具备之前完成可用；光伏电站所发电力100%得到收购。另外，10家企业一次性派地不要少于200平方公里。有这几条作保证，开发光伏电站企业就有信心了。

从我国荒漠地现有的各方面条件来说，近期要大规模开发建设荒漠光伏电站，首选厂址定在毛乌素沙漠或腾格里沙漠是比较合适的。一是这两个地方从南到北光照资源都在1500个年发电利用小时以上，现在条件下进行开发具有较大价值，尤其是在目前摸索同价并网示范性项目建设阶段。二是这两个沙漠几乎位于我国的地理中心位置，周边地区有一定的工业和交通基础设施，这将会给项目的开发建设和今后电站的运营管理带来诸多便利。三是由于地理位置靠近中心，送出系统建设就方便得多，同时到东部和东南部负荷中心也就近得多。因此近期开发大规模荒漠光伏电站，厂址理应选在这两个地方。

第三节 北电南送的资源调配

从集中开发大型光伏电站、尽快实现光伏发电同价并网的角度来看，目前比较可能实现的光资源条件应该是发电年利用小时在1500小时以上的地区。因此，前述拟开发的荒漠地段基本都处于这个光资源区域范围内。但是，这些地区的用电量不大，所以必须考虑电力外送即北电南送的资源调配问题。

作为幅员辽阔的大国，自然资源分配不均是很正常的。我国长期以来就是北煤南运、南水北调的，但北电南送从投资和技术难度而言还是相对容易些。现在高铁和高速公路在全国都规划甚至建成了“几纵几横”，依中国目前的实力和水平在国内也建个“几纵几横”的超高压、特高压交流或直流输电线路是完全做得到的。

中国的电力电网是比较完善和先进的，这在国际上已有公认。其完善，是指输配电网架比较健全、适用；其先进，是指支撑整个网架的电气设备、设施以及工程设计、建设和电网运营管理的水平在国际上也都是受称道的。所以从电力电量远距离输送能力的角度看，大规模开发荒漠电站的时机也已经到来。

相对于分布式电源布局方案而言，北电南送在总投资方面是多了一块网架建设和运营费用，但如果改以北煤南运建火电，也要产生煤炭运输费用，而且在环保要求严格的今天，脱硫脱硝外还得考虑如何脱碳。现在，国际上还没有成熟适用的火电厂燃煤脱碳技术，而随着经济社会的不断发展，我国在温室气体排放方面已经面临着很大的国际压力，目前国家正在大力进行经济发展的转变方式、调结构工作，因此尽快转变以煤为主的高碳发展方式已成为我们的不二选择。

第四节　东西互送的时差搭配

中国地域辽阔，东西跨度大。这对于发展光伏太阳能发电来说，有着很大的好处——时差搭配。大家知道，电力负荷存在峰谷差异。即白天的负荷一般都大于夜晚，但白天的两端又分别存在一个更大一点的供电小时段，称作早高峰和晚高峰。一般早高峰和晚高峰的持续时间都会在一两个小时左右。因此，电网供电侧如果太阳能发电份额占得多的话，电网就很难应付这两个高峰期的供电，尤其是晚高峰的供电。因为晚高峰这个时段太阳已经下山，光伏也不发电了。太阳能光伏发电之所以有令人不够满意的地方，没有太阳就不能发电就是其中最大的一个原因。

但是，如果能够充分利用我们国家地域跨度大这一特点，就可以弥补光伏发电不能完全覆盖电网供电高峰期这一缺陷。从地图上可以看到，科尔沁沙漠的东端处于东经 123° 左右，而新疆喀什附近的荒漠地西端处于东经 75° 附近，二者之间相距约 50° ，其间存在着 3 个小时以上的时差。因此，假如我们能将两地用特高压网架相连，并将沿线的荒漠光伏电站一一并联起来，组成一个能够保证全国电网高峰期供电全覆盖的坚强供电主网架，那也就把光伏发电的地域跨度优势彻底发挥出来了。

从联网工程的可行性来看也是做得到的，现在西电东送工程中就有新疆向内地送电的 500kV 超高压交流输电线路，而且沿线哈密、敦煌、格尔木等地的光伏电站大多也是顺路搭车向内地送电的。当然，开发建设大规模荒漠光伏电站后，仅靠 500kV 网架可能不够了，必须建设 750kV 或 1000kV 特高压网架方才够用。

上述关于将从科尔沁沙漠电站到新疆喀什一带荒漠电站串联起来的提法，不是什么技术方案，只是一个设想而已。实际上，这几块荒漠地电站大规模开发起来以后，每一块其实就是一个单独的局部电网，也是一个大电源点，所以也可以分别向内地的负荷中心送电。至于各负荷区的供电高峰期时差覆盖问题，可以在各远距离送电线路的负荷侧进行电力调度解决。这些都是可以克服的技术问题，不过还要进行技术经济的方案比较。

这里还需要提及的是，这些从东到西的荒漠地何时开发？怎么开发？从上述北电南送和东西时差搭配的论述中可以发现，什么时候需要北电南送多少电量，就得考虑相应的东西时差搭配电量。这是一个电力系统的规划设计问题，同时也是一个电网运营管理的调度问题。在全国统筹考虑大规模光伏电站的北电南送方案后，国家电网有关方面自然会做出合理安排。而且在光伏发电同价并网的前提条件下，各方配合此项工作也就简单得多了。

第五节　水光互补的峰谷调剂

水光互补也可以在一定程度上解决光伏发电的不足。前面提到，截止 2013 年底，我国的水电装机总容量是 2.8 亿千瓦，占全国装机总容量的 22.5%左右。而太阳能发电装机按目前的规划，到 2020 年才有 1 亿千瓦。因此，从水光互补的角度来看，水电是完全有能力来弥补光伏在阴雨天而少发的电力电量。当然，水电装机中可能有不少是没有多少调节能力的径流式机组，但作为光伏发电对电网峰谷调剂的一种补充，那是绰绰有余的。

比较碰巧的是，我国的水电站大部分都坐落在南部重负荷地区，而且不少大中型水电站还具备周调节、季调节，甚至是年调节的库容能力。因此，如果能充分利用这些具有调节能力的水电机组与光伏发电进行配合，理论上应该足以弥补光伏不能全天候连续发电的不足。当然，在有分时段计价的地方，让水电完全来配合光伏发电，如在夜间用电低谷时段发电，就会影响水电的发电效益。但这不是技术问题，而是一个政府有关部门可以而且也应该予以统筹解决的政策问题。

从技术上来说，电力调度调整的手段是很多的。如前面已经提到，火电也具有很强的负荷调节能力，尤其是超高压与超超高压火电机组对电网的调频调压能力是相当强的。机组一般在十几二十分钟内，其出力可以在 50%～100%范围内进行任意调整，而且可以是在全自动状态下机组自行操作完成。这不是对火电机组实施非正常操作，而是对所有大型火电机组最基本的一种性能要求。

本章节讨论的重点是水光的峰谷调剂问题，即让水电在一定程度上配合光伏发电，以保证电网在峰谷用电时段都能正常供电。根据新近编制的国家能源规划，近期清洁可再生能源将有较大的发展空间，其中水电到 2020 年装机容量将力争达到 3.5 亿千瓦。而且从我国的水电资源开发情况来看，现在要开发的一般都是些大中型水电，并具有相当强的库容调节能力，如季调节以上的能力了。所以，应该好好研究怎样才能充分利用水光能力互补问题。这个问题如果解决得好，从环境到经济效益都会给我们带来很大的好处。

第六节 抽蓄联调的保障供给

抽蓄联调，说的是利用抽水蓄能电站配合光伏发电，以保证电网的正常供电。其机理与水光互补差不多，但就电网的调度而言，抽水蓄能电站的使用会更方便、灵活些，因为抽水蓄能电站设计的本意就是专门为电网调度提供调节手段用的。现在，我国一些大城市及重负荷地区周边，有条件的一般都建了抽水蓄能电站，以此来帮助电网进行“削峰填谷”，即低谷供电时段抽水蓄能当负荷，高峰时段发电转而变成电源供电。这样可以在一定程度上降低外供输电线路上的潮流差，提高电网运行的安全系数。

现在，很多人都在为太阳能无法经济存储达到连续供电而苦恼。如前所述，电网供电实际上每天都存在峰平谷负荷不均现象，但总体而言，光伏发电是可以大致符合这一供电规律的。如果说还有不足的地方，那就是光伏发电难以完全覆盖供电的晚高峰和早高峰两个时段，以及偶尔出现的阴雨天等少发电情况。从这方面来讲，光伏发电如果与抽水蓄能电站相互配合，问题就基本解决了。当然，其前提条件是抽水蓄能电站的分布要比较合理，而且有与光伏发电相匹配的装机容量。这是有一定难度的，因为不是什么地方都可以建设抽水蓄能电站的。

抽水蓄能电站在目前情况下是一种比较可行的“储能装置”。不管是电气储能还是光热发电储能，在经济上都比不过它，算不过来账，不但效率不高，规模也做不大。现在，有的国家试着将水进行电解，然后用电解获得的氢气来保证连续或可调节的发电，但计算下来也是投资成本太高，能量转换效率太低。抽水蓄能电站虽然效率不是很高（约 75%），但投资较低，单位千瓦造价一般比火电的还要低一些。而且还有一个优势是建设抽水蓄能电站占地不多，除了上下库占些小面积的土地外，其他如厂房等建筑物都建在山地下。

另外，现在建设的抽水蓄能电站规模都较大，一般都在 120 万千瓦左右，甚至还有更大的如 180 万千瓦、240 万千瓦的。单机容量也达到 30 万千瓦或 40 万千瓦级。因此，在目前情况下选择抽水蓄能电站与光伏发电配合联调是比较理想的一种方案。从技术经济分析来说，也是基本可以接受的。简单而言，按照目前的抽水蓄能电站效率计算，相当于 4 千瓦时的电量经过抽水蓄能转换后，变成了 3 千瓦时的电量。假如电网提供给抽水蓄能电站抽水用的电价是 0.45 元/千瓦时，则抽水蓄能电站的上网电价大约为 0.6 元/千瓦时，从我们国家目前所处的发展阶段看，这个储能代价应该是可以接受的。

还有一个问题，就是从整个电网的角度看，抽水蓄能电站占比多少是可以接受的？对此，我们先了解一下两年前国外的相关情况：西班牙，该国的风电装机占全国发电总装机容量的 20%，发电量占 8.7%，为配合风电的调度和调节，西班牙开发建设的抽水蓄能电站装机约占总装机 10%；德国，风电占总装机 17%，风电发电量占比 7%，为了配合风电电力调节，德国也开发建设了占比约 10%总装机容量的抽蓄装机。欧洲国家为何大举建设抽水蓄能电站？他们认为抽蓄参与电网对新能源发电的调节，能够很好地改善电网的电源结构。

对于抽水蓄能电站的调峰作用，我们一直以来高度重视。国家发改委能源[2004]71号文一直被业内看作是国家对抽水蓄能电站发展的指导性文件。之后，国家发改委于2007年又颁布了第1517号文，对抽水蓄能电站的电价问题作了进一步规定。2011年下半年，国家能源局下发《关于进一步做好抽水蓄能电站建设的通知》，特别强调了适度加快抽水蓄能电站建设的五个原则：为系统服务，厂网分开，技术可行经济合理，设备自主化，科学调度。

国家电网目前抽水蓄能电站占比不到2%，南方电网的占比略高些，大约占4%。按照规划，国家电网到2015年抽水蓄能电站占比约为1.7%，低于南方电网目前的水平。按中电联的建议，国家电网2015年的抽水蓄能电站的占比可以为2.7%（4100万千瓦）。国家能源局提出到2020年，国家电网抽水蓄能电站占比是4%。由此可见，我国发展抽水蓄能电站的空间还是有的。

值得一提的是，由于抽水蓄能电站能够美化和湿润周边环境，很多地方不仅把抽水蓄能电站当作一种储能设施来建设，而且也把它当作一个居民的休闲景点去开发。的确，由于压力管道及厂房设施等都建于地下，因此抽水蓄能电站给人的感觉是一片湖光山色的景区，而不像是什么电力设施。

第七节　分布集中的经济互补

现在经常提到分布式电源的概念，就是在重负荷区域或城市中分别建设一些电源点，以就近给周边附近区域供电或同时供热的一种电力布局。由于煤电的环保缺陷，一般这类电站都是以天然气发电为主要形式，而且大多是油改气或煤改气的电站，尤其是北方地区供热电站煤改气的更为普遍。但是，我们这里说的不是这个概念，而是讨论集中式与分布式的光伏发电对负荷区供电的经济互补问题。

我国的东、中、南部地区人口密集，经济发达，但太阳能资源普遍不是很好，一般年发电利用小时在1000～1300小时左右。因此在目前情况下开发这些地区的同价并网地面光伏电站还做不到，然而让一些大面积的工业厂房等建构筑物屋顶闲置也是可惜。这类屋面光伏电站可以参照现有电价补贴政策继续建设。显然，这种“分布式光伏电站”跟我们在西北地区集中开发建设的大规模荒漠电站比，其电价就不会是一回事了。尽管沿途线路有电能损失，甚至经过抽水蓄能电站的储能转换后也会产生能量损耗，但集中开发的荒漠光伏电站电价肯定还是低于就近开发的屋顶光伏电价。

集中与分布的经济互补，指的是就近开发建设的分布式光伏电站与远距离集中开发建设的荒漠光伏电站的互相配合，不仅在电力电量的供应方面满足了经济社会的生产生活需求，而且在电力生产的综合成本上也减轻了用户与国家的负担。随着科学技术的不断发展，光伏发电的成本也将会逐步下降，因此这种集中式与分布式的经济互补优势将更加突显。

另外，这种异地光伏发电组合供电方式还有一个额外的好处就是，有时还可以规避天气对光伏发电的不利影响。一般情况下，相距如此遥远的两个地方，同时出现阴雨天或雨雪天的概率不会太高，只要两地之间能够适当错开一些天数，对电网运行调度都会有很大帮助的。由此推之，我国地域东西跨度如此之大，各处集中开发建设的荒漠光伏电站如分别向内地的东、中、南部供电，解决的不只是时差问题，有可能在很大程度上还可以克服阴雨天气或雨雪天气对光伏发电带来的不利影响。

第十四章　光伏要从“中国制造”走向“中国创造”

最近，国务院推出《中国制造 2025》行动纲要，纲要中提到要“积极引领新兴产业高起点绿色发展，大幅降低电子信息产品生产、使用能耗及限用物质含量，建设绿色数据中心和绿色基站，大力促进新材料、新能源、高端装备、生物产业绿色低碳发展。”我想，这其中与光伏产业有密切关系，至少光伏行业要自觉、主动地往这方面靠，以便为中国的绿色经济发展做出更大贡献。

由于工作关系，过去经常会到光伏上游企业走动。其间，时常听到这些企业的技术高管说：目前国内光伏产业链技术、生产的占位与国外最高水平非常接近，是我们国家少有能做到的行业之一。说这些话的，可不是一般的企业技术高管，而大多是以前从大陆、台湾或香港等地出去留学并滞留海外工作、生活二三十年后回来就职的高端技术管理人才。我们相信他们说的都是实话。因为，从我国光伏产品历年的出口情况以及近年来欧美对我国光伏产品不断加码的“双反”举动中，也可见一斑。

虽然，从中国光伏上游产业的总体发展水平而言，目前仍然处于“中国制造”的阶段，但由于其占位离世界最高水准已经“非常接近”，因此我们有理由相信它能走出“中国制造”，走向“中国智造”，并很快走上“中国创造”之路。

第一节　光伏产业面临的“形势和环境”

在《中国制造 2025》中提到：全球产业竞争格局正在发生重大调整，我国在新一轮发展中面临巨大挑战。国际金融危机发生后，发达国家纷纷实施“再工业化”战略，重塑制造业竞争新优势，加速推进新一轮全球贸易投资新格局。一些发展中国家也在加快谋划和布局，积极参与全球产业再分工，承接产业及资本转移，拓展国际市场空间。我国制造业面临发达国家和其他发展中国家“双向挤压”的严峻挑战，必须放眼全球，加紧战略部署，着眼建设制造强国，固本培元，化挑战为机遇，抢占制造业新一轮竞争制高点。

然而，正像《中国制造 2025》中所指出的：随着新型工业化、信息化、城镇化、农业现代化同步推进，超大规模内需潜力不断释放，为我国制造业发展提供了广阔空间。各行业新的装备需求、人民群众新的消费需求、社会管理和公共服务新的民生需求、国防建设新的安全需求，都要求制造业在重大技术装备创新、消费品质量和安全、公共服务设施设备供给和国防装备保障等方面迅速提升水平和能力。全面深化改革和进一步扩大开放，将不断激发制造业发展活力和创造力，促进制造业转型升级。

我国经济发展进入新常态，制造业发展面临新挑战。资源和环境约束不断强化，劳动力等生产要素成本不断上升，投资和出口增速明显放缓，主要依靠资源要素投入、规模扩张的粗放发展模式难以为继，调整结构、转型升级、提质增效刻不容缓。形成经济增长新动力，塑造国际竞争新优势，重点在制造业，难点在制造业，出路也在制造业。这些在《中国制造 2025》中提及的可不是“大国利器”、“国之重器”之制造部门或行业所处的窘境，而是许多关系国计民生的各行各业制造部门共同陷入的困境。

因此，总体而言：我国仍处于工业化进程中，与先进国家相比还有较大差距。制造业大而不强，自主创新能力弱，关键核心技术与高端装备对外依存度高，以企业为主体的制造业创新体系不完善；产品档次不高，缺乏世界知名品牌；资源能源利用效率低，环境污染问题较为突出；产业结构不合理，高端装备制造业和生产性服务业发展滞后；信息化水平不高，与工业化融合深度不够；产业国际化程度不高，企业全球化经营能力不足。推进制造强国建设，必须着力解决以上问题。

光伏发电制造企业尤其是上游光伏产业，虽然目前从产能和产量方面看仍处于世界的前列，但应该承认其总体发展水平还不是处于领先位置，而且产业链制造设备等关键核心技术基本上都掌握在人家手里，后发优势不明显。所以整个行业面临的发展形势和所处的生存环境，完全没有摆脱上述《中国制造 2025》中所描述的艰难处境。

第二节 光伏产业应清楚的“战略定位”

作为我们国家在新能源和新兴产业方面的制造业部门，光伏产业应当从

《中国制造 2025》中寻找自身的战略定位，即围绕行动纲领中提到的以下几方面来考虑：

1．立足当前，着眼未来。针对光伏产业发展的瓶颈和薄弱环节，加快转型升级和提质增效，切实提高光伏制造业的核心竞争力和可持续发展能力。准确把握新一轮科技革命和产业变革趋势，加强战略谋划和前瞻部署，严严实实打基础，认认真真谋发展，力争在未来产业竞争中占据制高点。

2．创新驱动，质量为先。坚持把创新摆在整个光伏产业发展全局的核心位置，完善有利于创新的制度环境，推动跨领域跨行业协同创新，突破一些重点领域关键共性技术，促进光伏产业数字化网络化智能化，走创新驱动的发展道路。

同时，坚持把质量作为构建产业发展的生命线，强化企业质量主体责任，加强质量技术攻关、自主品牌培育。建设法规标准体系、质量监管体系、先进质量文化，营造诚信经营的市场环境，走以质取胜的发展道路。

3．自主发展，重点突破。在关系产业生存与发展的基础性、战略性、全局性领域，着力掌握关键核心技术，完善产业链条，保持比较优势，形成自主发展能力。明确科技发展趋势与方向，加快抢占光伏产业发展的有利制高点。围绕经济社会低碳发展和绿色发展的迫切需求，集中力量，突出重点，实现率先突破。

第三节 光伏产业应承接的“战略任务”

同样，结合国家大力提倡“中国智造”、“中国创造”以及对可再生能源发展的重视和支持，我们也能从光伏发电行业整体的角度出发，在《中国制造 2025》中找出光伏发电产业对中国新能源发展应承接的以下“战略任务”：

1．全面推进绿色制造。积极推行低碳化、循环化和集约化，提高制造业资源利用效率；强化产品全生命周期绿色管理，努力构建高效、清洁、低碳、循环的绿色制造体系。

加快光伏制造业绿色改造升级。大力研发推广余热余压回收、水循环利用、重金属污染减量化、有毒有害原料替代、废渣资源化、脱硫脱硝除尘等绿色工艺技术装备，加快应用清洁高效铸造、锻压、焊接、表面处理、切削等加工工艺，实现绿色生产。加强绿色产品研发应用，推广轻量化、低功耗、易回收等技术工艺，加快淘汰落后产品和技术。积极引领产业高起点绿色发展，大幅降低能耗及限用物质含量，大力促进光伏产业绿色低碳发展。

推进资源高效循环利用。支持企业强化技术创新和管理，增强绿色精益制造能力，大幅降低能耗、物耗和水耗水平。持续提高绿色低碳能源使用比率，全面推行循环生产方式，促进企业、园区、行业间链接共生、原料互供、资源共享。推进资源再生利用产业规范化、规模化发展，强化技术装备支撑，提高大宗工业固体废弃物、废旧金属、废弃电池组件产品等综合利用水平。大力发展再制造业务，实施高端再制造、智能再制造、在役再制造，推进产品认定，促进再制造产业持续健康发展。

积极构建绿色制造体系。坚持产业开发绿色产品，显著提升产品节能环保低碳水平，引导绿色生产和绿色消费。建设绿色工厂，实现厂房集约化、原料无害化、生产洁净化、废物资源化、能源低碳化。发展绿色园区，推进工业园区产业耦合，实现近零排放。打造绿色供应链，加快建立以资源节约、环境友好为导向的采购、生产、营销、回收及物流体系，落实生产者责任延伸制度。壮大绿色企业，支持业内企业实施绿色战略、绿色标准、绿色管理和绿色生产。强化产业内部绿色监管，严格执行节能环保法规、标准体系，推行企业社会责任报告制度，开展绿色评价。

2. 大力推动关键领域研发。加强太阳能电池用晶体硅材料的冶炼、提纯技术研究，持续降低单位能耗。重视晶体硅生产以及光伏组件生产过程中节能与环保措施的落实与执行，严格推行晶体硅全程封闭式生产过程中副产物的循环利用。着力研发太阳能光伏电站废旧回收利用相关技术，构建光伏产业清洁生产、光伏发电绿色运用、电站役后无害化回收的全程绿色循环利用的创新发展模式。

大力推动与光伏发电有关的电力电子设备的研制。推进光伏发电产业相关材料设备、先进储能装置、智能电网用输变电用户端设备发展。不断降低太阳能电池主要用材用量，勇于突破太阳能电池尺度的加工工艺极限。积极研发传统外太阳能电池用材料的应用技术，并尽快形成产业化能力。

加快研发先进熔炼、凝固成型、气相沉积等新材料制备关键技术和装备，加强产业基础研究和体系建设，突破产业化制备瓶颈。积极发展产业军民共用特种新材料，加快技术双向转移转化，促进新材料产业军民融合发展。高度关注颠覆性新材料对传统材料的影响，积极参与超导材料、纳米材料等战略前沿材料的利用研究。加快基础材料的升级换代。

3. 尽快实现光伏发电同网同价。加强太阳能光伏发电系统集成技术研究，全面推进光伏发电系统结构优化，努力推动光伏发电单位投资成本快速下降。全力提升太阳能电池光电转换效率和光伏电站发电效率，持续压缩太阳能光伏能量回收期，不断降低光伏发电单位成本，尽快实现光伏发电同网同价。

积极推动大型荒漠光伏电站建设，推进光伏发电大容量远距离送出各项技术研究，探索地面光伏发电同网同价的发展途径与方向。有条件的光伏制造企业可率先进行这类大型荒漠光伏发电示范基地建设实验，总结经验，普及推广。

第四节　光伏产业应明确的“战略目标”

1. 优化产业结构。推动光伏产业向中高端迈进，逐步化解过剩产能，促进大企业与中小企业协调发展，进一步优化产业结构。

持续推进企业技术改造。鼓励相关企业、高端产品、关键环节进行技术改造，引导企业采用先进适用技术，优化产品结构，围绕节能降耗、质量提升、安全生产等传统领域改造，推广应用新技术、新工艺、新装备、新材料，提高企业生产技术水平和效益。

稳步化解产能过剩矛盾。加强和改善宏观调控，支持行业规范和准入管理，推动企业提升技术装备水平，优化存量产能。加强对行业产能严重过剩的动态监测分析，建立完善预警机制，保持行业健康发展。切实发挥市场机制作用，尊重优胜劣汰法则，辅以法律、经济、技术等必要手段，加快淘汰落后产能。

促进大中小企业协调发展。强化企业市场主体地位，支持企业间战略合作和跨行业、跨区域兼并重组，提高规模化、集约化经营水平，培育一批核心竞争力强的企业集团。激发中小企业创业创新活力，发展一批主营业务突出、竞争力强、成长性好、专注于细分市场的专业化“小巨人”企业。发挥中外中小企业合作园区示范作用，利用双边、多边中小企业合作机制，支持中小企业走出去和引进来。着力大企业与中小企业通过专业分工、服务外包、订单生产等多种方式，建立协同创新、合作共赢的协作关系。推动建设一批高水平的产业中小企业集群。

根据国家对光伏产业发展的总体规划和战略部署，综合考虑行业发展潜能、地区环境容量、市场消纳空间等因素，制定和实施行业发展规划，优化强化产业链条。创建一批优势突出、产业链协同高效、核心竞争力强、公共服务体系健全的产业示范基地。

2. 加强质量品牌建设。提升质量控制技术，完善质量管理机制，夯实质量发展基础，优化质量发展环境，努力实现光伏发电制造产业质量进一步提升。鼓励企业追求卓越品质，形成具有自主知识产权的名牌产品，不断提升企业品牌价值和中国制造整体形象。

推广先进质量管理技术和方法。建设重点产品标准符合性认定平台，推动重点产品技术、安全标准全面达到国际先进水平。开展质量标杆和领先企业示范活动，普及卓越绩效、精益生产、质量诊断、质量持续改进等先进生产管理模式和方法。支持企业提高质量在线监测、在线控制和产品全生命周期质量追溯能力。组织开展产业工艺优化行动，提升关键工艺过程控制水平。加强业内中小企业质量管理，开展质量安全培训、诊断和辅导活动。

夯实质量发展基础。制定和实施与国际先进水平接轨的光伏产业的质量、安全、卫生、环保及节能标准。完善检验检测技术保障体系，建设一批高水平的光伏发电产品质量控制和技术评价实验室、产品质量监督检验中心，鼓励建立专业检测技术联盟。完善认证认可管理模式，提高强制性产品认证的有效性，提升管理体系认证水平，稳步推进国际互认。支持行业组织发布自律规范或公约，开展质量信誉承诺活动。

推进光伏发电产业品牌建设。坚持企业制定品牌管理体系，围绕研发创新、生产制造、质量管理和营销服务全过程，提升内在素质，夯实品牌发展基础。建设品牌文化，增强企业以质量和信誉为核心的品牌意识，树立品牌消费理念，提升品牌附加值和软实力。加速我国光伏品牌价值评价国际化进程，树立中国光伏发电行业制造品牌良好形象。

3. 提升国际化发展水平。有效利用两种资源、两个市场，实施积极开放的企业发展战略，坚持引进来与走出去相结合，拓展新的发展领域和空间，提升国际合作的水平和层次，推动重点企业国际化发展水平，引导光伏产业进一步提高国际竞争力。

提升行业跨国经营能力和国际竞争力。支持发展跨国办企业，通过全球资源利用、业务流程再造、产业链整合、资本市场运作等方式，加快提升核心竞争力。支持重点企业在境外开展并购和股权投资、创业投资，建立研发中心、实验基地和全球营销及服务体系；依托互联网开展网络协同设计、精准营销、增值服务创新、媒体品牌推广等，建立全球产业链体系，提高国际化经营能力和服务水平。鼓励优势企业加快发展国际业务总承包、总集成。

深化产业国际合作，加快业内企业走出去。坚持行业推动、企业主导，创新商业模式，实现高端装备、先进技术、优势产能向境外转移。推动产业合作由加工制造环节为主，向合作研发、联合设计、市场营销、品牌培育等高端环节延伸，提高国际合作水平。创新加工贸易模式，延长加工贸易国内增值链条，促进加工贸易转型升级，提升产业国际化竞争能力。

第五节 光伏产业应寻求的“战略支撑”

光伏产业应寻求的“战略支撑”，简单说来，就是要结合本行业服从和支持国务院在《中国制造 2025》中提出的“战略支撑”所涵盖的各项政府工作目标，即

1. 营造公平竞争市场环境。服从国家市场准入制度改革，执行负面清单管理规定，加强事中事后监管，全面清理和废止不利于全国统一市场建设的规章制度。遵守科学规范的行业准入制度，落实光伏行业节能节地节水、环保、技术、安全等准入标准，加强对国家强制性标准实施的监督检查，强化业内普法与执法力度，以市场化手段推动光伏行业进行结构调整和转型升级。切实加强监管，打击制售假冒伪劣行为，严厉惩处市场垄断和不正当竞争行为，为行业创造良好生产经营环境。积极参与发展技术市场，健全知识产权创造、运用、管理、保护机制。健全淘汰落后产能工作涉及的职工安置、债务清偿、企业转产等规章制度，完善市场退出机制。支持政府减轻企业负担举措，执行涉企收费清单制度，支持国家设立涉企收费项目库，落实取缔各种不合理收费和摊派，加强行业监督检查和问责。推进光伏行业企业信用体

系建设，参与中国制造信用数据库建设，建立健全行业信用动态评价、守信激励和失信惩戒机制。强化光伏行业社会责任建设，推行行业产品标准、质量、安全自我声明和监督制度。

2．健全多层人才培养体系。支持国家对制造业的人才发展统筹规划和分类指导办法，配合有关部门组织实施制造业人才培养计划，加大专业技术人才、经营管理人才和技能人才的培养力度，完善从研发、转化、生产到管理的人才培养体系。以提高现代经营管理水平，以行业竞争力为核心，实施行业经营管理人才素质提升工程和中小企业银河培训工程，培养造就一批光伏行业的优秀企业家和高水平经营管理人才。以专业技术人才和创新型人才为重点，实施专业技术人才知识更新工程和先进制造卓越工程师培养计划，在高等学校建设一批工程创新训练中心，打造高素质专业技术人才队伍。重视职业教育和技能培训，牵手普通本科高等学校培养行业急需的应用技术型专业人才，建立一批实训基地，开展现代学徒制试点示范，形成一支门类齐全、技艺精湛的技术技能人才队伍。支持行业与院校合作，培养光伏行业需要的高层次科研人员、相关领域工程博士、硕士专业学位研究生以及复合型人才，积极推进产学研结合。加强产业人才需求预测，完善各类人才信息库，构建产业人才水平评价制度和信息发布平台。建立人才激励机制，加大对优秀人才的表彰和奖励力度。建立完善行业人才服务机构，健全人才流动和使用的体制机制。支持国家采取多种形式选拔各类优秀人才，可以让专业技术人才到国外学习培训，探索建立国际培训基地。加大行业引智力度，引进领军人才和紧缺人才。

3．健全组织实施机制。支持国家设立制造强国建设战略咨询委员会，研究制造业发展的前瞻性、战略性重大问题，对光伏行业重大决策提供咨询评估。支持包括社会智库、企业智库在内的多层次、多领域、多形态的中国特色新型智库建设，为制造强国建设提供强大智力支持。积极参与《中国制造2025》行业任务落实情况督促检查和第三方评价活动，完善统计监测、绩效评估、动态调整和监督考核机制。建立《中国制造 2025》行业中期评估机制，针对行动纲领适时对目标任务进行必要调整。

加强行业组织领导，健全产业工作机制，强化与政府部门协同和上下联动。配合政府部门结合实际，研究制定行业建设实施方案，细化政策措施，确保各项任务落实到位。加强产业发展跟踪分析和督促指导，重大事项及时处置或向上级主管部门报告。

第六节 跨越“中国制造”到“中国创造”

《中国制造2025》，是我国实施制造强国战略的第一个十年行动计划。它的出台，意味着国家对制造业发出明确指令，号召国内制造行业要以锐意改革与创新的精神，勇攀技术与管理高峰，立志在10年内完成从“中国制造”到“中国智造”再到“中国创造”的企业成长周期。这是制造业一次艰难的蜕变，也是一个华丽的转身。

说起“中国制造”，在改革开放初期，它曾经为我们赚得“第一桶金”；从华南沿海“三来一补”的火爆加工贸易，到全国乡镇企业的异军突起，无不为中国对外开放打下坚实的基础；在改革开放中期，它曾经把价廉物美的中国服装与家电带到国外，为我们获得大量“贸易顺差”；而在改革开放的后期，我们还是依靠“中国制造”，将大量代工的电子产品以及合资合作的交通车辆等中高端产品返销国外，为中国赢得“制造大国”的美誉。

但是，“制造大国”意味着它并不是“制造强国”；没有代工或合资合作产品的自主知识产权，没有掌握所制造产品的关键核心技术，没有所制造产品的定价权，同时它还处在国际产业链的价值最低端，等等。有这么个例子，说是数年前国外有一项研究发现，在一部iPhone或诺基亚手机的商业价值中，只有5%归于中国，而95%归于设计这些手机并制造其内部零件的美国、欧洲、韩国和日本公司。因此，中国位于这样的“制造大国”地位无疑是尴尬的，也是痛苦的，必须尽快改变。《中国制造2025》正是在这样的背景下，向我国制造业推出的一个行动计划。

改革开放30多年，我们已经具备了从“中国制造”到“中国智造”的各方面条件；各制造行业需要的科技与管理人才的培养和储备；完整的工业制造体系的基础；以及培育良好的国内消费市场与国际营销渠道等等。因此，从国家层面看，要完成由“中国制造”到“中国智造”的转变，我们现在不但具备良好的条件，实际上还有不少成功的例子。比如，家用电器冰箱、洗衣机等，就是在学习和消化人家长处的基础上发展起来的，现在已经销往全世界；又比如国产汽车，那也是在很低的基础上起家的，不仅价廉物美，现在还走出了国门；再比如高铁，也是从引进技术开始，从“中国制造”走到“中国智造”，最后发展到了今天让国人引以为傲的“中国创造”。

中国的光伏制造行业显然还没有取得像中国高铁那样的辉煌业绩，尽管目前的光伏产品在国际上具有较强的竞争力。要知道，在今天这个你追我赶的现代社会，一切都像逆水行舟，不进则退。要想较人家于一定的相对优势，制造行业的唯一生存之道就是：创新、创新、再创新。

最近看到一则报道，说是欧盟决心发掘科技优势，复兴光伏产业，正在筹建全球最大光伏制造厂。欧洲曾是太阳能开发的先驱之一，2008 年欧洲企业的光伏产品占到全球产量的27%，远高于日本和美国的16%、14%。同时，欧洲还曾是全球最大的光伏产品的应用市场。然而，随着欧洲债务危机的爆发，基建投资急剧下降，光伏发电市场也快速萎缩，加上来自亚洲企业的激烈竞争，使得欧洲光伏行业渐失市场生存能力，大量光伏企业接连破产。到了 2013 年，欧洲制造的光伏产品在世界的占有率，已从 2008 年的 27%下滑到 2013 年的 9%。昔日“光芒四射”的欧洲光伏产业，俨然已经风光不再了。如今，欧洲想借着建设全球最大的光伏制造厂，把目标锁定在技术创新上。他们计划通过产学研相结合，推动欧洲光伏产业从技术研发、制造工艺、产品直销到商业模式的持续创新，争取在目前全球光伏组件市场同质化竞争严重的情况下，以高性能低成本技术进行差异化竞争，创造欧洲光伏产业新的增长机会。对于中国光伏业界，迎接下一步挑战的，不仅是日本、韩国和美国，还有实力强大的欧洲。

所以，从“中国制造”到“中国智造”，只是我们的努力方向和阶段，我们的最终目标应当是从“中国制造”到“中国创造”的彻底转变。就光伏发电行业而言，大家还是有信心的。一是我国的光伏制造产业在国际上已占据高位，起点高，基础好；二是我们有庞大的国内市场需求，能够在一定程度上带动光伏产业的生存和发展需求；三是有《中国制造 2025》行动纲领的及时引领与推动；四是光伏发电同网同价的美好前景始终吸引与激发业内人士的工作热情和拼搏精神。所以，光伏制造行业要完成从“中国制造”到“中国创造”的转变已为时不远，令人期待。

第十五章　有望引领世界的一场工业革命

2015年6月26～27日，由中国国际经济交流中心主办的第四届全球智库峰会在北京举行。本届峰会以“全球可持续发展、2015年后新路径”为主题，来自全球近30个国家、地区和国际组织的600多名代表出席，并围绕绿色发展、全球治理、智库作用等话题进行了广泛、深入、坦诚的探讨，对实现可持续发展产生重要的推动作用。会上，国际可再生能源署总干事阿德南·阿明发言指出：“世界正在经历可再生能源的大变革，对企业的管理模式、商业模式都产生一定影响。碳排放在全世界范围内大多来自能源消耗，要减少碳排放，必须从能源角度入手。这就需要我们在全球范围内更加注重发展可再生能源，提升能源效率。”

欧洲复兴开发银行主席苏玛·沙克拉巴帝指出：“世界正在迎来新一轮的绿色增长机遇。对于绿色增长，市场需要变化，企业家的态度也需要变化。绿色增长不仅可以减少对环境的负面影响，同时也可以推动能源多元化，使得我们不再过度依赖化石能源。绿色增长也带来新的投资机会，比如投资低碳大楼、电力设施、和生物质能。

应对气候变化，中国积极行动。2009年，中国公布了到2020年碳排放强度比2005年降低40%～45%、非化石能源比例达到15%、森林蓄积量增加13亿立方米的行动目标。2014年，中国已实现碳强度累计下降33.8%，非化石能源占比达到11.2%，并已超额完成增加森林蓄积量的目标。

实际上，推动低碳发展，实现绿色增长，是当下经济社会发展的一个竞技场，也是一场意义深远的世界工业革命，因此，谁赢得了这场竞赛，谁将引领这场工业革命。

第一节　加快光伏发电同价并网

大规模开发和利用太阳能的第一步是加快实现光伏发电同价并网。从我国目前的各方面条件看，已经基本具备。首先，我们有一个巨大的能源增长需求支撑。按照保守估计，近中期我国经济对电力装机年增长的需求至少在7000万千瓦以上，其中，必须保证非化石能源占比15%，即清洁能源装机每年应不少于1000万千瓦。有了这个“基本盘”垫底，光伏发展就有了后劲。由此就能进一步带动光伏研发技术的不断进步，进而促进光伏发电产业的不断发展，两者相辅相成，相得益彰，不断形成良性循环。

显然，光伏发电要尽快实现同价并网，不外乎就是以下两条主要路径：一是降低投资成本，二是提高电量产出率。降低投资成本主要还是要进一步降低一些设备费用，其中包括光伏组件费用。这部分费用目前下降的比较快，相信通过大规模开发光伏电站举动后，这些成本费用还会继续降低，但幅度不会太大。

至于提高电量产出率，倒是一条永无止境的可追求之路。现在市面上供应的常规光伏组件，其光电转化率一般都在15%左右，如果在组件价格不变的情况下，光电转化率能进一步提高，则对整个项目投资的效益或者说降低光伏电价，都有很大的影响。比如，哪怕是提高1%的光电转化率，就相当于提高了6.7%左右的产电率。也就是说，只要组件提高1个百分点的光电转化率，整个项目的投资效益就提高了6.7个百分点。由此可以让我们充分理解“科学技术是第一生产力”的深刻含义。

很多业内专家都表示，在光伏制造领域，我国目前所处的水平还是不低的。中国光伏产品在国际上所具有的竞争力就足以说明了这一切。因此我们有理由相信，只要我们认准了发展光伏清洁可再生能源是一种正确的选择，今后光伏制造业的领军队伍非中国莫属，光伏发电同价并网这一步，也一定会让中国人捷足先登。

第二节　促进更加安全高效的电能输送设施建设

中国的电力电网在国际上有着良好声誉，这使我们大大提升了开发建设大规模荒漠光伏电站的信心和决心。但是，荒漠地带环境恶劣，气候变化无常，对大容量的电力电量传输是一个巨大的考验。因此，如何在这种特殊环境下建设并运营好输变电网络就迎来了一个全新的课题。这种新的困难和问题，我们一时还不懂得它，但必须面对它，深入研究它，并通过建设荒漠光伏发电工程的实践，最终战胜它。

为了输送大规模荒漠光伏电站的电能，必须要有坚强的高电压等级的电网，因此电网的安全问题至关重要。电网安全主要包括输变电系统本身的结构安全、电气设备安全和运行调度安全等。虽然在电力电网方面我们有着良好的实践经验，但在超高压或特高压电压等级和大负荷输送电能的情况下，一定会出现许多新的困难和问题，必须认真予以对待，容不得半点的马虎与轻视。此外，对这种应北电南送而建设的“大电大网”电力系统的运营模式，不仅关系到电网本身的安全问题，同时也关系到电网所属各方的经济利益问题，因此其间的许多未知问题都有待我们去认真研究解决。

建设“大电大网”还得考虑的一个关键指标是电能的输送效率，这是关系到输电线路系统的设备质量、设计施工技术以及电网运营管理的综合水平问题。现有的设备质量还有多大的提升空间？以往的工程实践还有哪些可以改进和完善的地方？服务于荒漠光伏发电的“大电大网”能否适应我国从东到西、从南到北的不同地域气候特点，以及西高东低的海拔高差环境？这些方方面面状况的好与坏，既关系到电网的运行安全，同时也关系到电网的电能输送效率。对此我们可以期待，通过与大规模开发荒漠光伏电站工程的对接，我国的超高压和特高压技术和管理水平将会更上一层楼。

第三节　推动电能存储技术不断进步

不可否认，光伏发电的一大弱点是不能每天 24 小时连续发电。为了克服这个缺点，目前的主要应对办法是通过对电能进行存储解决。前面已经谈到，存储电能以电气方式较为简单，效率也比较高，但是一次性投资成本高，而且存储设施的使用寿命不高（3 年左右），通常都是在一些重要设施为确保供电而设计成备用的供电装置使用。此外，影响电气储能装置普及应用的除了造价高之外，还有一个很重要的原因是充电时间太长，这一点也正是目前制约纯电动汽车推广使用的主要因素之一。

抽水蓄能电站造价低，使用寿命长（20 年以上），装机容量大，机子启停方便、灵活，但储能效率即电转换效率不是很高，同时还有一个不足之处是建站条件要求较高，平原地区没有条件建抽水蓄能电站，故在一定程度上抽水蓄能的普及和推广也受到了限制。

其他的储能方式从目前来看都不是很理想。如通过电解水产生氢气进行储存，然后根据需要再利用氢气燃烧驱动发电机发电。这种储能方式虽然环保、方便，但氢燃料直接用于发电对马达技术要求很高，通常还要考虑用沼气与之混合使用。虽经此调整，造价依然不低，效率也不高（约 25%）。与上述两种储能方式相比，并没有什么优势。

由此可见，电能储存技术还有待提高，人们期待着在造价、容量以及储能速度上能取得更大的突破。最近，很高兴看到蓄电池技术在充电时间上有屡屡被突破的报道。如有个报道说，“超级电容储能式公交车上路了。”这种由宁波中车产业基地最新研制的新能源公交车，没有传统无轨电车的“辫子”，闪充 30 秒即可行驶 5 公里以上，刹车和下坡时 80%的动能转换成电能并存储再利用。新能源公交车可以在乘客上下车的 30 秒时间内完成闪充。其核心元器件超级电容能反复充放电 100 万次，使用寿命长约 12 年。最近，《参考消息》报道，日本东京理科大学驹场慎一教授等人在新一代钾离子电池技术的研发中找到了突破口。说是研究人员使用石墨电极在不降低性能的情况下，成功实现了多次充放电。使用该技术的新型电池有望比锂离子电池的充放电速度提高 10 倍，并且可对应高强度电流，输出更大电力。国内外类似储能电池技术被突破被刷新的消息，近年来频频被报道。因此我们有理由相信，清洁能源尤其是太阳能光伏发电如果能够得到大力发展，一定会积极推进电能存储技术不断取得更大的进步。

第四节　推进分布式光伏发电全面发展

分布式光伏发电在我国的发展，完全得益于国家的政策支持。从推出“金太阳”工程开始，国家就投下巨资为光伏电站建设者给予投资补贴。虽然有人说这种补贴效果不是太好，但却有力推动了分布式光伏发电从项目设计、工程施工到材料、设备研发等相关行业的快速发展，从而为现在实行的项目电价补贴政策奠定了坚实基础。

我国的中南部地区光照资源不是很好，光伏发电年利用小时一般都在 1000～1200 小时左右，要在目前的电价补贴政策下让建构筑物上的分布式光伏发电项目获得正常运营，还得具备两个方面条件才行：一是靠相对集中的规模场地，即在分布式光伏发电项目落地处要有一片相对集中的或在一个城镇范围内分几片相对集中的可用场地，且一次性能够开发建设20MW～30MW的规模水平（约20万～30万平方米的可用面积）；二是可用的场地应该是工业厂房屋面或连成片的大型公共建筑屋面。

之所以有这些特别要求，也是基于两个原因：一是选择这些场地，工厂或公共设施日常能消纳一部分电量，使得分布式光伏发电的综合销售电价能够适当提高一些，以增加项目的投资收益；二是选择这些建筑屋面，一般每栋（座）的屋面通常也会大一些，设计施工都比较好安排，而且几栋（座）相同的建构筑物相连成片后，空间开阔不易产生相互遮挡问题，也就是光伏阵列安装之后，可以提高太阳光照的接收效果。当然，还有一个原因是，选择这些地方通常业主或建构筑物所有者比较单一，进行屋面租赁协议商谈时也会简单些，项目开发的效率或成功的机会也会高一点。

所以，在城镇建构筑物上开发建设分布式光伏发电项目也不是一件简单的事，至少目前是有一定难度的。有的项目看起来不错，但真正要与建构筑物业主或所有者讲合作时都得经过一个“马拉松”式的商谈过程。尤其是一些相对较大的民营企业，有的是因为其产业产值较大；有的是因为他的生产线对供电可靠性和稳定性要求较高；而有的可能是他出于对太阳能光伏发电的技术缺乏了解，因此对合作开发建设分布式光伏发电项目常常不屑一顾，甚至持抵触情绪。弄得光伏发电项目开发人员工作困难重重，甚或一筹莫展。

为此，希望在国家对发展城镇分布式光伏发电项目的持续鼓励与政策支持下，民众对参与开发建设太阳能光伏发电的积极性将会被激活。尤其是在当下提倡的绿色经济、低碳发展理念的推动下，民众对发展太阳能光伏发电的热情会进一步得到提高。对此，我们也有理由相信：随着投资成本的继续走低，各方面支持力度的不断加大，全面推广和普及城镇甚至乡村建构筑物上的分布式光伏发电热潮的那一天将会很快到来。

第五节　带动清洁交通工具普及应用

雾霾、污染和温室效应为人类敲响了警钟，新能源汽车也因此成为人们追求的清洁交通工具。而在新能源汽车中纯电动车和混合动力车则更受大家的青睐。虽然有不少人认为，燃料电池汽车将会是新能源汽车的“终极”目标，因为不烧油、不充电、不排放尾气，唯一的排放物是纯净水，实现了真正的、全过程的零排放。但目前燃料电池汽车尚处于发展的初级阶段，在目前和不远的将来，纯电动汽车和插电式混合动力汽车乃是最佳选择。

发展新能源汽车是全球汽车行业的发展趋势，也是中国的国家战略。在政策的推动下，纯电动汽车和插电式混合动力汽车正越来越多地进入市场，但是这两类汽车的综合性能与市场的要求仍有不小的差距，包括安全性、续航能力、电池效率、充电速度等等，尤其是电动车用电池的容量和充电时间方面存在的一些不尽如人意的地方，使电动汽车的推广普及受到影响，但现在这些问题已经基本得到解决，或处在不断完善和提高的过程之中。汽车交通行业全面电气化的时代即将来临。

电动车用电池难题的破解近来之所以捷报频传，是因为人们看到了它的发展前景，同时也是由于化石能源的使用给人类带来的危害与危机而被逼出来的。这就是中国人常说的“有压力就有动力”。所以，问题的出现不一定总是不幸的，有时给人们带来的可能是机遇和希望。电动车用电池以锂电池的发明和应用基本上解决了电动车一次充电能行使足够的里程问题。最近报道，新加坡南洋理工大学又以一种二氧化钛为材料的新型电池，即将彻底解决电动车用电池的使用寿命问题和充电时间问题，使电动汽车有望很快成为理想的交通运输工具。今后，随着电动汽车的普及应用，充电站将会逐步取代加油站。

当然，在人们一一解决电动车用电池难题的同时，大容量工业级的电能存储问题的最终突破和完善也为期不远了，因为二者之间是相辅相生、互相促进的。

的确，人们在这方面的努力也未曾停止过。根据英国《自然》杂志网络版 2015 年 7 月 25 日发布的一份报告说，一种新型高分子介电质在能量储存和高温下使用都有优异表现，未来用于电动车制造，可降低整车重量并提升性能。介电质材料是一种可被电极化的绝缘物质，它是电子、电力行业中生产电容器的材料，在宇航和电动车的电力系统上应用广泛。

研究人员说，现有的高分子介电质都必须在较低温度下才能正常工作。

以电动车为例，当动力舱内温度达到 140 摄氏度时，就需要额外的降温系统才能保证一切工作正常。而降温系统将增加车的重量，也会抵消使用高分子介电质的优势——高分子介电质的密度比传统的陶瓷电容材料要低。

研究人员说，有了这种新型材料就可以生产出更高效、重量更轻的储能模块，即新材料储能多重量轻，相信未来电动车的性能将会有很大提升。

因此，大规模发展荒漠地光伏发电的举动，必将积极推动电能存储问题的最终解决，同时也会进一步推进和完善电动汽车等交通领域的电气化设施。这样的话，人类将正式开启了摆脱主要依赖化石能源的新时代！

第六节　助力百姓养成更健康的饮食烹饪习惯

电气化也将给我们带来饮食烹调习惯的新变化。2013 年，北京市有关部门做了一次调查分析，认为居民的饮食烹调油烟对环境 P2.5 的贡献占有一定比例，一时间还受到了不少人对此进行的调侃。我以为，此事的有无不应在讨论之列，争议的应当是油烟对环境污染的实际贡献大小问题。但事实存在的另一面，也说明了我们国人的饮食烹调方式或许不是最清洁的。的确，通常给人的印象中，中餐烹调是烧烤煎炒的居多，麻辣油烟呛鼻，加上旺火的天然气或煤炭燃烧，周边空气自然就不会清新，尤其是在人口高度密集的大都市，烹调油烟对 PM2.5 产生了一定影响也是很自然的。

所以，如果实现烹调方式电气化之后，首先就可以用电替代燃煤和天然气，这在一定程度上就减轻了对生活区周边空气的污染。实际上，现在的电气化烹调器具样样齐全，完全可以有替代燃气或燃煤用的烹饪炊具。对此，人们可能会有疑问，我们讨论推广和普及太阳能和实现饮食烹饪电气化有何关系？我想肯定是有关系的。因为当清洁可再生能源的使用完全得到普及时，普通大众的思想观念就将彻底改变了。到时候人们不但希望上下班乘坐的交通工具的用能来自清洁可再生能源；车间、办公室、商场的用能来自清洁可再生能源；就是家里的生活起居用能也会很自然地希望使用清洁可再生能源。当然，饮食烹饪方式也就包括其中了。

顺便聊一下，电气化烹调方式不仅可以让我们的烹饪过程更清洁，还可以让我们的饮食门类更丰富、饮食习惯更健康。通常，我们都认为广东人的烹调方式精细，饮食可口合胃，平时饭菜又是煲汤又是蒸煮的，就是煮些稀一点的米饭，还要分出稀饭、米粥什么的。但这些个做法一般人想学又不易掌握。而当我们使用电气化烹饪设施时，这些很受欢迎的饮食做法，就是进厨房时对炊具进行一种功能键选择的简单操作了。所以，电气化烹调方式的普及还有可能在一定程度上改变我们的饮食习惯。

第十六章　结束语

太阳能发电来得突然而迅猛，主要应当归功于科学技术的进步和人们对太阳能利用的孜孜追求。人类应用太阳能的探索由来已久，但真正找到实用且成熟的技术还是最近一段时间的事。光伏发电的脱颖而出，为推广和普及太阳能的利用打开了方便之门。当然，光伏发电现在能得到快速发展，主要还是仰赖于政策的支持。目前，各国政府都在通过一定的经济补偿方式，来鼓励民众利用太阳能。应该说，在行业的初始发展阶段采取一定的经济补贴措施是适当和必要的，但长期依靠这种补贴，肯定不是个办法。所以，必须尽快培育具有市场竞争能力的太阳能利用方式。

我国从 2009 年开始敦煌并网光伏发电示范项目建设以来，至今已超过 5 年。5 年多来，无论是光伏上游产业的研发与生产能力，还是光伏发电领域的工程与运营实践，都取得了很大进步。光伏组件与 5 年前相比，价格下降超过 60%；光伏发电工程与 5 年前相比，单位造价也下降了 60%以上。光伏发电因此得到井喷式的发展。现在是到了该给光伏发电同价并网临门一脚的时候了！

这几年，本人一直从事光伏发电行业的发展工作，基于过去长时间的电力系统工作经验，让我对光伏发电相当看好。这其中缘由，已经融入了之前各章节的详细表述中。几年来，我们经历了敦煌光伏发电示范项目从投标的艰辛，到项目建成的快乐，再到项目连年运营收获的喜悦。鉴于敦煌并网光伏发电示范项目的成功建设，以及对光伏发电这门新兴产业未来发展的憧憬，自己总觉得有责任和义务要对光伏发电做点普及和宣传工作。因此，本书在写作过程中虽几经波折，但经过努力，最后终于顺利脱稿。欣慰之余，希望本书也能给大家带来一点助益。

几年来，由于工作关系让我在西北地区跑了不少地方，看到许许多多空旷而一望无际的戈壁滩与荒漠地，煞是令人震撼！敦煌光伏发电示范工程的实践，让人不禁把这些荒漠地与煤矿、油田进行一番联想。这些看似“不毛之地”的荒漠地，只要安上光伏组件，那就是我们未来的能源基地，是世世代代取之不尽、用之不竭的金矿银矿！今天，正当人们把太阳能视为理想的清洁可再生能源之时，我们应当加快推进光伏发电的各项完善化工作，让太阳能像传统的水力能源、化石能源一样，尽快实现并网发电的同网同价。

今年 6 月 30 日，我国向联合国气候变化框架公约秘书处提交了 2020 年后应对气候变化的国家自主贡献目标。包括单位国内生产总值的二氧化碳排放强度、非化石能源比例提高、二氧化碳排放达峰以及森林蓄积量增加等多方面减缓气候变化指标。我国于 2009 年在哥本哈根气候大会提出非化石能源在一次能源中的比重由 2005 年的 6.8%提升到 2020 年的 15%，2014 年已达 11.2%，这一目标经过努力是可以实现的。现在，我们国家又进一步提出到 2030 年将其提高到 20%左右的自主决定贡献目标，这又是一个需要进一步努力才能达到的积极目标。

我国 2014 年的一次能源消费总量为 42.6 亿吨标准煤，2030 年的控制目标是 60 亿吨标准煤，届时实现非化石能源比例 20%左右的目标，则供应量将是 12 亿吨标准煤，相当于目前日本、英国和法国的能源消费总量之和。而 2030 年的新能源和可再生能源装机规模将达到 13 亿千瓦左右，相当于美国当前的发电装机总量。

据测算，2020 年后，我国非化石能源供应量仍需以 6%～8%的速度增长，年均投产风电、太阳能发电各约 2000 万千瓦、核电 1000 万千瓦，才能达成上述目标。这样的发展速度表明，我国未来新能源和可再生能源的发展将保持远高于发达国家的发展速度和规模。对此，外国专家评论说：“中国在二氧化碳减排和能源转型方面的决心如此之大，让人印象深刻。”

中国是一个负责任的国家，在关系环境污染和全球气候变暖这些大是大非问题上，从来不会回避自己的一份责任与大国担当。2015 年 9 月 26 日，国家主席习近平参加联合国发展峰会并在会上发表重要讲话。他指出，各国应增强发展能力，改善国际发展环境，优化国际伙伴关系，健全发展协调机构。习近平主席说：“中国将设立国际发展知识中心，同各国一道研究和交流适合各自国情的发展理论和发展实践，中国倡议探讨构建全球能源互联网，推动以清洁和绿色方式满足全球电力需求。”

对此，联合国秘书长潘基文指出，中国所展现的领导力是至关重要的，中国也是联合国必不可少的伙伴。中国处于千年发展目标以及制定令人鼓舞的新全球可持续发展目标的核心地位。

的确，中国尽管还是个发展中国家，但在许多方面都做出了超出自身国情和发展阶段的贡献和努力，如环境保护与节能减排，中国不但以身作则，而且牵手世界各国共同应对气候变化。如今，习主席倡议构建全球能源互联网，这又是一个堪比构建“一带一路”，即亚欧丝路经济带与 21 世纪海上丝绸之路的宏伟设想。实际上，正如本书所谈及的“中国沙科计划”那样，如能在新疆和田或若羌地区附近建设一批大型荒漠光伏电站，结合西部边陲的云南、西藏一带开发建设一些大中型水电项目，以特高压输电线路从和田或若羌途经西藏、云南将清洁、绿色的光伏和水电电力直接输送到东南亚地区，完全可以满足东盟各国的电力需求。同样，如能把科尔沁等地的东部大片荒漠开发成光伏电站，也足够朝鲜半岛的用电需求了。在此基础上，还可以进一步考虑开发新疆其他地区的太阳能资源，并与丝绸之路经济带国家一起共同开发丝路沿线太阳能等可再生能源并实现互联互通，把中国北部与西北部地区丰富的太阳能等可再生能源转换成强大的电能与世界各国共享！

参考文献

[1] 中广核能源开发有限责任公司，北京科诺伟业科技有限公司，云南省电力设计院甘肃敦煌10兆瓦并网光伏电站工程．可行性研究报告，2009.3.

[2] 国家发改委能源研究所．我国可再生能源发电经济总量目标评价研究报告，2009.12.

[3] （美）杰里米·里夫金著．第三次工业革命．张体伟，孙豫宁译．北京：中信出版社，2012.